KB022778

양자역학을 어떻게 이해할까?

양자역학이 불러온 존재론적 혁명

장회익 지음

How to Understand Quantum Mechanics

Ontological Revolution brought by Quantum Mechanics

한울
아카데미

- 감사의 말 -

지난 십여 년간 양자역학 공부모임에 함께해주신 여러 동료들에게 감사를 드리며, 특히 이 책의 초안을 검토하고 귀한 도움을 주신 최무영 교수, 이중원 교수, 김재영 박사, 윤상재 박사께 깊은 감사를 드립니다.

지은이 장회익

여는 말

인류 지성사에 가장 놀라운 사건이 둘 있다면, 그것은 17세기 고전역학의 출현, 그리고 20세기 상대성이론과 양자역학의 출현이라고 할 수 있다. 고전역학의 출현은 인류가 처음으로 자연에 대한 합법칙적 이해가 가능해졌다는 것이며, 상대성이론과 양자역학의 출현은 이를 가능하게 한 가장 본질적 개념의 틀이 상상을 초월하는 방식으로 심화 수정될 수 있었다는 것이다. 그러나 이러한 이론 체계들을 담고 있던 개념의 틀이 무엇이었으며 그것이 어떤 방식으로 심화되고 수정되었는지에 대한 체계적 이해에는 아직 도달하지 못하고 있다. 지난 한 세기에 걸친 "양자역학 해석"에 관한 수많은 논란이 이를 잘 말해주고 있다.

이러한 이해가 어려운 이유는 이 문제가 이미 개별 학문의 테두리를 넘어서 학문 자체의 성립 여건에 대한 물음에 맞닿아 있기 때문이다. 그렇기에 이를 위해 인간의 앎이라는 것은 도대체 무엇인가라는 원초적 물음으로 되돌아가서 그 앎의 성격부터 재규정하는 작업이 요구되는 것이다. 하지만 이 작업을 담당해야 할 철학적 인식론은 아직 이를 담아내기에 적절한 바탕 틀을 마련하지 못하고 있다. 한편, 이러한 이론을 구성해내고 여러모로 활용하고 있는 과학계에서는 자신들이 발견한 이 괴물의 정체가 무엇인지 몰라 여러 형태의 짜깁기 설명들만 내놓고 있다.

그간 과학자들을 일차적으로 괴롭혀 온 것은 양자역학이 도무지 우리의 직관에 맞는 방식으로 이해되지 않는다는 점이다. 그러면서도 놀라운 사실은 양자역학이 보이지 않는 원자세계를 너무도 잘 설명해준다는 점이다. 그렇다면 결국 우리의 이른바 '직관'에 무엇인가 잘못이 있는 것이 아닌가 반문하지 않을 수 없게 된다. 사실 그간 문제 삼지 않았던 고전역학의 경우를 보더라도 그 안에 암묵적으로 전제한 존재론적 가정이 숨어 있었지만 이를 '직관적으로' 이해 가능하다고 넘겨왔다. 그렇기에 우리는 이제 지금까지 우리의 직관이 바탕에 두고 있었던 원초적 존재론을 문제 삼게 된다. 이는 곧 고전역학이 숨기고 있던 존재론적 가정을 명시적으로 드러내고 그 대안적 존재론의 가능성을 검토하자는 것이다. 그리하여 양자역학을 수용하기에 적절한 대안적 존재론이 마련된다면, 이것이 바로 우리가 받아들일 새로운 '직관'에 해당하리라는 것이다.

그간 많은 사람들이 대안적 존재론의 가능성을 생각하지 못 하고 양자역학이 고전적 존재론에 부합하지 않는다는 사실에만 주목하여 반형이상학적, 반실재론적 논의에 지나치게 경도되어왔다. 이는 잘못된 관념의 틀을 벗어나게 하는 데에 유용한 면이 있으나 새로운 관념의 틀을 제시하지는 못한다는 한계를 가진다. 인간의 사고는 근본적으로 관념의 틀 위에서 형성되는 것이기에 이러한 과도기를 넘어 언젠가는 새 관념의 틀을 형성해야 하며, 이것이 바로 새 존재론이 요구되는 이유이기도 하다. 이에 관련하여 최근 과학철학자 네이Alyssa Ney는 물리학 이론에 대한 존재론적 해석의 중요성을 다음과 같은 세 가지 점을 들어 제시한다.[1]

첫째, 물리학 이론을 존재론적으로 해석함으로써 탐구자들로 하여금 자기가 지금 어떠한 작업을 하고 있는지에 대한 명료한 의식을 가지게 한다. 실제로 과학 이론을 철저히 이해하기 위해서는 이것이 담고 있는 수학적 처리를 피할 수 없지만 이 수학을 보완할 명료한 존재론은 이론이 무엇을 말하는지를 알게 해주며 따라서 훨씬 쉽게 배우고 활용할 수 있게 해준다. 대표적 사례로 상대성이론을 이해하기 위한 민코프스키Hermann Minkowski의 4차원 시공간 개념을 들 수 있다. 아인슈타인Albert Einsteinin은 시공간에 대한 이러한 존재론적 이해 없이 특수상대성이론을 구축했지만 학생이나 연구자들이 이것 없이 상대성이론을 이해하기란 매우 어려운 일이다.

둘째, 이론에 대한 존재론적 해석은 이론 그 자체가 말해주는 범위를 넘어설 수 있으며, 그러할 경우에는 새로운 추측 또는 예측을 가능케 함으로써 이론의 적용범위를 넓히는 데 기여할 수 있다. 한 가지 사례로, 이 책에서 제시할 존재론적 해석은 "변별체discerner"라는 새로운 개념을 활용하고 있는데, 이를 수용할 경우, 현실적인 변별체가 형성되는 과정 등 밝혀야 할 새로운 문제가 제기되며, 이를 밝히는 과정을 통해 이론의 적용 범위를 넓혀나갈 수도 있다.

셋째, 물리학을 하게 되는 더 깊은 동기는 이를 통해 자연의 참 모습을 파악하려는 것인데, 이는 오직 이론에 대한 존재론적 해석만에 의해 가능하다는 점이다. 그런데 양자역학은 본질적으로 이해할 수 없는 학문이라는 전제 아래, 양자역학 교육에서 "닥치고, 계산이나 해!Shut up and calculate!"라는 자세를 취하는 것은 정작 우리가 추구할 바른 동기를 스스로 차단하는 결과를 가져온다.

이 책에서 우리는 네이의 이러한 이유들을 받아들여 양자역학에 대한 존재론적 해석을 시도한다. 물론 이러한 시도의 중요성은 이미 오래 전에도 제시된 바 있다. 20세기 상대성이론과 양자역학 출현의 최전선에 서 있었던 아인슈타인은 그 누구보다도 이런 시도를 갈망하고 있었다. 그는 끝내 이 문제에 대한 스스로 만족할만한 결과에 이르지는 못했지만, 그가 한창 이 문제에 골똘하고 있었던 1936년 「물리학과 실재Physics and Reality」라는 글에서 "세계의 영원한 신비는 이것이 이해된다는 것이다."라는 흥미로운 말을 남겼다.[2] 아인슈타인의 이 말은 두 가지 의미를 함께 지니고 있다. 우선 하나는 우리 우주가 이해된다는 것이며, 이는 곧 우리의 앎이 우주의 운행원리를 반영할 수 있다는 말이다. 그런데 그는 이해된다는 이 사실 자체를 "영원한 신비"로 돌림으로써 "이해된다는 것을 이해하는 것"은 그만큼 더 어려운 일임을 암시하고 있다. 그러나 우리가 뒤에 상세히 논의하겠지만 그는 같은 글 안에서 이 신비를 풀어나갈 유용한 단초들을 제시하고 있으며, 이제는 이 과제를 철학자들에게만 맡길 것이 아니라 과학자들이 나서서 풀어야 할 때라며 과학을 하는 후예들에게 이 무거운 과제를 유산으로 남겨주고 있다.

우리는 아인슈타인의 이러한 유지에 따라 종래에는 철학의 영역으로만 여겨졌던 앎 자체의 근원적 성격을 살피는 작업에서 출발하기로 한다. 그리고는 앎의 한 전형적 형태인 고전역학의 본원적 성격을 먼저 밝혀내고 이것이 어떻게 수정되어 상대성이론에 이르고 다시 무엇이 더 얹어져 양자역학의 바탕 관념을 이루게 되는지를 살펴나가기로 한다. 이 논의의 주된 내용은 수년 전 저자가 펴낸 『장회익의 자연철학 강의』에 이미 나와 있으며,[3] 최근에는 그 개략적 내용을 영문으로 발표한 일이 있으나,[4] 여기서는 다시 이를 체계적으로 엮어 양자역학의 이해에 초점을 맞추었다. 이는 결과적으로 양자역학의 이해를 넘어 우리가 지닐 수 있는 가장 포괄적인 앎의 틀이 어떠한 것인가 하는 더 근원적인 문제와 연결된다.

아인슈타인은 만년에 양자역학의 새로운 해석을 위해 고심하고 있던 데이비드 봄David Bohm에게 보낸 편지에서 다음과 같이 말하고 있다.[5]

> 만일 하느님이 세상을 창조하셨다면, 하느님은 우리가 이것을 쉽게 이해하지 못하게 하려고 엄청 애를 쓰신 게 틀림없어.

이러한 하느님과의 수수께끼 놀이 또한 즐거운 일이 아니겠는가?

차례

▌ 서설: 무엇이 문제인가?

“귀신이 곡할 노릇”이라는 말이 있다. 모든 것을 가장 잘 아는 귀신조차도 그것을 알 수가 없어서 통곡하게 될 신기한 일이라는 뜻이다. 그런데 자연계 안에서는 일급 물리학자들이 곡을 해야 할 상황이 벌어지고 있다. 그게 바로 지금 소개하는 이중 슬릿double-slit 실험, 순수한 우리말로 표현하자면 겹실틈 실험이다.[6]

이 장치는 〈그림 0-1〉에 보인 것처럼 하나의 입자 방출기와 두 개의 스크린으로 구성되어 있다. 첫 스크린에는 좁다란 틈 두 개가 서로 아주 가까운 거리에 뚫려 있어서 방출된 입자가 이를 통해 지나가게 된다. 그리고 여기서 충분히 먼 거리에 입자 식별 물질이 칠해진 둘째 스크린이 있어서 여기에 입자가 닿으면 그 지점에 그림과 같은 표식이 나타난다.

만일 두 실틈 가운데 위쪽 실틈을 막고 충분히 많은 입자를 방출시켜 이 실험을 수행하면 식별 스크린에 도달한 입자들은 통과한 아래쪽 실틈의 모습을 닮은 한 가닥의 띠 모양의 표식을 낼 것이다. 다음에는 반대로 위 실틈을 열고 아래쪽 실틈을 막은 후 같은 실험을 수행하면 식별 스크린에는 앞 경우의 표식에서 조금 떨어진 거리에 비슷하게 생긴 띠 모양의 표식이 생길 것이다. 그리하여 결과적으로는 〈그림 0-2〉의 왼쪽에 나타낸

〈그림 0-1〉 겹실틈 실험 장치

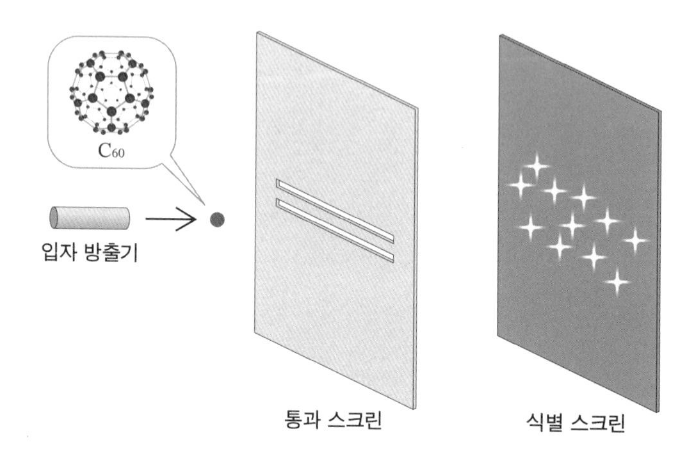

〈패턴 A〉 형태의 무늬가 그려지게 된다.

그러면 이번에는 두 실틈을 모두 열어놓은 상태에서 앞의 두 실험을 합한 만큼의 입자들을 방출시켜 같은 실험을 수행하면 어떤 결과가 나타날까? 우리의 기본 상식에 따르면 앞의 두 실험에서 각각 얻어진 표식을 합한 것, 즉 〈그림 0-2〉의 왼쪽에 나타낸 〈패턴 A〉 형태의 표식이 나타날 것이다. 그런데 실틈 사이의 간격이라든가 방출 입자의 속도 등 몇몇 여건이 적절히 들어맞으면 오히려 〈그림 0-2〉의 오른쪽에 나타낸 〈패턴 B〉 형태의 분포가 나타난다. 이것은 양자역학 이전까지는 경험해온 바도 없고 이해할 수도 없던 현상이다.

그런데 "양자" 현상들이 알려지기 시작한 비교적 이른 시기에 프랑스 물리학자 드브로이Louis de Broglie는 입자가 파동적인 성격을 가진다는 과감한 발상을 했다. 그러면서 그는 입자에 부수되는 파동의 파장 λ는

〈그림 0-2〉 식별 스크린에 나타나는 패턴

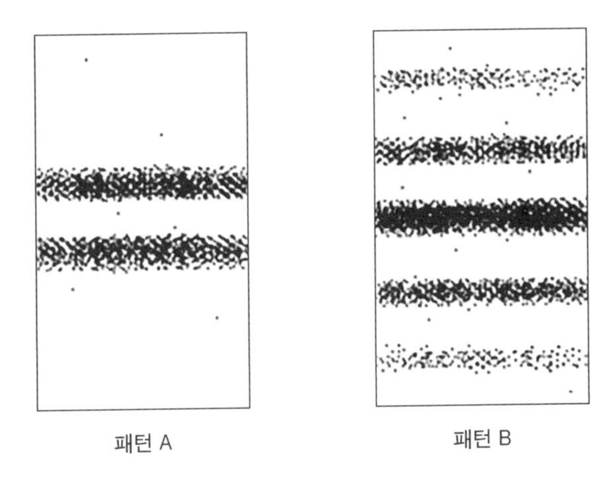

플랑크 상수 h를 그 입자의 운동량 p로 나눈 값과 같다는 가정을 했다. 일단 이 가설을 받아들인다면, 위의 실험 결과를 설명할 여지가 생긴다. 두 실틈을 모두 열어놓은 실험에서 입자에 부수되는 파동이 두 토막으로 반반씩 나뉘어 서로 다른 실틈을 통과한 후 식별 스크린상의 어느 위치에서 만나게 되면 이들이 지나온 경로의 차이에 따라 파동의 위상이 달라진다. 이때 이 위상의 차이가 π, 3π 등 π의 홀수 배가 되면 두 파동의 진폭이 서로 상쇄되는 소멸 간섭을 일으키고 2π, 4π 등 π의 짝수 배가 되면 진폭이 서로 합쳐지는 보강 간섭을 일으킨다. 따라서 만일 한 지점에 입자가 도달할 확률이 그 지점에서 가지는 이 파의 진폭에 관계된다고 하면, 예컨대 진폭의 제곱에 비례한다고 하면, 보강 간섭을 일으키는 위치들을 중심으로 입자가 와 닿을 가능성이 커지므로 이른바 간섭무늬 즉 〈그림 0-2〉의 오른쪽 〈패턴 B〉에 해당하는 결과를 얻게 된다.

여기까지는 별 문제가 없으며, 이러한 현상은 바로 드브로이의 가설을 입증해주는 강력한 실험적 증거로 인정되고 있다. 역사적으로 보면, 19세기 초에 이미 영Thomas Young은 위와 같은 장치에 물질 입자가 아닌 단색광의 빛을 쪼일 때 비슷한 형태의 간섭무늬가 발생하는 현상을 목격했는데, 이는 빛을 입자가 아니고 파동으로 보아야 할 증거로 인정되어 왔다. 그런데 정말 이상한 사실은 그 다음 단계에 있다. 입자에 부수되는 파동이 두 실틈으로 각각 나뉘어 들어가고 다시 식별 스크린 위에서 다시 만나 간섭을 일으킨다면, 그 입자 자체는 이 과정에서 어떻게 거동하느냐 하는 점이다. 반씩 두 조각으로 나뉘어 각각 다른 실틈을 통과한 후 다시 만나는가, 아니면 각각 확률 1/2로 어느 하나의 실틈만을 통해 지나가는가 하는 문제이다.

그런데 바로 이 점은 실험을 통해 알아볼 수가 있다. 예를 들어 실틈 바로 뒤에 특정의 기체를 분무시켜 대상입자와 기체분자의 충돌로 발생하는 빛을 봄으로써 입자가 어느 틈을 통해 나오는지를 확인할 수 있다. 그렇게 할 경우 우리는 반쪽짜리 입자들을 결코 관측할 수 없다. 이쪽 아니면 저쪽 실틈을 통해 나오는 입자를 관측할 수 있을 뿐이다. 문제는 이런 식으로 실험을 수행할 경우, 식별 스크린 위에 나타나던 간섭무늬가 사라지고 입자가 각각 다른 실틈을 통해 지나갈 때 보여준 모습 즉 〈그림 0-2〉의 왼쪽에 나타낸 〈패턴 A〉가 나타난다는 사실이다. 그러니까 입자는 그저 단순한 입자일 뿐이어서 어느 한 실틈만을 통해 지나갈 것이라고 상정하고 기대했던 결과와 완전히 똑같은 결과가 나오고 만 것이다.

정리하면, 두 실틈 모두 열어놓은 경우 입자가 어느 실틈을 통과하는지 관측하면서 실험을 수행하면 식별 스크린에 간섭무늬가 없는 〈패턴 A〉가 나타나고, 만일 입자가 어느 실틈을 통과하는지 관측하지 않고 실험하면 간섭무늬가 있는 〈패턴 B〉가 나타난다는 것이다. 그리고 이러한 사실은 물질 입자를 이 장치에 통과시킬 때에만 아니라 빛 입자를 통과시킬 때에도 마찬가지로 해당된다. 즉 빛이 어느 실틈을 통과하는지 관측하느냐 아니냐에 따라 얻어지는 무늬가 달라진다.

이제 우리는 이 사실을 어떻게 해석해야 할까? 여기서 분명한 것은 실험 도중에 추가적 관측이 있었느냐, 아니냐에 따라 결과의 성격이 달라진다는 것인데, 그렇다면 관측의 어떤 측면이 이런 변화를 주는가 하는 문제를 생각하게 된다. 이제 그 가능성을 몇 가지로 나누어보자.

첫째는 관측이 인간의 개입이라고 보아 물리적 현상이 인간의 개입에 따라 달라진다는 해석이다. 이를 조금 더 일반화시키면 인간의 개입을 배제한 객관적 현상이라는 것은 없다는 입장이다. 이것은 다시 인간의 특성을 '의식'으로 보느냐 '의도'로 보느냐에 따라 두 가지로 나뉜다. 관측이란 결국 인간이 이를 보아 안다는 것인데, 안다는 것은 의식 행위이므로 의식 자체가 영향을 미친다는 생각이 그 하나이며, 인간의 의도 즉 "관측자가 어떤 의도로 실험하느냐"에 따라 결과가 달라진다고 보는 견해가 다른 하나이다. "파동을 보고자 하면 파동이 보이고 입자를 보고자 하면 입자가 보인다."라는 말이 여기에 해당한다.

둘째는 관측을 인간 자체의 개입이라기보다는 정보의 흐름이라고 보아 관측과정을 통해 인간에게 도달하는 정보가 영향을 미친다는 해석이다. 이는 정보 자체에 특별한 존재론적 의미를 부여하여 물질과 정보가 직접 영향을 주고받는다는 입장으로 볼 수 있다.

셋째는 관측 장치가 필연적으로 대상에 영향을 미치기 때문이라는 해석이다. 대상과 직면하는 것은 측정의 도구이므로 대상과 측정 도구 사이에서 발생하는 그 무엇이 영향을 주어 결과가 달라진다는 것이다. 여기서도 도구의 어느 부위가 이런 기능을 하는지, 아니면 측정 장치 전체가 어떤 기능을 하는지에 따라 입장이 분화될 수 있다.

넷째는 대상 자체가 본질적으로 서로 모순되는 양면성을 지니고 있어서 어느 한 면을 보면 다른 면은 보이지 않게 된다는 해석이다. 그렇기에 "파동과 입자를 동시에 볼 수는 없으며, 우리는 불가피하게 파동만 보이는 상황을 만들거나 입자만 보이는 상황을 만들게 된다."라는 입장이다. 따라서 어느 위치를 통해 입자가 나왔느냐를 보는 것은 입자로 보이는 상황을 만든 것이기에 그 결과 또한 입자의 행위처럼 나타나게 된다는 것이다.

실제로 서로 모순되는 이러한 해석들이 난무하는 상황은 매우 혼란스럽고 황당하기까지 하지만, 이들은 이미 대중 서적을 통해 그 자체로 과학적 사실인양 유포되고 있다. 이러한 주장들 가운데에는 양자역학 개척에 크게 기여한 물리학자들의 입을 통해 나온 것도 적지 않다. 특히 양자역학 초기의 혼란 상황에서 다양한 관점이 제시되었던 것은 다분히 이해할만 하지만 양자역학이 출현한 이래 백 년이 넘어가고 있는 이 시점에도 아직 이러한 주장들이 정리되지 않고 있는 점은 매우 우려스럽다. 이 책에서는 제8장에 초기의 양자역학 개척자들이 어떠한 맥락에서 이와 유사한 주장들을 하게 되었는지를 검토하겠지만, 그에 앞서서 몇 가지 건전한 상식만을 토대로 이들 주장의 일부 거품을 걷어내고자 한다.

이를 위해 위의 해석들의 진위 여부를 가려줄 다음과 같은 가상적 실험을 수행해보자. 앞의 실험에서 수행한 추가적 관측 즉 대상입자가 어느 실틈으로 통과했는가를 관측하는 과정을 완전히 밀폐시키고 실험을 하자는 것이다. 예컨대 대상입자가 기체분자와 충돌할 수 있도록 기체를 분무시키되 그 결과를 관측할 수 없도록 그 주위를 전부 암흑물질로 둘러싸버릴 수 있다. 그렇게 하고 실험을 하면 대상 자체는 관측이 되는 상황에 놓였지만 관측자로서의 사람은 이 상황을 전혀 관측할 수가 없다. 이렇게 할 때 식별 스크린 위에는 관측을 하지 않았으니 간섭무늬가 살아있는 〈패턴 B〉가 나타날까, 혹은 대상이 관측 여건 아래 놓였으니 간섭무늬가 없는 〈패턴 A〉가 나타날까? 어느 결과가 나타나느냐에 따라 우리는 위에 제시한 첫째와 둘째 해석을 버리고 셋째 해석을 취하거나, 반대로 셋째 해석을 버리고 첫째 혹은 둘째 해석을 받아들여야 할 것이다. 즉 이러한 상황에서는 측정 과정이 사람의 의식이라든가 사람까지에 이를 정보를 제공하지 않았으니 첫째 및 둘째 해석에 따르면 측정이 이루어지지 않은 것이고 따라서 간섭무늬에 영향을 주지 않아야 한다. 그러나 셋째 해석에 따르면 측정 효과는 관측자에 무관하게 측정 기구가 주는 효과이므로 이 과정 즉 기체분자와의 충돌 사건이 영향을 미쳐 간섭무늬가 없어져야 한다. 우리가 앞으로 논의할 이론에 의하면 후자의 경우가 옳으리라 여겨지며, 직접 실험을 수행해보면 이를 확인할 수 있을 것이다.

다음에는 다른 가상적 실험을 생각해보자. 이번에는 추가적 관측을 겹실틈 바로 뒤에서가 아니라 식별 스크린 바로 앞에서 수행하자는 것이다. 넷째 해석에 따르면 이때에도 입자의 위치를 관측했으니 식별 스크린에는 입자로서의 성격, 즉 간섭무늬가 없는 〈패턴 A〉가 나타나야 한다. 반면에 이 책에서 논의할 우리의 이론에 의하면 여전히 간섭무늬가 있는 〈패턴 B〉가 나타난다. 따라서 만일 실험을 해보아 〈패턴 B〉가 나타난다면 넷째 해석 또한 현실에 맞지 않으므로 가능한 해석의 후보에서 실격시켜야 할 것이다

그렇게 된다면 결국 가능한 후보로서 셋째 해석 하나 정도가 남는다. 그러나 그 안에서도 장치의 어느 부위가 이러한 기능을 하는지 밝혀야 할 과제가 남는데, 이는 이 책의 내용을 읽어나가는 과정에 저절로 드러날 것이다.

지금까지의 논의는 구체적인 이론이 없이 몇 가지 알려진 실험과 또 아직 시도되지 않았지만 충분히 해 볼 수 있는 가상적 실험 몇 가지를 통해 말할 수 있는 상황을 정리해본 것이다. 이제 우리는 이러한 상황을 염두에 두고 이를 분명히 설명해낼 구체적 이론 즉 양자역학이 어떻게 구성되고 있는가를 본격적으로 살펴나가려 한다. 앞서 언급했듯이 양자역학은 새로운 존재론이 요구되는 추상적 이론이기에 이를 통해 무엇을 할 수 있는가에 대한 사전의 개략적 그림을 지니는 것이 상황의 이해에 도움을 줄 수 있다. 이 겹실틈 실험 이야기는 이를 위한 간단한 안내 도면에 해당한다.

제1장 앎이란 무엇인가?

How to
Understand
Quantum Mechanics

Ontological Revolution
brought by
Quantum Mechanics

1.1 아인슈타인이 본 앎과 실재

우리의 앎과 관련하여 생각해야 할 가장 중요한 논제 하나는 인간의 사고가 과연 자연의 실재를 제대로 포착할 수 있는가 하는 점이다. 특히 양자역학이 대두되면서 이 점에 대한 좀 더 깊은 통찰이 요청되고 있는데, 누구보다도 이를 진지하게 생각하고 고민했던 사람이 바로 아인슈타인이다.

1935년 아인슈타인은 포돌스키Boris Podolsky, 로젠Nathan Rosen과 함께 「물리적 실재에 대한 양자역학적 서술은 완전하다고 볼 수 있는가?」라는 논문을 발표해 양자역학의 해석 문제와 관련하여 커다란 논쟁의 중심에 서게 되었다.[7] 이 논문은 지금까지도 그 세 저자의 이름자를 딴 이른바 EPREinstein, Podolsky, Rosen이라는 명칭으로 불리면서 많은 관심의 주제가 되고 있다. 그런데 바로 그 이듬해인 1936년, 아인슈타인은 「물리학과 실재Physics and Reality」라는 또 하나의 논문을 발표했는데, 이 논문은 아쉽게도 물리학자들 사이에서 별로 큰 주목을 받지 못하고 있다.[8]

여는 글에서 이미 언급한 바와 같이 이 논문에서 아인슈타인은 "세계의 영원한 신비는 이것이 이해된다는 것이다."라는 유명한 말을 남겼을 뿐 아니라 이 '영원한 신비'에 접근하기 위한 소중한 충고와 함께 이에 대한 유용한 단초들을 제시해주고 있다. 따라서 우리가 이제 앎의 본질을 추구해 나가기 위해서는 그의 이 논문이 제시하고 있는 충고와 단초들을 따르는 것이 현명한 일일 것이다.

아인슈타인은 이 논문에서 과학의 기초를 다지는 데 있어서 앎 그 자체에 대한 심층적 통찰이 요청되고 있으며, 이것은 더 이상 철학자들의 소관으로 넘길 것이 아니라 과학자 자신이 직접 나서서 이론적 바탕에 대한 비판적 성찰을 수행해야 할 때가 되었다고 하면서, 이렇게 말한다.[9]

> 과학이라고 하는 것 전체가 결국 하나의 다듬어진 일상적 사고 그 이상의 어떤 것이 아니다. 그렇기 때문에 물리학자의 비판적 사고는 그가 속한 특정 분야의 개념들에 대한 검토에 국한되어서는 안 된다. 그는 이제 일상적 사고의 성격 분석이라고 하는 더욱 어려운 과제에 대한 비판적 고찰을 더 이상 피해갈 수 없게 되었다.

그러면서 그는 물리학이 그러하듯 일상적 사고에 나타나는 '실제 외부 세계'의 개념도 궁극적으로는 감각인상sense impression에 바탕을 두고 있지만, 이것 또한 인간 마음의 자유로운 창조물이라는 점을 강조한다.[10]

> 나는 '실제 외부 세계'를 설정하는 첫 단계가 바로 물적 대상bodily object 개념의 형성에 있다고 믿는다… 수많은 감각경험 가운데서 우리는 일정하게 반복되는 감각인상 군群을 임의롭게 선택해 이들을 하나의 개념 - 곧 물적 대상 개념에 연결시킨다. 논리적으로 보면 이 개념은

이와 연결시킨 감각인상들의 총체와 동일한 것이 아니다. 오히려 이것은 인간 (또는 동물) 마음의 자유로운 창조물이다. 그러면서도 이 개념은 그 의미에서나 그 정당성에 있어서 우리가 이것과 연관시킨 감각인상들의 총체에 바탕을 두고 있다.

그리고 그는 둘째 단계로, 이렇게 마련된 물적 대상 개념에 대해, 이것의 기원이 된 감각인상들과는 독립적으로, 하나의 의미를 부여하게 되며, 이로 인해 물적 대상이 실재real existence로서의 자격을 얻게 된다고 본다. 이러한 작업의 정당성은 오로지 이 개념들과 그들 사이의 관계들이 우리로 하여금 감각인상들의 미로 안에서 방향을 잡아나가게 해주는 데에 있다고 한다. 그는 이렇게 얻어진 개념 체계는 한편 이것이 정신의 창조물이면서도 개별적인 감각경험들보다도 오히려 더 강력하고 내구적인 성격을 가지게 됨을 지적하면서, 이에 대해 다음과 같이 놀라움을 표시하고 있다.[11]

우리 감각경험의 총체가 사고(개념들의 조작, 이들 사이의 특정 함수적 관련성의 창안 및 사용, 그리고 감각경험을 이들에 연결하는 작업 등)에 의해 이처럼 질서를 가지도록 설정될 수 있다는 사실 그 자체는 우리에게 경외감을 불러일으키는 일이며, 우리는 결코 이것을 이해할 수 없을 것이다. 그래서 우리는 다음과 같이 말할 수 있다. "세계의 영원한 신비는 이것이 이해된다는 것이다.

아인슈타인의 이 유명한 선언은 흔히 "우주 안에서 가장 이해할 수 없는 것은 바로 이것이 이해된다는 것이다."라는 말로 널리 전해지고 있다. 여기서 그는 '이해된다는 것'에 대해 다음과 같이 풀어 설명한다.[12]

즉 이것은 감각경험들 사이에 어떤 질서를 형성시키는 일인데, 이것은 일반적 개념들의 창출, 이들 개념 사이의 관계들, 그리고 개념들과 감각경험 사이를 잇는 특정의 관계들을 통해 형성된다. 우리의 감각경험들이 이해된다는 것은 바로 이러한 의미에서이다. 이것이 이해된다고 하는 사실이야말로 하나의 기적이다.

아인슈타인은 감각경험들과 일상적 사고 안에 나타나는 초보적 개념 사이의 관계 또한 오직 직관적으로만 파악될 수 있을 뿐 과학적 논리의 틀 안에 이를 수용하는 것은 가능하지 않다고 본다. 이는 곧 과학이론이 과학이론만으로는 완결될 수 없고 반드시 감각경험들과의 이러한 관계를 별도로 설정해야만 과학으로의 기능을 하게 된다고 해석할 수 있다.

이제 아인슈타인의 이 말들을 다음과 같이 정리해보자.

1. 과학 특히 양자역학을 제대로 이해하기 위해서는 앎 그 자체에 대한 본질적 고찰이 필요하다.
2. 이해가 된다는 것은 감각경험들 사이에 어떤 질서를 형성시키는 일인데, 이것은 크게 세 가지 요소, 일반적 개념들의 창출, 이들 개념 사이의 관계들, 그리고 개념들과 감각경험 사이를 잇는 특정의 관계들을 통해 형성된다.

3. 감각경험의 총체가 이처럼 질서를 가지도록 설정될 수 있다는 사실 그 자체는 우리가 이해할 수 없다.

위에서 첫째 항은 그간 과학자들이 등한히 해온 것이지만 이것은 사실상 너무도 당연한 것이며, 특히 양자역학을 이해하기 위해서는 꼭 필요한 것이기에 이 책의 논의는 바로 이 정신을 따라 진행키로 한다.

둘째 항은 그 기본적인 논의 구조를 제시한 것인데, 이는 크게 아인슈타인이 "일반적 개념들의 창출"이라고 한 존재론存在論, ontology, "이들 개념 사이의 관계들"이라고 한 정식화定式化, formulation, 그리고 "개념들과 감각경험 사이를 잇는 특정의 관계들"이라고 말한 특정의 인식론적 요구epistemological requirement로 나누어 생각할 수 있다. 즉 우리의 감각경험에 부합되는 하나의 이론체계가 구성되기 위해서는 이 세 가지 요소가 제대로 구비되어야 함을 의미한다.

따라서 이 책에서는 아인슈타인의 이러한 직관에 맞추어 논의를 진행키로 한다. 특히 존재론 즉 "일반적 개념들의 창출"을 위해서는 아인슈타인이 말한 "물적 대상"과 이것의 성격에 해당하는 개념들을 어떻게 설정할 것인지가 논의의 중심에 떠오르게 된다. 그리고 이러한 개념들은 결국 감각경험들과 연결되어야 하므로 이들을 이어주는 '인식론적 요구' 또한 존재론의 일부로 다루어질 수 있다. 이러한 개념의 틀이 마련된다면 이를 바탕으로 이 개념들 사이의 법칙적 상호관계를 수학적 형태의 정식定式으로 규정하게 되는데, 이러한 논의가 바로 '정식화'이다. 많은 경우 바탕 개념들은 일상의 경험과 언어 속에 녹아있어서 실제 과학의 언술에 있어서는 그 의미를 재천명하기보다 이를 단지 암묵적으로 전제하고 주로 이 정식화에 해당하는 내용을 중심으로 논의가 이루어진다. 이러한 이유 등으로 인해 실제 과학자들은 대체로 정식화에 관심을 기울여왔고, 따라서 그 아래 놓인 존재론은 상대적으로 방치되어 온 것이 사실인데, 아인슈타인의 이 논문은 이러한 점을 상기시켜준다는 점에서 중요한 의미를 가진다.

마지막으로 위의 셋째 항은 우리가 이러한 방식으로 앎을 창안해낼 경우, 이 앎이 어째서 우리가 사는 실제 세계 곧 우리 감각경험의 총체를 그렇게도 잘 반영해내고 있는가에 대한 메타적 물음을 제기한다. 사실 이 물음의 진정한 의미는 아인슈타인이 겪은 특별한 경험을 감안하지 않고는 파악하기 어렵다. 우리가 뒤에 상대성이론과 관련하여 다시 논의하겠지만, 상대성이론이 제시한 아주 간단한 존재론적 수정 하나가 전체 우주를 전혀 새롭게 이해하는 계기가 된다는 것을 온 몸으로 체험한 그에게는 우주가 정말로 그렇게 이해될 수 있다는 것 자체가 하나의 큰 기적이며 신비로 떠오를 수밖에 없었을 것이다. 그러나 이것 또한 영원한 신비로 남을지 혹은 우리의 이해가 깊어질수록 신비의 한 꺼풀을 더 벗겨낼 수 있을지는 두고 보아야 할 일이다. 그렇게 하더라도 궁극적인 신비는 여전히 남아있을 수 있겠지만, 이러한 신비를 벗겨내면서 한층 더 깊은 신비와 계속 조우하며 살아간다는 것 또한 무덤덤한 세계에 묻혀 겨우 생존이나 유지해나가는 것에 견주어 훨씬 더 뜻 깊은 일이라 할 수 있다.

아인슈타인의 이 논문에서 매우 흥미로운 점은 양자역학이 '실재'를 제대로 그려내지 못한다는 점을 들어 이를 끝내 불신하고 있다는 사실이다. 그는 이 논문에서 양자역학에 대해 다음과 같이 말하고 있다.[13]

> 아마도 지금까지의 역사를 통틀어 이처럼 다양한 부류의 경험 현상에 대해 양자역학만큼 그 해석과 계산의 열쇠를 제공한 이론은 없었을 것이다. 그럼에도 불구하고 나는 이 이론이 물리학의 한 일관된 바탕을 추구함에 우리를 잘못된 길로 유인할 위험이 있다고 믿는다. 왜냐하면, 이것이 힘과 질점이라는 기본 개념으로부터 이끌어낼 유일한 것고전역학에 대한 양자적 수정이기는 하지만, 내가 보기에 이 이론은 실재하는 것들real things에 대한 **불완전한** 표현incomplete representation이기 때문이다.

여기서 우리는 "실재하는 것들에 대한 **불완전한** 표현"이라는 말에 주목할 필요가 있다. 양자역학이 "다양한 부류의 경험 현상"에 대해 엄청난 설명력을 가졌다는 것을 인정하는 것으로 보아 그는 양자역학의 정식화에 큰 이상이 있는 것으로 보지는 않는다. 반면 그가 이 이론이 실재를 잘 표현하지 못한다고 하는 것은 그 존재론에 대해 강한 의혹을 제시하고 있는 셈이다. 그리고 이러한 의혹을 가지는 이유를 양자역학에서의 서술이 구체적 사건에 대한 확률적 예측 밖에 할 수 없다는 점에 두고 있는데, 이는 곧 자기도 모르게 고전역학적 존재론을 바탕으로 양자역학을 보려는 데서 오는 결과라 할 수 있다. 사실상 아인슈타인은 존재론적 논의의 중요성을 제시하고 있으면서도 실제로는 양자역학을 담아낼 새로운 존재론을 마련하는 데까지 가지는 못한 것이다.

따라서 우리는 이 책에서 존재론 그 자체의 성격을 좀 더 깊이 살피는 가운데, 양자역학마저 담아낼 새 존재론을 제시함으로써 양자역학이 불완전했던 것이 아니라 이를 담아낼 존재론이 부적절했던 것임을 밝히려 한다. 이러한 시도는 존재론 그 자체 또한 전적으로 고정된 것이 아니라 감각경험의 총체를 담아내기 위해 고안된 인간의 창조물이라고 말한 아인슈타인 자신의 관점과도 전적으로 부합되는 일이다.

1.2 앎에 대한 메타적 고찰

아인슈타인이 이미 언급했듯이 앎 자체에 대한 본질적 고찰은 매우 중요한 것이지만 구체적인 과학이론과 관련해서 이것이 논의된 사례는 별로 없다. 그러나 동역학 특히 양자역학을 심층적으로 이해하려는 우리의 주제와 관련하여 이것에 대한 논의는 불가피한 측면이 있기에, 여기서는 앎이 지닌 전반적 성격에 대해 간략하게 논의하고 다시 앎의 한 전형적 형태라 볼 수 있는 '예측적 앎'의 구조에 대해 좀 더 자세히 살펴보기로 한다.

흔히 앎이라고 할 때, 우리는 앎의 주체를 암묵적으로 전제하고 앎의 내용 곧 앎의 대상에 대한 서술만을 떠올리게 된다. 그러나 이것은 처음부터 앎의 내용에만 관심을 가졌을 경우에 해당하는 것이며, 앎 자체를 논의하기 위해서는 앎의 주체에 대한 관심 또한 피할 수 없다. 앎이란 결국 앎의 주체 안에서 이루어지는 활동이며 이것이 앎의 대상과 어떻게 연결되는가 하는 점이 하나의 중요한 과제를 이루기 때문이다.

앎의 주체는 의식 주체의 일부분이며 우리가 흔히 앎의 내용이라 부르는 것은 이 의식 활동을 통해 드러나는 하나의 양상이다. 하지만 이러한 활동 또한 일차적으로는 물리적 바탕 위에 이루어지는 물리적 현상의 일부이기에 우리는 먼저 물리적 실체로서의 앎의 주체에 대한 고찰에서 출발하기로 한다.

※ 주체가 지닌 조직의 구성과 기능

어떤 물리적 실체가 앎을 다룰 주체의 몸으로 기능하기 위해서는 이것이 우선 일정한 구성요소들을 지닌 조직organization을 이루어야 한다. 여기서 조직이라 함은 구성요소들 사이에 정교한 상호의존적 관련을 맺음으로써 전체적으로 높은 수준의 준안정 구성체를 이룸을 말한다.[14] 하나의 극단적 사례로 아무 조직도 지니지 않은 바윗돌 하나를 생각해보자. 이것도 어떤 앎의 주체가 될 수 있을까? 그렇지 않다고 하는 점은 여기에 작용하는 정보와 반응이 전혀 선택적이지 않다는 사실을 들어 말할 수 있다. 혹시 이 구성물질의 우연한 내적 분포[예컨대 자성磁性을 띠는 경우]로 인해 선택적 반응을 한다고 하더라도 이것이 어떤 내적 기능(예컨대 자체 보존)에 관련되지 않는다면 이를 굳이 앎이라 부를 필요가 없다. 앎의 주체가 그 안에 앎을 가진다는 것 곧 인식적 활동을 하게 된다는 것은 이에 해당하는 조직상의 변별 구조가 존재함으로써 그 내적 기능에 해당하는 앎의 "내용"을 이 변별 구조가 물리적으로 대행하고 있음을 의미한다.

이제 앎의 주체 조직에 외부 정보 α가 가해질 때, 조직의 변별 구조 $S_{\alpha\beta}$에 의해 특정한 반응 β가 나타난다고 하면, $S_{\alpha\beta}$가 바로 정보 α와 반응 β를 연결하는 서술내용이라 할 수 있다. 이러한 앎의 주체는 불가피하게 물리적 실체를 가지게 되며, 이 물리적 실체는 보는 관점에 따라 두 가지 성격을 지니게 된다. 그 하나가 역학적 서술의 대상으로의 성격이며, 다른 하나는 조직의 구성체로의 성격이다. 이것이 (제3의 주체에 의한) 역학적 서술의 대상으로 간주될 때, 이것이 역학 모드mechanical mode에 있다고 말하며, 조직을 이루어 정보와 반응 관계를 연결하는 구성체로 간주되는 경우에는 서술 모드descriptive mode에 있다고 말한다.

이것이 역학적 서술의 대상이 된다고 하는 것은 여기에도 자연의 보편적인 법칙인 동역학이 적용된다는 의미이다. 그런데 동역학 자체는 원칙적으로 임의의 대상에 적용되지만 구체적 적용에서는 반드시 지정된 대상을 명시해야 한다. 그러므로 앎의 주체가 동역학의 대상이 된다고 함은 대상의 범위를 어떻게 잡느냐에 따라 여러 가지 의미를 지닐 수 있다. 우선 주체 전체를 동역학적 고찰의 대상으로 삼는 일인데, 이것은 주체의 기능적 작동과 관련하여 아무런 의미를 지니지 못한다. 실제로 주체의 기능적 작동은 오히려 열역학적 질서에 바탕을 두고 이루어지기 때문에 이를 단일 동역학적 서술로 기술하는 것은 가능하지 않으며, 오직 세부 요소간의 단순한 역학적 작동을 파악하는 데에만 도움을 줄 수 있다. 예를 들어 한 요소와 다른 요소 사이의 역학적 상호작용이 기능의 작동에 어떻게 기여하는지를 살피는 데에는 이것이 매우 유용하다. 또한 역학적 서술은 외부 대상과 주체 사이의 물적 정보의 근거를 제공한다는 점에서 역학 모드와 서술 모드의 경계 형성에 중요한 기능을 하게 된다.

반면 주체가 주체로서 기능하게 되는 것은 바로 서술 모드를 통해서이다. 이것은 물질적 법칙과 질서를 바탕으로 하지만, 자체 조직의 구조를 통해 형성된 고도의 결정론적 절차에 따라 작동하게 된다. 정보의 처리과정

processing이 바로 서술 모드에 해당하는 것인데, 여기서 동역학적 그리고 열역학적 과정은 오직 이를 가능케 하는 바탕 물질을 통해 신뢰할만한 하드웨어를 제공하는 데에만 관여한다. 다시 말해 앎의 주체 조직에 외부 정보 α가 가해져, 조직의 변별 구조 $S_{\alpha\beta}$에 의해 특정한 반응 β가 나타난다고 하는 것은 모두 일정한 하드웨어를 바탕으로 한 이러한 서술 모드의 작동이다.

앎의 주체가 지닌 이러한 내적 조직을 다시 기록물과 수행체로 구분해볼 수 있다. 즉 주체 안에는 기록이 각인되어 있는 해당 조직의 기록물과 그 기록의 지시를 받아 수행하는 수행체가 있어서, 이들 사이의 정합적 관계를 통해 지적 기능을 수행하게 된다. 이때 기록물은 수행체에 영향을 주어 일정한 방향의 수행이 이루어지도록 하며, 동시에 수행체는 기록물의 작동에도 일정한 영향을 주어 이것이 제 기능을 하도록 도와 전체가 하나의 준순환semi-cycle 조직을 이루게 된다. 여기서 굳이 '준순환'이라 한 것은 정보와 반응이 있다는 점 외에도 단순한 반복만이 아닌 부분적 수정 또한 가능함을 나타내고자 함이다. 예컨대 특정한 방식의 되먹임을 활용해 마련되는 '학습' 과정이 바로 이러한 수정을 통해 가능해진다.

기록물의 바탕 상태를 기준으로 이것이 '기록'으로서 의미를 가지기 위해 요구되는 그 정교함의 정도를 이 '기록물의 정보량'이라 부를 수 있다. 여기서 중요한 점은 기록물의 정보량이 수행체와의 정합성에 의존한다는 사실이다. 수행체가 이를 읽어내지 못한다면 그 기록은 무의미한 것이기 때문이다. 그러니까 그 어느 것이 의미 있는 '기록'이냐 아니냐 하는 것은 일단 정상적이라고 간주되는 수행체를 전제했을 때 이를 기준으로 말할 수 있다. 이는 정상적 해독 능력을 가진 독자가 있어야 문헌 기록이 의미를 가지는 것과 같은 이치이다.

이미 말했듯이 어떠한 앎의 주체도 이것이 물질로 구성되어 있는 한 그 자체로 역학적 서술의 대상이면서 동시에 서술을 수행하는 조직의 구성체가 되는데, 이 각각의 역할이 바로 역학 모드와 서술 모드에 해당한다. 이를 역학 모드로 볼 경우, 외부에서 유입되는 정보는 외부로부터의 물리적 자극 형태를 띠게 되며 이것과 일정한 크기의 상호작용을 일으키고 있어서 그에 따른 역학적 진행이 이루어진다. 한편 서술 모드에서는 외부로부터의 정보 곧 이러한 물리적 자극은 오직 기존 조직 안에 마련된 감지 기구의 어느 부위에 반응을 촉발하는 역할만 하게 되며 그 물리적 영향은 작을수록 좋다. 그리고 이후 인식주체 안에 나타나는 유의미한 진행은 역학적 진행에 대비되는 정보적 진행이 된다. 이러한 진행은 조직 활동의 일부이며, 물리학적으로는 자유에너지의 소모에 따른 비평형 열역학 현상에 해당한다.

※ 의식적 앎과 비의식적 앎

앎의 주체가 앎의 내용을 어느 선까지 주체적으로 의식하느냐 하는 것은 일반적으로 말하기 어렵다. 무엇을 주체적으로 의식하느냐 아니냐 하는 것은 그 성격상 오직 그 의식의 주체만이 판정할 수 있으므로 그 의식 여부나 범위를 객관적으로 설정할 수는 없다. 그러나 이미 의식의 주체가 되어있는 우리로서는 이러한 정보적 진행의 최소한 일부만이라도 의식하는 경험을 가지고 있으므로, 앎의 주체인 '나'는 앎에 대한 의식의 주체도 된다는 선언을 할 수 있다. 이는 곧 앎의 주체는 '역학 모드'와

'서술 모드' 이외에 또 하나의 모드로 '의식 모드'에 놓일 수 있음을 의미한다. 사실 우리가 주체적으로 경험하는 모든 앎은 일단 의식 모드에 놓인 앎이다. 실제로 앎의 주체인 우리의 내부에 서술 모드로서의 앎이 작동하고 있다 하더라도 이것이 의식 모드 안에 포섭되지 않으면 우리는 이것이 작용하고 있다는 사실조차 알아차리기 어렵다. 많은 경우 우리의 앎은 이미 비의식(흔히 '무의식'이라고도 함) 차원에서 진행되고 있으며 그 중 극히 일부만이 의식 모드 안에 통합되고 있다. 우리는 생존을 위해 비의식적 앎에 크게 의존하고 있지만, 주체적 삶 곧 자신의 의식적 판단에 따른 삶을 영위하기 위해서는 불가피하게 의식 모드에 떠오르는 앎을 필요로 한다.

많은 경우 의식적 앎과 비의식적 앎은 서로 긴밀하게 연관되어 있으며, 때로는 의식적 노력에 의해 의식 모드에 떠오르지 않았던 앎을 의식 모드 위로 떠올릴 수도 있다. 지나간 기억을 되살리는 일이 좋은 사례이다. 사실상 많은 중요한 서술내용들은 비의식 서술 모드로 간직되어 있으며, 필요한 경우 우리는 이를 의식 모드로 떠올려 활용하고, 다시 보관이 더 용이한 비의식 서술 모드로 전환하여 보관하게 된다. 경우에 따라서는 체외 비의식 서술 모드 곧 책이나 컴퓨터 기억 장치 속에 저장했다가 필요할 때에 펼쳐내어 읽음으로써 의식 모드로 떠 올리기도 한다.

⁘ 앎의 대상과 서술: 예측적 앎의 성격

지금까지는 앎의 주체에 대해 논의했는데 이제는 앎의 대상에 대해 생각해보자. 앎의 주체 입장에서 보면 자신과 관계를 맺을 수 있는 그 어떤 것도 모두 앎의 대상으로 떠오를 수 있다. 반대로 앎의 주체와 원천적으로 관계를 맺을 수 없는 그 무엇도 앎의 대상이 될 수 없다. 그것에 대한 어떠한 증거도 또 그것으로 인한 어떠한 결과도 예상할 수 없기 때문이다. 예를 들어 사후에 만날 수 있는 어떠한 세계도 상상의 대상은 될 수 있겠으나 앎의 대상은 될 수 없다. 그러나 우리가 직접 접근할 수 없어도 예컨대 직녀성의 구성 물질은 앎의 대상이 될 수 있다. 그것은 '별'의 구성 물질이 지닌 보편적 성질들을 공유할 것이며, 더 구체적으로는 이것이 보내고 있을 빛의 스펙트럼을 분석하여 그 빛을 내는 물질이 어떤 것인지를 추론할 수 있기 때문이다.

이제 한 앎의 주체가 관심을 지닌 어떤 것을 앎의 대상으로 선정했다고 하자. 이 경우 주체가 그 대상에 대해 서술하게 될 앎의 내용은 대상의 성격에 따라 매우 다양하다. 하지만 그 가운데서도 우리가 특별히 주목해보아야 할 한 전형적 형태의 앎이 있다. 이것이 바로 '예측적 앎' 곧 미래에 일어날 일을 미리 예측하게 해주는 앎이다. 이것은 인간의 성공적인 생존을 위해 대단히 중요할 뿐 아니라 앎의 한 전형적 모습을 보여주는 것이기에 여기서는 이것을 중심으로 앎의 성격을 살펴나가기로 한다.

하나의 예로서 지금 나무에 달려있는 사과 한 개가 관심의 대상으로 들어왔다고 하자. 이것에 대해 '예측적 앎'을 수행한다는 것은 다음과 같은 몇 가지 과정이 전개되고 있음을 의미한다.

1. 대상으로부터 일정한 정보 예컨대 대상에서 반사된 빛줄기가 주체의 감지 기구 예컨대 그의 시신경에 도달한다.
2. 주체는 이 정보의 일부를 활용하여 이 대상이 사과라는 '특성'을 지닌

대상임을 확인한다. 이를 위해 주체 안에는 이미 사과라는 특성의 내용과 이를 지닌 대상을 확인할 판정기준이 '지식'의 형태로 각인되어 있어야 한다.

3. 주체는 입수된 정보의 또 다른 일부를 활용하여 대상의 '상태' 예컨대 이것이 아직 '설익은' 상태임을 확인한다. 이를 위해서도 주체 안에 이미 대상의 상태를 확인할 판정기준이 각인되어 있어야 한다.
4. 이를 확인한 주체는 일정한 시간 이후 이것이 '익은' 상태로 변할 것임을 추론한다. 이를 위해 주체 안에는 사과의 가능한 상태들 및 상태변화의 법칙에 관한 지식이 각인되어 있어야 한다.
5. 이러한 추론을 거친 주체는 일정한 시간 이후 예상대로 익은 상태가 되었는지를 확인할 수도 있다. 예를 들어 눈으로 확인 할 수도 있고, 더 확실하게는 이것을 따먹으며 맛으로 확인할 수 있다.

이 사례에서 보다시피 아주 간단한 하나의 예측적 앎이 수행되기 위해서도 앎의 주체 안에는 먼저 이것에 대한 일정한 사전 지식이 각인되어 있어야 하며, 다시 대상으로부터의 정보를 활용해 대상의 특성 및 대상의 현재 상태를 확인하고 또 미래 상태를 추론할 절차적 방식이 마련되어 있어야 한다. 앎의 작동을 위한 여건은 이처럼 복잡하지만, 대부분의 유기체의 경우 가장 원초적인 지식과 정보 취득 방식은 이미 유전적으로 그 체내에 각인되어 있어서 출생과 함께 바로 작동하게 된다. 그리고 이들은 또한 신체의 성장과 함께 급격한 발전을 가져오며, 특히 그간의 생존 경험을 통해 효과적으로 그리고 대부분 무의식 속에서 학습되어 간다. 그러다가 어느 단계에 이르러 이 내용들이 의식되기 시작하면서 체계적인 앎의 탐색, 검토 및 개선 작업이 이루어진다.

이러한 앎의 성장 과정 속에서 특히 각종 대상의 특성과 이를 확인하는 과정은 비교적 장기적 경험과 앎의 축적 과정을 통해 이루어지며 그 방식 또한 매우 다양한 것이어서 여기서는 이러한 것이 형성되어 있음을 전제하고 이에 대한 더 이상의 일반적 논의는 생략한다. 많은 경우 예측적 앎이 지닌 이러한 '특성'과 '상태' 개념이 명시적으로 들어나지는 않으며, 아직 이러한 방식으로 앎의 구조를 분석한 문헌들도 찾아보기 어렵다. 그러나 우리가 곧 살펴보겠지만 유의미한 예측적 효용을 지닌 앎의 경우 거의 예외 없이 위의 사례에서 본 일반적 구도를 따르고 있으며, 따라서 이것을 하나의 중요한 구조적 성격으로 인정하는 것은 매우 유용한 일이다.

이제 하나의 현실적 사례로서 의사가 병원을 찾아 온 환자를 대상으로 적용하게 되는 앎을 생각해 보자. 지금 30대 중반의 외견상 건장한 한 남자가 의사를 찾아 왔다고 하고, 이 경우 의사가 활용하고 있는 앎을 대상의 '특성'과 '상태'라는 관점에서 검토해보자.

우선 그 대상의 '특성'으로서 의사는 일단 '30대 중반의 한 건장한 남자'라는 내용을 취하게 될 것이며, 필요하다면 그의 주변 환경과 그가 지닌 병력을 여기에 추가할 것이다. 그리고 의사는 그의 건강 '상태'를 검진할 것이다. 예컨대 몇몇 종류의 검사와 진찰을 통해 그가 폐결핵 초기에 있다는 진단을 얻어낼 수 있다. 이 때 이 검사와 진찰은 대상에 대한 '관측' 혹은 '측정'에 해당하며, '폐결핵 초기'라는 것이 이 환자의 현재 '상태'에 해당된다. 이제 의사는 이러한 '특성(30대 중반의 한 건장한 남자)'의 환자가 이러한 '상태(폐결핵 초기)'에 놓일 경우, 그 '상태'가 앞으로 어떻게 변해 나갈 것인가에 대한 일반적 경향 곧 '상태변화의 법칙'에 비추어, 아무런 조처를 취하지 않을 경우 얼마 후에 어떠한 '상태(폐결핵 말기)'에 놓이리라는 추정을 하게 된다.

의사는 물론 적절한 조처를 취할 경우 상태가 어떻게 달리 변할 것인가에 대해서도 알고 있다. 이는 말하자면 '특성'에 어떠한 변화가 가해지면 '상태'도 이에 따라 달리 변해 갈 것을 예측하는 것인데, 이것 또한 이러한 틀 안에서 이해될 수 있는 지식의 형태를 취한다. 이 때 외부에서 가해지는 조처는 '특성'의 범주에 속하는 것임에 주의를 기울일 필요가 있다. 동일한 '상태'에 있는 대상이라 하더라도 그 '특성'에 차이가 가해짐으로써 '상태'의 변화 양상에 차이가 나타나는 것이고, 의사는 바로 이 점을 활용해 병을 치료한다.

여기서 한 가지 유의할 점은 환자의 '상태'란 검사와 진찰을 통해 얻어진 데이터 그 자체를 가리키는 것이 아니라, 이를 통해 추출해 낸 '폐결핵 초기' 혹은 '폐결핵 중기' 등으로 일컫는 다소 추상적인 병상病狀을 말한다는 점이다. 그리고 예를 들어 '폐결핵 초기'라는 '상태'에 있던 환자가 '폐결핵 말기'라는 '상태'에 이를 것이라고 하는 추정이 얻어졌다고 하면, 폐결핵 '상태'와 구체적 증세들을 연결하는 의학적 관련 지식(해석 방법)에 따라 이 환자의 신체에 어떤 일이 생길지 예측할 수 있게 된다. 가령 몸을 가누기 어려운 지경에 이를 것이라든가 또는 사망의 가능성이 매우 높다는 것 등의 예측이다. 여기서 보다시피 의미 있는 지식이라고 하여 단정적으로 어떠한 일이 일어난다는 말을 해야 하는 것은 아니다. 가령

6개월 이후까지 생존할 확률이 20%라는 말을 할 수 있더라도 이는 의미 있는 지식이다.

이와 유사한 사례는 다른 여러 분야에서도 찾아볼 수 있다. 가령 경제분야에서 한국 사회를 대상으로 해 '경제 상태'에 대해 관측 및 예상을 수행하는 경우도 이와 유사한 방법과 절차를 따라 고찰할 수 있으며, 성장하는 식물의 '생육 상태' 또한 같은 방법과 절차에 의해 생각해 볼 수 있다.

그러나 역시 가장 대표적인 사례는 천체 주변에 떠도는 물체의 경우, 이것의 초기 상태(위치 및 운동량)를 관측하고 여기에 고전역학의 법칙들을 적용함으로써 이것의 미래 임의의 시각時刻에서의 상태(위치 및 운동량)를 예측해 내는 경우가 될 것이다.[15] 특히 이것의 한 특수한 경우로 지구 주변에서 물체가 낙하하는 현상은 이를 적용할 수 있는 가장 간단하면서도 매우 친숙한 사례이다.

여기서 보다시피 대상의 성격에 따라 이러한 구도의 적용 방식과 엄격성에는 차이가 있겠지만, 미래의 상황에 대해 의미 있는 예측을 가능케 하는 모든 지식들은 기본적으로 이러한 형태적 양상에서 크게 벗어나지 않으리라는 것을 어렵지 않게 추측할 수 있다.

1.3 보편이론으로서의 동역학

위에 소개한 몇몇 사례들에서 본 바와 같이 예측적 앎들은 그 형식에 있어서 일정한 공통점을 지니지만 그 적용 대상은 얼마든지 다를 수 있고 또 각 대상에 따라 그 특성과 상태를 서로 달리 규정하게 된다. 그렇기에 이렇게 얻어진 앎들은 서로 다를 수밖에 없으며 이들 사이에 어떤 본질적 연관성을 찾아내기가 어렵다.

그러나 앎의 지향이 지니는 한 중요한 특성은 되도록 그 적용 대상을 넓혀나가려는 것이고, 이상적으로는 모든 대상에 두루 적용되는 보편적 앎에 이르려는 것이다. 이렇게 될 경우 당연히 그 구체성이 떨어지겠지만, 이것 또한 보편적 앎 위에 구체적 여건을 첨부함으로써 구체적 상황에 적용되는 앎을 도출해낼 구조를 마련하면 해결될 일이다. 이렇게 된다면 하나의 보편적 앎과 거기서 도출되어 나오는 각층의 다양한 앎들로 이루어진 통합적 체계를 형성할 수 있고, 이를 통해 우리는 경험 세계 전체를 한눈에 파악할 수 있는 지적 경지에 이를 수 있다. 이것이 바로 오래 전부터 인류가 염원해 온 학문의 목표였으며, 특히 근대 이후 과학의 발전은 이를 성취하는 일에 한 걸음 크게 다가서고 있다.

이러한 성취를 위해 우리가 해야 할 첫 과제는 어떻게 하여 모든 대상에 두루 적용되는 보편적 앎에 이를 수 있는가 하는 점이다. 이것은 우선 모든 물질적 대상이 두루 지니고 있는 보편적 특성을 찾는 것이며, 이러한 특성을 지닌 대상이 가지게 될 가능한 상태들을 규정하는 일이다. 그리고 만일 이렇게 설정된 대상에 적용될 상태변화의 법칙까지 마련할 수 있다면, 이는 곧 가장 보편적 형태의 예측적 앎을 마련하는 셈이다.

실제로 근대 과학은 이러한 형태의 앎을 추구해 왔으며, 이를 일러 동역학 이론dynamical theory 혹은 간단히 동역학dynamics이라 한다. 역사적으로는 이미 17세기에 마련된 고전역학과 20세기에 들어와 등장한 양자역학이 이러한 동역학의 전형적인 사례이다.

이들 이론의 구체적 모습에 대해서는 앞으로 자세히 살펴보겠지만 여기서는 먼저 이러한 이론이 앞서 아인슈타인의 비판적 성찰(1.1절 참조)에서 보았던 기본적인 논의 구조와 관련해 어떤 성격을 지니는지 생각해보기로 한다. 다시 말해서 "일반적 개념들의 창출"이라고 한 존재론과 "이들 개념 사이의 관계"를 맺는 정식화, 그리고 "개념들과 감각경험 사이를 잇는 특정의 관계"로서의 인식론적 요구가 이론 안에 어떻게 구현될 수 있는지를 살펴나갈 것이다.

※ 일반적 개념들의 창출

먼저 "일반적 개념들의 창출"이라고 하는 존재론에 대해 생각해보자. 여기서 창출해야 할 "일반적 개념"으로 우리는 우선 "모든 대상이 두루 지니고 있는 보편적 특성과 이를 지닌 것으로 여겨지는 보편적 존재물"에 해당하는 적절한 개념부터 마련해야 한다. 이를 위해 일단 가능한 모든 물적 대상이 공통으로 지니는 특성이 무엇일까를 생각해보면, 한 가지 적절한 후보로 "질량mass"이라는 개념에 이르게 된다. 이것은 우리 일상 언어로 "무게"에 해당하는 것인데, 엄격히 말하면 무게란 "지구상에서 질량이 받는 중력의 크기"에 해당하는 것이어서 무게와 질량은 서로 비례하는 관계에 있다. 따라서 어느 쪽 개념을 취해도 큰 차이가 없어 보이지만, 굳이 질량 개념을 선호하는 이유는 무게가 중력의 작용이라는 구체적 상황을 전제한 개념임에 비해 질량은 중력의 작용 여부에 무관하게 대상 자체가 지닌 특성의 일부로 볼 수 있기 때문이다.

이렇게 할 때, 우리는 하나의 보편적 대상으로 특정 질량을 지닌 한 입자의 개념을 상정할 수 있고 이 대상의 "특성"으로 이것이 지닌 질량의 값 m을 지정할 수 있다. 이것을 보편적 대상이라 지정할 수 있는 이유는 우리가 생각할 수 있는 모든 물적 대상이 적어도 이러한 점에서 공통성을 가지기 때문이다. 심지어 질량이 없는 것으로 여겨지는 대상, 예컨대 빛의 입자, 곧 광자photon도 질량 m의 값이 0인 입자라고 보아 이 보편적 대상에 포함될 수 있다.

이렇게 하나의 보편적 대상을 상정한 다음에는 이것이 가지게 될 "상태"를 규정하는 문제가 남는다. 이를 위해 특별한 방법이 있는 것은 아니지만 우선 이것이 어디에 있는지, 그리고 어떻게 움직이는지를 나타낼 위치와 운동량을 "상태"로 지정하는 것이 매우 자연스럽다. 이들을 정량적으로 서술하기 위해서는 위치의 값들이 놓이게 될 공간, 즉 '위치 공간'과 운동량의 값들이 놓이게 될 '운동량 공간' 개념이 함께 마련되어야 한다.

※ 인식론적 요구

위의 논의는 대상에 관한 존재론으로서 대상 서술에 필요한 "일반적 개념"에 해당하는 내용이다. 그런데 설혹 이러한 개념들에 해당하는 그 무엇이 대상에 구비되어 있다 하더라도 인식주체가 이를 파악할 길이 열려 있지 않다면 앎으로서의 의미를 지닐 수 없다. 그러므로 이들에 대한 정보를 인식주체의 서술 모드 안으로 불러들일 특정한 방식이 마련되어야 한다. 이것이 바로 앞서 언급한 인식론적 요구, 즉 이들과 감각경험 사이를 잇는 특정한 관계를 부여하는 과제에 해당한다.

이러한 요구는 다시 두 가지로 구분되는데 그 하나는 대상의 특성을 파악하는 방식이고 다른 하나는 대상의 상태를 판별하는 방식이다. 이 가운데 대상의 특성을 파악하는 방식은 매우 다양하고 복합적이므로 일단 학문적 관행 혹은 상식에 맡기기로 하고, 여기서는 대상의 상태를 판별하는 방식을 중심으로 논의하기로 한다. 이는 예컨대 대상의 상태로 지정된 이것의 위치 또는 운동량에 해당하는 정보를 어떻게 얻어내느냐 하는 문제와 관련된다. 그런데 대상으로부터 이러한 정보를 얻어내기 위해서는 대상과 주체 사이에 이를 가능케 할 어떤 매개체가 요청된다. 많은 경우 시각, 즉 대상으로부터의 빛줄기가 눈으로 전해지는 방식에 의존하지만, 이것이 유일한 방식이 아닐뿐더러 이미 빛의 성격과 관련된 매우 복잡한 과정을 통해 이루어지는 것이므로 우리는 이보다 단순한 원초적 형태의 과정에 주의를 기울일 필요가 있다. 이는 곧 대상과 인식주체 사이에서 대상으로부터의 물리적 정보를 최초로 접하게 되는 소재에 주목하고 이를 중심으로 그 이전과 이후의 과정을 구분해보자는 것이다. 이렇게 하는 경우 대상과 인식주체를 잇는 결정적 역할을 하는 것이 바로 그 소재 위에 나타나는 물리적 '흔적'이며, 인식주체는 이에 의존하여 대상의 상태를 파악하게 된다. 따라서 우리는 이러한 기능을 수행하는 소재를 별도로 개념화하여 변별체라 부르기로 한다.

이제 하나의 구체적 사례로 대상의 위치를 관측하는 경우를 생각해보자. 이 경우 대상의 위치를 관측한다는 것은 공간상의 어느 위치에 변별체를 설치한 후 이것이 대상과 마주쳤는지 아닌지를 판별하여 그 대상의 위치에 대한 정보를 찾아내자는 것이다. 만일 이것이 대상과 마주치면 〈예〉에 해당하는 가시적 표식이 나타나고, 만일 마주치지 않으면 그 위에 아무런 표식이 나타나지 않는 신빙할만한 장치를 마련할 수 있다면, 이것이 바로 위치 변수에 대한 변별체이다. 이를 통해 우리는 대상이 그 자리에 있었으면 이를 분명히 확인할 수 있고, 그 자리에 없었으면 그 자리에 있지 않았다는 사실을 확인할 수 있다. 그러니까 대상이 어디에 있는지를 알려면 모든 가능한 위치에 이런 변별체들을 설치하여 그 가운데서 〈예〉에 해당하는 표식이 어디에서 나타나는지를 확인하면 된다. 물론 이 표식을 편리하게 확인하기 위해 현미경을 사용하든가 또는 정보채널을 통해 컴퓨터의 모니터에 떠올리든가 하는 여러 부수적 절차가 더 요구되겠지만 이들은 이미 발생한 그 무엇에 대한 정보전달만에 이바지 하는 것이라 대상의 상태 측정과 관련한 본질적인 요소가 아니다.

이러한 변별체의 역할과 관련해 우리는 "사건event"의 개념을 도입할 필요가 있다. 변별체에 가시적 표식이 나타난다는 것은 대상이 변별체에 〈예〉에 해당하는 사건을 야기했음을 의미하며, 가시적 표식이 나타나지 않았다면 대상이 변별체에 〈아니오〉에 해당하는 사건을 야기했다고 할 수 있다. 표식이 나타나지 않은 경우를 굳이 "〈아니오〉에 해당하는 사건"이라고 부르는 이유는 변별체가 그 자리에 없었더라면 〈아니오〉인지도 몰랐을 것이므로, 〈아니오〉를 알려주는 것도 중요한 정보에 해당하기 때문이다. 즉 여기서 사건이라 부르는 것은 의미 있는 정보를 제공하는 "물적 사실"을 말하는 것인데, "변별체에 가시적 표식이 나타나지 않은 사실" 또한 엄연한 "물적 사실"에 해당한다고 할 수 있다. 그러면서도 〈예〉에 해당하는 정상적 사건과 구분하기 위해 이를 특히 "빈-사건null-event"이라고 별도의 명칭을 부여하는 것이 편리하며, 앞으로 이 용어를 종종 사용할 것이다.

요약하면, 인식주체는 대상의 '상태'에 대해 오로지 변별체에 발생하는 '사건'만을 통해 파악하게 되며, 이것이 바로 대상의 상태를 '측정'한다는 말의 본질적 의미이다. 한편 변별체는 대상과 조우해서 사건 또는 빈-사건을 유발해내므로 이를 "사건유발 능력을 지닌 존재물"이라 규정할 수 있다.

※ 상태변화의 법칙

일단 이러한 존재론이 마련되고 나면 대상의 "상태"가 시간에 따라 어떻게 변해나갈 것인가를 말해 주는 상태변화의 법칙을 서술하는 작업이 이루어져야 한다. 이것이 바로 동역학의 정식화에 해당하는데, 이것을 통해 미래의 상태를 산출해서 일어날 사건들을 예측할 바탕이 마련된다. 어느 시점에서의 대상의 상태를 위에 제시한 방식에 따라 파악했을 경우, 우리가 만일 이 상태에 적용될 상태변화의 법칙을 알 수 있다면 우리는 이 대상의 미래 상태가 어떻게 될지를 산출해낼 수 있고, 이를 통해 이 대상이 미래에 어떤 사건을 일으킬지를 예측할 수 있게 된다.

그렇다면 이러한 상태변화의 법칙을 어떻게 마련할 수 있는가? 우리가 만일 자연의 질서에 관한 가장 원초적이고 근원적인 공리를 설정할 수 있다면, 이 공리로부터 이 변화의 법칙을 이끌어내는 것이 가장 합리적이다. 하지만 이러한 경우에 다시 그 공리는 어디서 이끌어낼 것인가 하는 문제가 발생한다. 그러므로 어느 단계에선가 공리 또는 법칙을 가설의 형태로 설정하고 그 가설의 정당성은 오직 이를 통해 연역되는 모든 결과들이 관측 결과들과 일치한다고 하는 사실을 통해서만 보장된다는 논리를 따를 수밖에 없다.[16] 그러나 모든 결과들을 확인한다는 것은 현실적으로 가능하지 않으므로 이러한 공리 또는 법칙은 항상 "그 시점까지 확인 된 범위 안에서 우리가 취할 수 있는 최선의 가설"이라는 지위를 넘어설 수 없다. 그리고 이 법칙 또한 대상의 특성과 상태를 규정하는 "일반적 개념"의 틀 위에서만 서술될 수 있는 것이므로 이 "일반적 개념"을 규정하는 존재론적 구도가 달라지면 이에 맞추어 이것 또한 함께 달라져야 할 운명에 놓인다.

우리가 뒤에 상세히 논의하게 될 고전역학과 양자역학의 경우, 대상의 특성과 상태를 규정하는 "일반적 개념"에 차이가 있으며 따라서 이들에 적용될 상태변화의 법칙 또한 다르다. 구체적으로 상태변화의 법칙이 고전역학의 경우에는 "뉴턴의 운동방정식"이지만 양자역학의 경우 "슈뢰딩거 Schrödinger의 방정식"이 되는데, 이는 대상의 상태를 규정하는 "일반적 개념"의 차이가 가져오는 불가피한 결과이기도 하다.

일단 이와 같은 상태변화의 법칙이 마련된다면, 이를 활용하여 우리는 미래의 상태를 이론적으로 산출해낼 수 있다. 이렇게 산출된 상태가 의미하는 것은 이 대상에 어떤 변별체를 조우시킬 때, 대상은 변별체에 어떤 사건을 유발할 것인가에 해당하는 앎이라 할 수 있다. 이는 바로 상태가 지닌 '조작적 의미'를 가리키며, 엄격히 말하면 상태의 '조작적 정의 operational definition'에 해당한다. 인식주체는 대상이 임의의 시각에 가지게 될 이러한 의미의 상태를 산출해냄으로써 미래에 이 대상이 불러올 현상, 좀 더 구체적으로는 지정된 변별체에 이것이 언젠가 불러일으킬 사건을 예측할 수 있게 된다.

※ 동역학적 서술의 메타적 구조

앞에서 우리는 앎의 구성 요소를 앎의 주체와 대상으로 나누어 고찰했지만 이를 다시 〈그림 1-1〉에 보인 것과 같이 물질세계와 서술세계로 나누어 여기서 작동하는 동역학적 서술 체계의 메타적 구조를 살펴볼 수 있다.

동역학적 서술 자체는 물질세계의 한 특정 부위 곧 '대상(계)'만을 중심으로 이루어지지만, 동역학이 작동하는 기구 곧 이러한 서술을 이루어내는 주체는 대상계 밖에 놓인 '(인식)주체'이다. 그리고 인식주체에 해당하는 영역은 다시 원초적 감지기구인 변별체와 여타의 인식중추로 구분할 수 있는데, 대상과 직접적인 물리적 접촉을 가지는 부분이 변별체이고, 이 변별체와의 정보적 연결을 통해 대상에 관한 정보를 받아들이고 아울러 주된 서술활동이 이루어지는 곳이 인식중추이다. 물질세계 안에는 이들 이외에도 수많은 사물들이 존재하겠지만 우리의 동역학 논의와는 일단 무관한 것이므로 여기서는 따로 관심의 대상으로 삼지 않는다.

이것이 바로 동역학이 작동하는 물질세계의 모습인데, 말하자면 동역학의 하드웨어에 해당하는 셈이다. 동역학적 서술을 위해서는 다시 이것이 담고 있는 소프트웨어를 생각해야 한다. 주체는 자신도 물질로 이루어진 물질세계의 한 부분이면서 그 자체로 독자적인 세계를 구성하는 서술내용을 담고 있는데, 이를 서술세계라 부르기로 한다. 서술세계는 물질세계를 바탕으로 그 위에 새겨진 '의미'의 세계로서, 이것이 담는 내용은 직접 물리법칙을 따르는 것이 아니라, 물리법칙을 따라 형성된 신뢰할만한 물질적 질서 위에 규약으로 설정된 고차적 질서, 곧 언어적 논리적 규칙을 따른다. 동역학에 해당하는 인식활동은 다시 "경험표상 영역"에서 수행되는 표상활동과 "대상서술영역"에서 수행되는 서술활동으로 나누어볼 수 있다. 표상활동이란 물질세계의 감지기구, 곧 '변별체'에 각인된 물리적 징표를 인식적 표상으로 바꾸어냄을 의미한다. 인식주체는 이러한 표상내용을 대상 서술에 적합한 언어, 곧 '상태'로 전환하여 대상서술영역으로 보냄으로써 대상에 대한 동역학적 서술활동을 수행하게 된다. 따라서 주체의 입장에서 대상에 관련해 말할 수 있는 것은 바로 이 서술활동을 통해 얻어진 모든 것, 곧 '서술내용'이며 그 이외의 다른 무엇도 될 수가 없다.

〈그림 1-1〉에는 하나의 대상을 중심으로 하는 이러한 물질세계와 서술세계의 주된 내용이 간략한 도식으로 표현되어 있다.

이 도식이 보여주고 있는 바와 같이 이것의 작동은 모두 4개의 서로 다른 층위와 이들 사이의 관계를 통해 이루어진다. 즉 물질세계는 서술대상에 해당하는 '대상계(층위1)'와 인식주체의 물질적 영역에 속하는 '변별체(층위2)'를 포함하고 있으며, 서술세계는 표상활동이 이루어지는 '경험표상영역(층위3)'과 서술활동이 이루어지는 '대상서술영역(층위4)'으로 구분되고 있는데, 〈층위1〉과 〈층위2〉의 구분은 같은 물질세계 안에서 대상 영역과 주체 영역 사이의 경계를 나타내며, 〈층위2〉와 〈층위3〉사이의 구분은 같은 주체 안에서 물질세계와 서술세계를 잇는 연결부위에 해당하는 것이다. 그리고 〈층위3〉과 〈층위4〉의 구분은 주체의 서술세계 안에서 이루어지는 활동을 다시 경험표상활동과 대상서술활동으로 구분할 수 있음을 말해준다. 여기서 〈층위4〉는 〈층위1〉에 해당하는 대상계를 서술하는 것이어서, 이는 곧 물질세계 안에 있는 대상이 인식세계 안에 반영되는 서술적 영상에 해당한다.

〈그림 1-1〉 동역학적 논의 대상이 지닌 4개의 서로 다른 층위

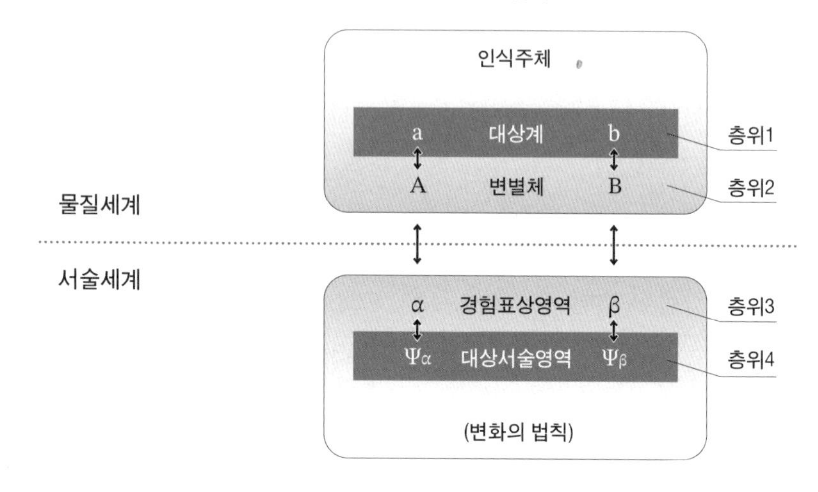

여기서 우리가 이들 층위에 주목하는 것은 많은 경우 양자역학의 해석을 둘러싼 논란이 이들 층위의 성격에 대한 이해 부족과 이에 따른 개념적 혼란에서 오기 때문이다. 우선 〈층위1〉과 〈층위2〉 사이의 관계를 살펴보자. 이들은 둘 다 물질세계 안의 존재이지만 〈층위1〉의 대상계만이 동역학적 서술의 대상이 되며, 이와 물리적 접촉을 가지는 물질적 요소이면서도 오히려 주체의 영역에 해당하는 〈층위2〉의 변별체는 동역학적 서술의 대상이 아니라는 점을 명확히 해야 한다. 대상계는 오직 이것의 동역학적 특성과 상태만으로 규정되는 존재(층위1)이지만, 완전히 고립된 상황에서는 그 동역학 상태에 대한 정보를 노출시킬 방법이 없다. 그러므로 어느 시점에서 이러한 정보가 대상계 밖으로 노출되어야 하는데, 이는 오직 변별체(층위2)와의 특별한 관계를 통해 이루어진다. 변별체와의 조우 곧 어떤 스침에 해당하는 '사건'을 통해 변별체 위에 판정 가능한 물리적

효과를 남겨야 하는데, 이 순간에는 대상계의 상태 또한 그것에 해당하는 새 상태로 전환될 여지가 있다.

한편 변별체에 각인된 이러한 효과(층위2)를 서술세계의 입장에서 본다면 이는 곧 대상의 상태에 대한 일차적 표상(층위3)을 얻는 결과가 된다. 그런데 주체가 수행해야 할 작업은 이를 바탕으로 대상이 관여할 미래 '사건' 곧 임의의 미래 시점에 이 대상에 변별체가 다시 스치게 될 때 어떤 사건이 발생할 것인가를 예측하는 일이다. 이 작업을 위해서는 우선 변별체에 나타난 일차적 표상(층위3)을 바탕으로 대상의 처음 '상태(층위4)'를 추정하는 일이 필요하다. 즉 변별체에 나타난 사건의 흔적을 읽어 이를 대상의 처음 상태로 지정하게 된다. 이러한 서술에서 인식주체의 입장에서는 변별체에 나타난 표상 이외에 더 이상 대상에 접근할 정보적 통로가 없으므로, 이 표상과 대상의 상태를 연관시킬 일반적 방식을 규약의 형태로 설정해 두어야 한다. 우리가 후에 '측정의 공리'라 부르게 될 이러한 규약은 앞에서 언급한 인식론적 요구에 따르는 것인데, 이 규약의 정당성은 오직 이러한 전 과정이 대상계의 행위를 예측하는 데에 적절한지 아닌지 하는 판단에서 온다.

이렇게 대상의 초기 상태가 얻어지면 인식주체는 변화의 법칙동역학 방정식에 따라 대상의 상태를 시간의 함수로 산출할 수 있게 되며, 이것이 곧 대상에 대한 동역학적 서술에 해당한다. 이를 통해 대상이 관여할 '사건'을 예측하기 위해서는, 다시 상태를 표상과 연관시키는 일반적 방식을 활용해, 미래 임의의 시간에 대상이 변별체를 다시 스칠 경우 어떠한 결과가 나타날지를 말할 수 있게 된다.

〈그림 1-2〉 동역학적 이론의 서술 구도

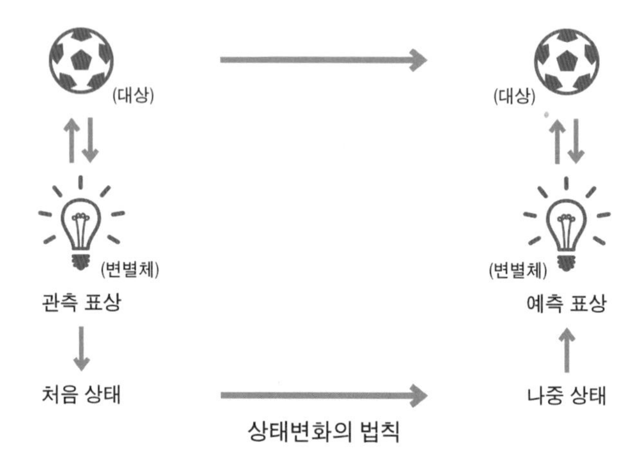

이제 대상의 동역학적 서술에 관한 이러한 관계를 간략한 도식으로 정리해보면 〈그림 1-2〉와 같다.

1.4 동아시아 성리학이 본 예측적 앎

이러한 메타적 구조를 완벽하게 갖춘 동역학들에 대한 본격적 논의에 앞서, 이것과는 크게 다른 역사적 배경에서 이에 접근하는 사고들이 어떻게 펼쳐졌는지, 그리고 그것들은 어떻게 하여 이러한 성공에 미치지 못했는지를 살피는 것도 유익하리라 생각된다. 그 하나의 사례로 고전역학이 형성되던 무렵 동아시아의 사상가들은 자연에 관련한 예측적 앎에 어떻게 접근하고 있었는지 잠깐 살펴보기로 하자.

뉴턴보다 정확히 88년 먼저 태어난 조선 중기의 성리학자 장현광張顯光은 당시의 자연관을 보여줄 『우주설宇宙說』이란 책을 썼는데, 그 책의 부록에 해당하는 『답동문答童問』에 다음과 같은 이야기가 나온다.

> 『대학大學』에서는 치지致知: 참으로 아는 것는 격물格物: 사물을 뚫어 보는 것에 있다고 말한다. 사물을 좇아 뚫어 보는 일 없이 어떻게 참된 앎에 이를 수 있을 것인가?
>
> 하늘을 올려다보아 그 창창蒼蒼함에 바탕을 두어 하늘의 이치를 추궁할 것이며 땅을 내려다보아 그 무무膴膴함을 바탕으로 땅의 이치를 추궁할 일이다. 이렇게 하여 해와 달, 별과 별자리, 물과 불, 흙과 돌, 추위와 더위, 낮과 밤, 바람, 구름, 우레, 비, 산과 산악, 내와 개울, 나는 동물과 뛰는 동물, 풀과 나무에 이르기까지 모두를 관찰하여 그 이치를 추궁해야 할 것이다. 우리의 눈이 미칠 수 있는 모든 것을 동원하여 그 이치를 철저히 추궁할 것이며 눈이 미치지 못하는 것에 대해서는 들어서 알 수 있는 귀가 있으니 들어서 알게 된 것을 근거로 사물을 추궁해야 할 것이다.
>
> 이렇게 얻어진 이치를 통해 지난 일들을 추구해 보면 오늘의 일로써 지난 만고의 일들을 가히 알 수 있으며, 또 앞으로 올 일들을 추구해 보면 다가올 만세의 일들 역시 오늘의 일을 통해 가히 알아낼 수가 있다.[17]

이 글은 신유학의 전통적 가르침인 '격물格物'의 개념을 구체적 자연현상에 적용하여 자연에 대한 탐구방식을 천명한 내용이다. 이것은 물物에 대한 격格을 지워야 한다는 것으로, 먼저 대상 자체에 대한 깊은 통찰을 통해 이것을 보다 보편적인 원리와 연결 지을 그 어떤 소재를 찾아내어야 한다는 것이다. 그리고 그는 격물의 대상으로 하늘과 땅을 비롯하여 일월성신日月星辰에서 비주초목飛走草木에 이르기까지 우리가 자연 세계에서 접할 수 있는 거의 모든 것을 조목조목 거론하고 있으며, 이들을 직접 눈으로 관찰하거나 귀로 들어서 그 실상을 직접 파악해야 함을 강조한다. 이러한 구체적 현상에 바탕을 두지 않은 앎은 그 자체로 무용하다는 것이다. 그리고 여기서 특히 관심을 기울여야 할 점은 이러한 사물들을 단순히 관찰하라는 것이 아니라 그를 통해 여기에 적용되고 있는 '이치를 철저히 추궁하라窮盡其理'고 하는 대목이다. 오감을 통해 직접 뚫고 보는 것이 필요하기는 하지만 이것으로 충분하지 않고 결국 그 이치를 찾아내는 데까지 이르러야 한다는 것이다.

여기서 우리가 음미해보아야 할 핵심적 요지는 바로 그 다음 문장에 나타난다. 우리가 만일 이러한 이치를 찾아내기만 한다면, 우리는 이를 활용하여 오늘의 상황만을 관찰함으로써 지난 만고의 상황과 다가올 만세의 상황을 알아낼 수 있으리라는 이야기이다. 동서고금을 막론하고 이미 지나간 것들과 앞으로 다가올 것들에 대해 알고 싶어 하는 욕구는 넘쳐나게 있었다. 그리하여 대부분은 환상적인 신화를 만들어내고 전혀 신뢰할 수 없는 점술을 고안해 내게 된다. 그런데 여기서 주장하는 것은 우리가 바른 이치를 찾음으로써만 이것을 가능하게 한다는 점이다. 이것이야말로 고대의 사고와 근대의 사고를 나누는 결정적인 시금석이라 할 수 있다. 오늘 우리는 바른 이치를 알면 그리고 오직 이것만을 통해 현상에 대한 설명은 물론 예측까지도 할 수 있다고 보지만, 이것은 오직 근대 과학 이후에 비로소 정착되기 시작한 생각이다.

앞의 인용문에 나타난 내용을 현대적 용어를 사용해 다시 표현해보면 다음과 같은 두 가지 주장에 해당한다.

1. 우리는 우주내의 존재물들을 관찰함으로써 그것에 적용되는 변화의 원리理를 찾아낼 수 있다.
2. 이렇게 얻어진 변화의 원리를 활용하면 그 존재물의 현재 상태를 확인함으로써 그것의 과거 상태와 미래 상태를 산출해낼 수 있다.

첫째 것은 자연계에 적용되는 변화의 원리를 찾아내는 방식을 말하는데, 이것은 어떤 초자연적인 방식으로 얻어지는 것이 아니라 존재물들을 직접 관찰함으로써 가능하다는 것이며, 둘째 것은 이 변화의 원리 적용에 관한 것인데, 이를 활용하면 현재의 상태만을 확인하여 과거와 미래의 상태를 알아낼 수 있다는 것이다. 이것이야말로 현대과학의 방법론을 매우 적절히 표현한 말이라 할 수 있다.

장현광의 이 주장은 특히 우리가 앞에서 제시한 예측적 앎의 구도를 잘 나타내 보여주고 있다. 그러나 이것이 보편이론으로서의 동역학에 해당하는 사고에 이르렀다고 보기는 어렵다. 여기에는 아직 모든 현상에 관통하는 보편적 대상 개념이 등장하지 않기 때문이다. 예를 들어 대상을 구성하는 존재물의 보편적 '특성'에 해당하는 질량이라든가 또 이 대상이 지닐 '상태' 개념이 명시적으로 드러나고 있지 않다.

그런데 면밀히 살펴보면 『우주설』 안에도 이미 보편적 대상 개념이 암묵적으로 활용되고 있는 사례가 나타난다. 이것이 바로 "대지大地: 지구를 이르는 말는 왜 떨어지지 않는가?" 하는 물음이다. 대지 역시 하나의 (아주 무거운) 물체인데 이것이 떨어지지 않는다는 것은 이상하다는 물음이다. 이것이 물음으로 성립한다는 것은 설혹 대지라 하더라도 하나의 보편적 대상이 가지는 합법칙적 질서 즉 무거운 물체는 아래로 떨어진다고 하는 이치에서 벗어나지 않아야 함을 전제한 것인데, 이러한 전제 자체는 이미 무게(사실은 질량)만 가지고 있으면 그것이 무엇이든 동일한 법칙의 적용을 받아야 한다는 보편적 대상 개념이 적용되고 있음을 말하고 있다.

한편 "대지는 왜 떨어지지 않는가?"하는 물음은 조금 다른 측면에서 우리의 흥미를 자아낸다. 도대체 왜 "무거운 물체는 아래로 떨어져야 한다." 고 보는가 하는 점이다. 이것은 간단히 말해 무거운 것을 허공에 놓으면 떨어진다고 하는 많은 경험적 사실들을 일반화하여 이를 무의식 속에서 사물 이해의 기준으로 삼고 있기 때문이다. 그런데 재미있는 점은 이것이 우리가 공간을 몇 차원으로 보느냐 하는 문제와 관련이 있다는 사실이다. 오늘 우리 모두가 그렇게 생각하듯이 공간을 3차원으로 본다면 이런 물음은 나올 수 없다. 3차원으로 본다는 것은 앞뒤, 좌우, 상하 세 가지 방향 축을 각각 대등한 것으로 보는 입장인데, 이를 받아들인다면 앞뒤나 좌우 방향으로는 떨어지지 않는데 유독 상하 방향으로만 낙하현상이 나타나는 것이 오히려 이상한 일이다. 그 경우 우리는 당연히 "상하 방향으로는 무엇이 작용하기에 물건이 떨어지게 되나?"하는 물음을 던져야 온당하다. 하지만 굳이 공간을 3차원으로 보아 이런 까다로운 의문에 봉착하기보다는,

오히려 상하 방향은 그 본성에 있어서 앞뒤 방향이나 좌우 방향과 달라 물건들을 떨어트리게 하는 성질을 가졌다고 보는 것이 훨씬 편리한 이해의 틀이 된다. 이는 서로 대등한 앞뒤 방향과 좌우 방향이 2차원을 이루며, 상하 방향은 이들과 대등하지 않은 별도의 차원을 이룬다고 보는 입장이다.

그러니까 지구상에서 일상생활을 해나가는 경우, 공간을 앞뒤, 좌우 2차원과 상하 1차원으로 분리해서 보는 것이 이들을 굳이 3차원으로 보아 어려운 문제 하나를 첨가하는 것보다 훨씬 간단한 해결책이며, 우리의 지성은 되도록 단순한 해결책을 선호하기에 그러한 관념이 일상화되는 것이 매우 자연스런 일이다. 우리의 일상적 관념에서는 물론이고 당시의 동아시아 지성계에서 조차 이 관념의 틀 즉 공간을 3차원이 아닌 '2+1'차원으로 보는 관념을 적어도 무의식 속에 받아들이고 있었던 것이다.

그러다가 이 관념체계로는 이해하기 어려운 중대한 문제 하나에 부딪치게 된 것이다. 엄청나게 무거울 것으로 예상되는 대지가 떨어지지 않고 허공에 떠 있다는 사실을 어떻게 설명해야 하느냐 하는 문제이다. 여기에는 두 방향의 길이 있다. 하나는 관념체계를 그대로 두고 다른 이유를 들어 이 사실을 설명해보려는 시도이고, 둘째는 관념체계를 바꾸어 공간을 3차원으로 봄으로써 오히려 떨어지는 것을 설명하는 것으로 문제를 전환하는 일이다. 우리가 뒤에 보겠지만 고전역학은 후자의 길을 택했으나 적어도 『우주설』에 나타난 동아시아의 사상가들은 아쉽게도 첫 번째 길을 시도하면서 궁지에 몰리고 있다. 『우주설』에서는 대지 주변으로 대기大氣가 회전하면서 이를 떠받혀주기 때문이라고 말하나, 그렇다면 이 대기는 어째서 더 넓은 허공으로 퍼져나가지 않느냐 하는 문제에 부딪치며, 다시 그

방편으로 큰 구각軀殼이라는 것이 이 전체를 둘러싸고 막아준다고 하나, 다시 그 구각은 무엇으로 되어 있으며 그 밖은 또 무엇이냐 하는 끝없는 물음에 시달리고 있다.

여기서 보듯이 우리가 어떤 물음을 던진다는 것은 이미 우리가 어떤 관념체계를 전제하고 있음을 말해준다. 그렇기에 중요한 것은 어떤 물음에 대한 합리적 대답을 추구하는 것이 아니라 그러한 물음을 야기하는 관념의 틀이 과연 정당하냐 하는 점이다. 그 대표적 사례가 바로 '공간' 개념인데, 이것은 선천적으로 주어진 것도 아니고 자연에 접하면서 직접 읽어내는 것도 아니다. 그렇다고 하여 의식적인 검토를 거쳐 만들어나가는 것이라고 말하기도 어렵다. 적어도 근대 이전까지는 무의식 속에서 현상을 가장 합리적으로 그러면서도 간결하게 이해하기 위해 만들어낸 관념적 구성물이었다. '시간'이란 개념 또한 이러한 성격의 관념적 구성물에 해당하며, 조금 더 안목을 넓혀보면 뒤에 살펴볼 운동량 공간 개념 또한 그러하다.

제2장 고전역학

How to
Understand
Quantum Mechanics

Ontological Revolution
brought by
Quantum Mechanics

2.1 예측적 앎으로의 고전역학

이미 언급했듯이 역사적으로 최초로 등장한 동역학 이론은 뉴턴의 고전역학이다. 현대의 관점에서 보자면 가장 보편적인 동역학 이론은 아니지만 적어도 인간이 경험하는 일상적 대상들의 운동을 서술함에는 매우 성공적이며 아울러 행성과 혜성을 비롯한 천체들의 운동까지도 매우 잘 설명하고 예측한다는 점에서 지극히 놀라운 이론이라 할 수 있다.

※ 사과는 왜 떨어지나?

전해지는 말에 의하면 뉴턴Isaac Newton이 울즈소프의 고향집 정원에 앉아 한참 명상에 잠겨있을 때, 사과나무에서 사과 한 알이 떨어졌다고 한다. 너무도 평범한 사건이었지만, 그는 "사과는 왜 떨어지나?"하는 물음을 던졌고, 이를 끝까지 추궁한 나머지 중력의 법칙을 찾아내었다고 한다. 뉴턴 자신이 이 이야기를 기록으로 남기지는 않았지만, 학자들이 추적한 바로는 그가 이 말을 적어도 네 사람에게 했던 것으로 알려지고 있다.[18] 사실 이 일이 실제로 있었느냐 하는 점은 그리 중요하지 않다. 중요한 것은 뉴턴의 발견이 바로 이러한 문제의식에서 출발했다는 점이며, 그가 마침 이러한 문제를 의식할 여건에 놓여있었다는 점이다.

이 점을 좀 더 깊이 이해하기 위해 우리는 앞 절(1.4절)에서 논의한 성리학의 물음 곧 "대지는 왜 안 떨어지나?"하는 물음을 상기할 필요가 있다. 여기서 우리가 주목할 점은 왜 한 사람은 '떨어지는 이유'를 묻고, 또 한 사람은 '안 떨어지는 이유'를 묻느냐 하는 점이다. 앞 장에서 이미 간단히 언급했듯이 이것은 우리가 공간에 대해 어떤 관념을 가지고 보느냐에 따라 물음 자체가 달라지기 때문이다. 우리가 상식적 공간 개념, 즉 2차원의 평면 개념과 독립된 1차원의 수직 개념을 가지고 보면 떨어지는 것이 너무도 당연해 떨어지는 이유를 찾을 필요는 전혀 없고, 오직 안 떨어지는 무거운 물체가 나타나면 그것이 왜 안 떨어지느냐를 물어야 한다. 뉴턴 당시의 대부분 사람들도 그랬고, 지금도 대부분 사람들은 그런 관념에서 크게 벗어나 있지 않다. 그러나 일단 공간이 3차원이어서 수직 방향이 수평 방향들과 원천적으로 대등하다고 보면, 수직 방향으로만 발생하는 '이상한' 현상을 설명해야 하는데, 이것이 바로 "사과가 왜 떨어지느냐"는 물음으로 나타난 것이다.

그러니까 아무나 운이 좋아 이런 물음을 던진 것이 아니라 이미 공간에 대한 새로운 관념을 지녔기에 이런 물음이 나왔고, 여기에 대한 진지한 해결을 추구했기에 새로운 발견에 도달한 것이다. 단지 뉴턴에게 운이 좋았던 면이 있었다면, 이미 데카르트René Descartes의 공간 기하학을 통해 3차원 개념을 익혔고, 이렇게 할 때에 발생하는 새 문제 곧 물체가 낙하하는 이유를 중력이라고 하는 새 개념을 통해 설명할 수 있으리라는 직관을 그 어떤 계기로 포착할 수 있었다는 데서 찾아야 한다.

이제 "사과는 왜 떨어지나?" 하는 물음으로 되돌아 가보자. 이것은 사과가 충분히 익으면서 사과를 매어달고 있던 사과 꼭지가 끊어지게 되는 현상을 묻는 게 아니다. 오히려 꼭지가 이미 떨어져 허공에 놓인 것이 떨어지는 이유를 묻는다. 이것이 이른바 낙하 문제인데, 이것은 비단 사과만의 문제가 아니라 허공에 놓인 돌멩이나 바윗돌의 경우에도 마찬가지다. 외견상으로만 보자면 이들은 엄청나게 서로 다른 존재물들이다. 사과와 돌멩이는 크기가 비슷하지만 그 구성 물질이 크게 다르고 돌멩이와 바윗돌은 구성 물질이 비슷하지만 크기가 서로 다르다. 그러나 이러한 차이를 최소화하면서 그 공통점을 잘 드러내는 몇 가지 핵심 개념을 통해 적어도 낙하에 관련한 이들의 거동을 보편적 방식으로 서술할 수 있게 되는데, 이는 곧 앞서 언급한 보편이론으로서의 동역학 영역으로 들어섬을 의미한다.

그렇기에 이제 뉴턴의 낙하 문제가 1.3절에서 소개한 동역학 이론으로서의 성격을 어떻게 반영하고 있는지, 특히 이것에 대상의 특성과 상태 개념이 어떻게 적용되고 있는지를 살펴보자. 앞에서도 설명했듯이 나머지 모든 부수적 차이를 배제하고 낙하 문제에만 관련되는 핵심 개념 한 가지만 추린다면 이것이 바로 '질량' 개념이다. 그러니까 사과와 돌멩이는 구성 물질은 다르지만 질량은 같을 수 있으며, 질량에만 관계되는 성질을 논할 때는 같은 존재물이라 할 수 있다. 돌멩이와 바윗돌의 차이도 질량의 차이로 환원시켜 논의할 수 있다. 따라서 한 대상의 역학적 특성을 말할 때, 우리는 일단 그 대상이 질량 m을 가진다고 하며 그 m의 값을 제시할 수 있다.

이러한 대상의 운동을 논의함에 요구되는 또 한 가지 특성은 이것이 어떤 '힘'을 받고 있는가이다. 특히 지구 표면 주변의 허공에 물체를 놓을 경우, 질량 m의 물체가 받는 힘 F는 뒤에 논의할 뉴턴의 중력 법칙에 의해 mg로 나타낼 수 있다.[19] 이렇게 해서 낙하 문제에 관한 한, 우리는 대상 물체가 지닌 다른 모든 성질들을 걸러내고 오직 이것의 질량 m과 이것이 받는 힘 F(이 경우에는 mg)만으로 이것의 '특성'을 규정한다.

대상이 이렇게 설정되고 나면 이번에는 그 운동을 서술할 개념들을 정교하게 다듬을 필요가 있다. 이는 곧 이 물체가 어디에 있느냐 하는 것과 어떤 정도의 운동을 하느냐 하는 것을 말하는데, 이를 위해 우리는 대상의 '위치' 개념과 '운동량' 개념을 도입한다. 여기서 위치라는 양에 대해서는 별도의 설명이 필요 없겠지만, 다만 이것을 수치로 나타내기 위해서는 공간상에 기준이 될 좌표계를 설정하고 그 좌표상의 값, 예컨대 x로 표시한다. 그리고 운동량이라 함은 '운동의 크기'를 말하는 것인데, 같은 질량의 물체라면 그것의 속도가 크면 이에 비례해 운동량이 크다고 보며, 질량이 다른 두 물체가 같은 속도로 움직인다면 질량이 큰 물체의 운동량이 그 만큼 더 크다고 봄이 합당하다. 따라서 질량 m의 물체가 속도 v로 움직인다면, 이것의 운동량 p는 이들의 곱 즉 mv로 정의한다.

이러한 개념들이 설정되고 나면 이를 통해 대상의 '상태' 개념을 정의할 수 있다. 같은 대상이라 하더라도 서로 다른 위치에서 서로 다른 운동량으로 운동하고 있다면, 이를 서로 다른 (운동) 상태에 있다고 볼 수 있으므로, 한 시점의 대상의 동역학적 '상태'를 이것이 그 시점에 놓인 위치(x)와 운동량(p)의 값들로 정의하기로 한다.

※ 고전역학의 전형적 사례들

이처럼 대상의 '특성'과 '상태'를 규정하고 나면, 어떤 존재자의 운동을 서술한다는 것은 다음과 같은 물음에 대한 해답을 추구한다는 말과 같다. 즉 "이 대상의 '특성', 곧 질량 m과 이것이 받는 힘 F를 알아내었고, 또 이것의 현재 '상태', 곧 현시점에서 위치 x_0와 운동량 p_0의 값을 (관측을 통해) 알아내었다 할 때, 미래의 시각 t에서의 상태 $x(t)$, $p(t)$의 값은 어떻게 주어지는가?"라는 물음이다. 따라서 이제 이를 위해 요구되는 것은 이 존재자의 특성 m, F와 처음 상태 x_0, p_0로부터 나중 상태 $x(t)$, $p(t)$를 찾아내는 일반적 방식이다.

뉴턴 고전역학의 핵심은 바로 이 일반적 방식을 찾아내었다는 데에 있다. 이것이 곧 '상태변화의 법칙'인데, 수학적으로는

$$\frac{d}{dt}p = F \tag{2-1}$$

로 표시된다. 요약하면 "단위 시간당 운동량의 변화, 곧 운동량의 시간적 변화율은 이 물체가 받는 힘과 같다."는 것이다. 일단 상태변화의 법칙이 미분 연산을 지닌 이러한 방정식 형태로 주어지면, 나머지 문제는 이렇게 구성된 (미분) 방정식의 해解를 구하는 문제로 환원된다. 그리고 이때의 처음 상태 x_0, p_0는 이 방정식의 해가 지닌 초기 조건에 해당한다. 이제 몇 가지 전형적인 사례를 들어 그 구체적인 모습을 보기로 하자.

<사례 1>

가장 간단한 사례로 앞에 제시한 낙하 문제를 생각해보자. 지금 사과가

높이 h가 되는 위치에서 자유낙하를 시작했다면, 이것의 처음 상태는

$$x_0 = h,\ \ p_0 = 0 \tag{2-2}$$

이다. 이것이 받는 힘 F는 크기가 mg이고 방향은 아래쪽이어서 $-mg$가 된다. 이 사실을 변화의 법칙 (2-1)식에 넣어 시간 t초 후의 운동량 값을 계산해 보면

$$p(t) = p_0 + \int_0^t F dt = \int_0^t (-mg) dt = -mgt \tag{2-3}$$

를 얻는다. (여기서 $p_0 = 0$로 놓았다.) 따라서 이 사과의 속도 $v(t) \equiv \frac{dx(t)}{dt}$는

$$v(t) = \frac{p(t)}{m} = -gt \tag{2-4}$$

가 되며, 위치에 대해서는 속도의 정의에 의해

$$x(t) = h + \int_0^t v(t) dt = h - \int_0^t gt dt = h - \frac{1}{2} gt^2 \tag{2-5}$$

의 결과를 얻는다. 즉, 처음 상태 $(x_0, p_0) = (h, 0)$에 변화의 법칙 $\frac{d}{dt} p = F$를 적용시켜 나중 상태, 곧 시간 t초 후의 상태 $(x, p) = (h - gt^2/2, -mgt)$를 예측해내는 데에 성공한 셈이다. 여기서 보다시피 운동량은 물체의 질량에 의존하지만, 물체의 위치와 속도는 처음 위치와 속도에 의존할 뿐 물체의 질량에는 의존하지 않는다. 이는 물체가 받는 또 하나의 힘인 공기의 저항을 고려하지 않은 탓인데, 이것까지 고려하면 부피가 작고 무거운 것이 먼저 떨어지고 부피가 크고 가벼운 것이 더 천천히 떨어진다.

〈그림 2-1〉 용수철에 달린 물체

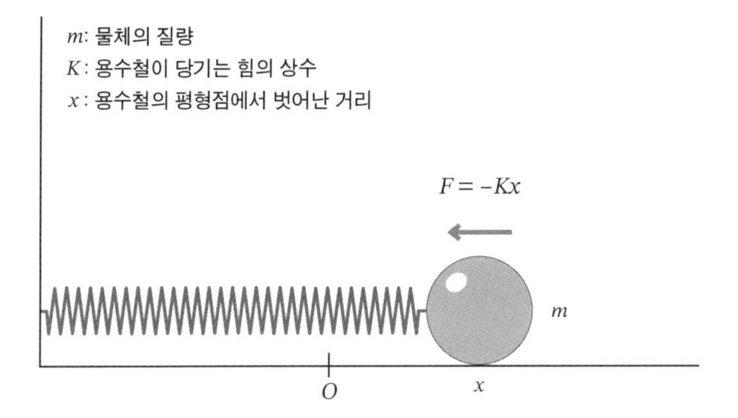

<사례 2>

고전역학으로 서술할 수 있는 또 하나의 사례로서 용수철에 달린 물체의 운동을 생각해볼 수 있다. 〈그림 2-1〉에 표시된 것처럼 힘의 상수 K를 지닌 용수철에 연결된 질량 m의 물체가 (힘을 안 받는) 평형점 O에서 거리 x만큼 벗어난 위치에 놓여있다고 하자. 이 경우 이 물체는 벗어난 방향에 반대되는 방향으로 벗어난 거리 x에 비례하는 힘

$$F = -Kx \tag{2-6}$$

를 받게 된다. 처음에 이 물체를 위치 A에 가만히 놓는다면, 처음 상태는

$$x_0 = A, \;\; p_0 = 0 \tag{2-7}$$

으로 주어진다. 이제 임의의 시각 t에 이 물체의 상태는 어떻게 될지

생각해보자. 이 경우에도 우리는 (2-1)식에 표현된 상태변화의 법칙을 적용하면, 좌변은 $\frac{d}{dt}p = m\frac{d}{dt}v = m\frac{d^2}{dt^2}x(t)$가 되고, 우변은 (2-6)식에 의해 $F = -Kx$가 되므로, 물체의 위치를 나타내는 함수 $x(t)$는 다음과 같은 관계식을 만족한다.

$$\frac{d^2}{dt^2}x(t) = -\omega^2 x(t) \tag{2-8}$$

여기서 ω는 $\omega^2 \equiv K/m$로 정의된 상수이다. 이는 곧 어떤 함수 $x(t)$가 있어서 이것을 시간으로 두 번 미분하면 도로 본래의 함수 $x(t)$가 되면서 오직 그 앞에 상수 $-\omega^2$만 곱해진다는 의미이다. 이러한 함수 $x(t)$의 일반적 형태 곧 임의로 조정할 수 있는 두 상수를 포함한 형태를 찾고, 그것이 (2-7)식으로 표시된 초기 조건을 만족하도록 그 안에 들어있는 상수들을 결정해내기만 하면 우리의 문제는 풀린 것이 된다.

매우 다행하게도 우리에게 익숙한 코사인 함수가 이러한 성질을 만족한다. 즉 $x(t)$를

$$x(t) = B\cos(\omega t + \delta) \tag{2-9}$$

의 형태로 놓으면

$$\frac{d}{dt}x = -\omega B\sin(\omega t + \delta) \tag{2-10}$$

$$\frac{d^2}{dt^2}x = -\omega^2 B\cos(\omega t + \delta) \tag{2-11}$$

가 성립한다. (여기에서 B와 δ는 아직 정해지지 않은 상수이다.) 이제 $t = 0$에서

가만히 놓는다는 조건, 즉 처음 운동량이 $p = m\frac{dx}{dt} = 0$이라는 조건을 적용하면, (2-10)식에서 $\sin\delta=0$이어야 하므로 $\delta=0$임을 알 수 있고, 다시 $t=0$에서 $x=A$의 조건을 만족하려면 (2-9)식에서 이미 $\delta=0$이므로 $B=A$가 되어야 함을 알 수 있다. 따라서 이 모든 조건을 반영하면

$$x(t) = A\cos\omega t \tag{2-12}$$

라는 최종 결과를 얻게 되는데, 이러한 운동을 일러 단진동單振動 혹은 조화진동調和振動이라 한다. 이와 함께, 임의의 시각 t에서의 운동량은 (2-10)식에 결정된 상수들을 대입하고 질량 m을 곱해서

$$p(t) = m\frac{d}{dt}x = -m\omega A\sin\omega t \tag{2-13}$$

으로 표현됨을 알 수 있고, 이로써 미래에 이 대상이 지닐 상태가 시간의 함수로 완전히 예측된다.

이러한 진동을 기술하는 함수는 주기週期 T가 지나면 원래 형태로 돌아오게 되므로 $\omega(t+T)=\omega t+2\pi$의 관계를 만족하게 되며, 따라서

$$T = \frac{2\pi}{\omega} = 2\pi\sqrt{\frac{m}{K}} \tag{2-14}$$

의 관계를 얻는다. 여기서 보다시피 같은 용수철에 대해 질량 m이 클수록 주기가 길어지고 같은 질량에서는 용수철 힘의 상수 K가 클수록 주기가 짧아진다. 주기는 이 두 가지 특성 상수에만 의존할 뿐 진동의 진폭振幅 A에는 무관하게 정해짐을 알 수 있다.

<사례 3>

지금까지는 운동이 한 직선을 따라 일어나는 1차원 문제만 살펴보았는데, 2차원 이상의 문제에도 같은 방식을 적용할 수 있다. 예를 들어 물체를 공중에서 수평 방향으로 속도 v_0로 던진 경우를 생각하자. 수평방향으로는 아무 힘도 작용하지 않으므로 운동량에는 아무 변화가 없고 따라서 속도도 v_0로 변하지 않으며, 단지 위치만 시각 t에 따라 $v_0 t$로 균일하게 변화한다. 수직방향의 운동은 앞에서 본 자유낙하의 경우와 같다. 이제 수평방향의 위치와 운동량을 (x_1, p_1)으로, 그리고 수직방향의 위치와 운동량을 (x_2, p_2)로 표시하면, 이들의 처음 상태는 각각

$$(x_1, p_1)_0 = (0, mv_0), \ (x_2, p_2)_0 = (h, 0) \tag{2-15}$$

가 되며, 나중 상태 곧 임의의 시각 t에서의 상태는 각각

$$(x_1(t), p_1(t)) = (v_0 t, mv_0), \ (x_2(t), p_2(t)) = (h - \frac{gt^2}{2}, -mgt) \tag{2-16}$$

가 된다.

이제 시각 t에서의 수평방향의 위치와 수직방향의 위치에서 t를 소거하여 같은 시각에 이 두 위치가 서로 맺게 되는 관계, 즉 이 운동의 궤적을 구해보면, 다음과 같은 2차 곡선이 된다.

$$x_2 = h - \frac{g}{2v_0^2} x_1^2 \tag{2-17}$$

이 곡선을 흔히 '포물선拋物線'이라 부르는데, 이 사례는 '던져진 물체가 그리는 궤적'이라는 포물선 본래의 뜻을 물리적으로 확인해준다.

※ 힘의 성격과 기본적인 상호작용

뉴턴 역학의 중요한 성격 가운데 하나는 힘을 명시적으로 제시한다는 점이다. 우리가 앞에서 본 사례들은 모두 대상 물체가 일정한 힘을 받아 그 힘의 영향으로 대상의 상태 곧 그 운동량과 위치에 변화가 일어나는 경우이다. 이처럼 우리가 대상 물체만의 운동 상태에 관심을 가질 경우 대상 물체가 '받는' 힘만을 고려하면 되지만, 실제로 모든 힘은 물체와 물체 사이의 상호작용 형태로 존재한다. 예를 들어 물체가 지구 표면에서 받는 중력은 지구와 물체 사이의 상호작용에서 오는 것이며, 용수철에 매달린 물체가 받는 힘은 용수철을 매개로 한 벽과 물체 사이의 상호작용에서 온다. 이때 반대 쪽 대상 곧 지구나 벽도 이 물체에 의해 힘을 받게 되는데, 이들이 받는 힘은 이들이 물체에 미친 힘과 크기가 같고 방향은 반대가 된다. 이처럼 상호작용을 하는 두 물체 사이에는 서로 크기가 같고 방향이 반대인 힘을 미치는데, 이렇게 상호작용의 반대 쪽 대상에 미치는 힘을 뉴턴은 "반작용"이라 불렀다. 그러니까 물체가 받는 지구 중력의 반작용은 물체가 지구를 당기는 힘이며, 용수철에 달린 물체가 벽으로부터 받는 힘의 반작용은 이 물체에 의해 벽 전체가 받는 힘이다. 그러나 실제로 우리가 대상으로 삼는 물체에 비해 지구나 벽 전체의 질량은 매우 크므로 이 반작용이 이들의 운동에 미치는 영향은 거의 없으며 뒤에서 다시 보겠지만 이들과의 사이에 에너지 교환도 거의 없게 된다.

지구상에서 우리가 경험하는 힘들은 매우 다양하지만 그 힘을 일으키는 근원을 살펴보면 오직 네 가지 기본적인 상호작용에 기인함을 알 수 있다. 이 네 가지 상호작용 가운데 두 가지('강한 상호작용'과 '약한 상호작용')는 대단히 짧은 거리까지만 미쳐 오직 원자 이하의 물질들을 묶어 매는 데에만 활용되고 거시적인 세계에는 거의 나타나지 않는다. 실제로 우리가 현실적으로 경험하게 되는 모든 힘은 '전자기 상호작용'과 '중력 상호작용'에 기인한다. 특히 전자기 상호작용은 전하를 가진 입자들 사이에 작용함으로써 원자 규모의 물질과 이들로 이루어진 물질들을 구성하고 변화시키는 데에 결정적인 기여를 한다. 용수철의 탄성력을 비롯해 물질을 매개로 하는 거의 모든 힘이 바로 이 상호작용의 결과이다. 그리고 우리가 '무게'라고 느끼는 중력 상호작용은 그 세기 자체는 매우 미약하지만 관여하는 물체들의 질량에 비례하여 커지는 성격을 가진 것이어서, 질량이 큰 물체들 특히 천체 규모의 물체들 사이에는 가장 큰 역할을 한다. 우리가 일상적 물체에 대해 무게를 느끼게 되는 것은 이것과 지구 사이의 상호작용이 그만큼 크기 때문이다.

※ 뉴턴의 중력 상호작용

이러한 상호작용들 가운데 최초로 그 수학적 형태가 알려진 것이 중력 상호작용이다. 앞에서도 언급했지만, 우리가 3차원 공간을 전제로 사물을 이해하려 하면, 떨어지는 현상을 설명해야 하는데, 이를 위해 뉴턴은 지구 표면에서의 운동 뿐 아니라 지구와 달, 지구와 태양, 그리고 태양과 주변의 행성들 사이의 운동들을 만족스럽게 설명해줄 중력 상호작용을 고안해내었다. 흔히 '보편중력 법칙'이라 불리는 이 상호작용은 "거리 r만큼 떨어진 질량 M과 m을 지닌 두 물체는 질량의 곱에 비례하고 거리의 제곱에 반비례하는 크기의 힘으로 서로 당긴다."는 말로 표현되며 그 힘의 수학적 표현은 다음과 같다.

$$F = -G\frac{Mm}{r^2} \quad (2\text{-}18)$$

여기서 음(−)부호는 서로 당기는 방향의 힘임을 나타내고, G는 보편중력상수라 불리며 $6.672\times10^{-11}\mathrm{m}^3\mathrm{k}^{-1}\mathrm{s}^{-2}$의 값을 가진다. 이 힘을 (2-1)식에 보인 변화의 원리에 대입하면 양변에서 질량 m이 상쇄되어

$$\frac{d}{dt}v = -\frac{GM}{r^2} \quad (2\text{-}19)$$

(2-19)식과 같은 결과를 얻는다. 이는 곧 중력을 받는 물체의 운동은 그 자체의 질량 m에는 무관하고 처음 속도와 위치만에 의해 결정됨을 말해준다.

이제 이 관계식을 지구 표면 근처의 물체들에 적용하면, (2-19)식에서 중력가속도의 크기 g는 $g = \frac{GM_E}{R_E^2}$이 됨을 알 수 있다. (여기서 M_E, R_E는 지구 질량, 지구 반경이며, 이 값들을 대입하면, g=9.8 m/s 의 값이 얻어진다.) 이미 본 바와 같이 이들의 처음위치 및 속도의 크기와 방향에 따라 낙하운동, 포물선 운동이 되고, 그리고 또 처음속도가 일정한 값보다 커지면 쌍곡선 형태의 궤적을 따라 지구에서 영구히 벗어나는 운동이 될 수도 있다.

한편 (2-19)식을 달이나 인공위성에 적용하면 역시 이들의 처음위치와 속도에 따라 원 또는 타원 운동이 가능하게 됨을 보일 수 있고, 태양과 주변 행성들 그리고 간혹 날아오는 혜성들에 적용하면 이들이 현재 관측되는 위치와 운동량의 값만으로 미래 모든 시점에 가지게 될 운동의 경로를 완벽하게 예측해낼 수 있다.

※ 3차원 공간에서의 운동

앞서 언급했듯이 고전역학에서는 물체들이 놓이는 공간은 서로 대등한 세 개의 방향을 지닌 3차원 구조를 지니는 것으로 본다. 이는 곧 이들 각각의 방향에 대해 동일한 자연의 법칙이 적용됨을 의미한다. 이러한 경우 우리는 한 대상의 위치와 운동량을 나타내기 위해 각각 세 개의 축을 지닌 위치 공간과 운동량 공간을 설정하여 대상이 되는 존재물의 '상태' 곧 위치와 운동량의 값들을 이들 공간 좌표상의 점으로 나타냄이 편리하다. 이제 공간에서 서로 수직인 세 방향을 1,2,3으로 나타내고 이들 방향으로의 위치와 운동량의 값을 각각 $x_i(i = 1, 2, 3)$, $p_i(i = 1, 2, 3)$로 표기한다면, 이것의 '상태'는 이들을 묶어 (x_i, p_i) $(i = 1, 2, 3)$로 나타낼 수 있다. 한편 이들에 적용되는 변화의 법칙 또한 각 방향에 대등하게 적용되므로 $\frac{d}{dt}p_i = F_i$ $(i = 1, 2, 3)$으로 표시된다. 여기서 F_i는 i방향으로 작용하는 힘을 말한다. 일반적으로 공간의 차원 수만큼의 성분들을 함께 묶어 하나의 물리량으로 취급할 때 이를 '벡터'라 하며, 공간 차원에 무관하게 단일 수치만으로 표현되는 물리량을 '스칼라'라 한다. 그러니까 위치와 운동량 그리고 힘은 3차원 벡터들이며, 원점으로부터 특정 위치까지의 거리라든가 운동량의 크기만을 말할 때에는 스칼라 양에 해당한다. (뉴턴역학에서는 시간 또한 스칼라로 간주되지만, 다음 장에서 보다시피 상대성이론에서는 시간 또한 4차원 벡터의 한 성분으로 본다.)

이러한 3차원 공간 안에서 풀 수 있는 전형적인 문제가 바로 태양의 주위를 돌고 있는 행성들의 운동이다. 사실 이것은 지구를 돌고 있는 달 또는 인공위성들의 운동과 기본적으로 동일하다. 그 가운데서도 특히 역사적으로 주목을 끌었던 사실은 행성들의 운동에 관한 케플러Johannes Kepler의 세 가지 법칙을 고전역학이 뉴턴의 보편중력 법칙을 활용하여 깨끗이 도출해낼 수 있었다는 점이다.

케플러는 브라헤Tycho Brahe의 행성 관측 자료들을 활용하여 행성들이 태양을 초점으로 하는 타원궤도를 그리며 움직인다는 것 등 세 가지 법칙을 1609년제1법칙, 제2법칙과 1619년제3법칙 두 차례에 걸쳐 발표했는데, 그 내용은 다음과 같다.

1. 모든 행성은 태양을 하나의 초점으로 한 타원 궤도에 따라 움직인다.
2. 태양과 행성을 잇는 직선은 같은 시간 안에 같은 면적을 스쳐간다.
3. 행성들이 그리는 공전 주기의 제곱은 그 타원이 지닌 장반경의 세제곱에 비례한다.

이것은 관측 자료들에서 일반화하여 이끌어낸 경험법칙들이지만, 당시로서는 행성들의 운동이 이런 정교한 수학적 규칙에 따라 이루어진다는 것 그 자체로서도 놀라운 일이었다. 그런데 뉴턴은 행성 운동에 관한 이 세 가지 법칙을 정확히 도출해내었을 뿐 아니라 몇 세기마다 한번씩 출현하는 혜성들의 운동까지도 정확히 설명하고 예측할 수 있었다. 그렇기에 고전역학의 꽃이라 불리는 이 도출과정을 직접 확인해보는 것은 매우 유익하고 흥미로운 지적 소재이나 좌표변환 등 그 수학적 과정이 다소 번거롭기에 이 책에서는 취급하지 않는다.

다만 유명한 핼리 혜성에 관련된 에피소드 하나만 간단히 소개한다.

이미 말했듯이 뉴턴은 1666년에 이미 고전역학의 기본 이론을 거의 완성해 놓고도 1687년에 이르기까지 본격적인 저술을 통해 이것을 발표하지 않았다. 이것을 활용해 설명할 수 있는 방대한 내용들을 명료한 수학적 형태로 서술해 내는 작업이 그리 간단하지 않았기 때문이다. 그러다가 당시 왕립학회의 서기였던 젊은 천문학자 핼리Edmond Halley의 도움과 재촉에 힘입어 1687년 7월 초에 1, 2, 3부로 구성된 본격적 저서 『자연철학의 수학적 원리Philosophiae naturalis principia mathematica』를 세상에 내놓게 되었다.[20] 그런데 핼리 자신은 이 책이 출간되기 전인 1682년에 당시 출현했던 한 혜성을 관찰하고 여기에 뉴턴의 이론을 적용해 본 결과, 이것이 1531년과 1607년에 나타났던 혜성과 동일 혜성임을 알아내고 1758년에 이것이 다시 나타날 것임을 예언했다. 뉴턴은 1727년에, 핼리는 1742년에 각각 작고했으므로 그들이 직접 이 예언을 확인할 수는 없었으나, 1758년까지 이를 기억했던 많은 사람들은 이 예언의 성취여부에 막중한 관심을 기울였다. 바야흐로 그해 12월 이것이 정말로 나타나자 사람들은 크게 환호했다. 뉴턴, 그리고 과학적 이성의 승리를 극적으로 알린 역사적 사건이었다. 이 혜성은 그 후에도 계속 예측대로 출현하여, 1835년, 1910년, 그리고 가장 최근에는 1986년에 지나갔다. 그 때마다 인류는 뉴턴과 핼리를 기리는 작은 축제로 이를 기념하고 있다.

이처럼 뉴턴의 영향력은 널리 퍼져나갔고, 19세기 초에 이르러서는 '천체역학'이라는 다섯 권짜리 방대한 저술을 남긴 프랑스의 수학자 겸 물리학자 라플라스Pierre-Simon Laplace가 뉴턴의 이론을 언급하면서 다음과 같이 선언하고 있다.[21]

우주의 현재 상태는 이전의 상태로부터 도출된 결과이며 앞으로 닥쳐올 상태에 대한 원인이라 보아야 한다. 우리가 어떤 초인적 지능을 가상하여 어떤 주어진 순간에 자연계를 지배하는 모든 힘과 자연계를 구성하는 모든 존재물들의 위치(와 운동량)를 알 수 있고 또 이 모든 정보들을 분석할 능력이 있다고 하면, 우주 안의 가장 큰 물체들부터 가장 가벼운 원자에 이르기까지 모든 것들의 운동을 한 개의 수학적 공식에 의해 기술할 수 있다. 여기에는 불확실한 아무것도 있을 수 없으며, 과거는 물론 미래도 직접적으로 이 존재의 관측 아래 놓인다. (괄호 속은 현 저자가 삽입했음)

이미 앞에서(1.4절) 언급한 바와 같이 이는 장현광의 주장 즉 "이렇게 얻어진 이치를 통해 지난 일들을 추구해 보면 오늘의 일로써 지난 만고의 일들을 가히 알 수 있으며, 또 앞으로 올 일들을 추구해 보면 다가올 만세의 일들 역시 오늘의 일을 통해 가히 알아낼 수가 있다."는 말과 그 맥을 같이 한다. 단지 장현광은 아직 이루어지지 않은 이론에 대해 그것이 지녀야 할 일반적 구도를 말하고 있었음에 비해, 라플라스는 이미 성취된 이론을 보고 이것이 지닌 구조적 성격을 좀 더 구체적으로 정리해낸 것이다.

※ 에너지 개념을 통한 고전역학의 정식화

지금까지 고전역학의 상태변화의 법칙을 힘 개념만을 통해 서술했으나 같은 내용을 에너지 개념을 통해 정식화해 볼 수도 있다. 자연계에 존재하는 많은 중요한 힘들은 어떤 주어진 위치의 함수 $V(x)$에 대해

$$F_c = -\frac{dV(x)}{dx} \tag{2-20}$$

의 관계를 만족하는 형태를 지니고 있다. 이러한 형태의 힘을 보존력이라 부르며 이때의 함수 $V(x)$를 이 힘에 대응하는 퍼텐셜 에너지라 한다. 일반적으로는 퍼텐셜 에너지는 3차원 위치변수의 함수이며 이에 대응하는 힘 또한 3차원 벡터이지만 여기서는 편의상 1차원의 경우만 생각하기로 한다. 앞서 제시한 사례들 가운데 (2-6)식으로 표시된 복원력 $F = -Kx$은 그 퍼텐셜 에너지가 $V(x) = \frac{1}{2}Kx^2$이며, (2-18)식으로 표시된 중력 $F = -G\frac{Mm}{r^2}$은 그 퍼텐셜 에너지가 $V(r) = -G\frac{Mm}{r}$에 해당한다.[22]

이러한 보존력을 받아 운동하는 대상에 적용되는 상태변화의 법칙은 운동방정식

$$\frac{d}{dt}p = -\frac{dV(x)}{dx} \tag{2-21}$$

으로 표시된다. 이제 이 방정식의 좌변에 위치 변수 x를 매개변수로 도입하고 양변을 x에 대한 적분 형태로 표현해보자.

$$\int \frac{dx}{dt}\left(\frac{dp}{dx}\right)dx = -\int \left(\frac{dV}{dx}\right)dx$$

이 적분 안의 표현들을 $\frac{dx}{dt} \Rightarrow \frac{p}{m}$, $\frac{dp}{dx}dx \Rightarrow dp$, $\frac{dV}{dx}dx \Rightarrow dV$로 치환할 수 있으므로, 이 적분은 쉽게 수행되어 다음과 같은 결과를 준다.

$$E = \frac{p^2}{2m} + V(x) \tag{2-22}$$

여기서 E는 형식상 적분상수로 도입된 것인데, 그 값이 위치변수 x에

무관한 상수임을 말해준다. 우리는 흔히 (2-20)식 형태의 보존력을 받는 입자를 대상으로 삼게 되는데, 이러할 경우 (2-22)식의 우변 즉

$$H(x, p) = \frac{p^2}{2m} + V(x) \tag{2-23}$$

로 규정되는 이른바 해밀토니안 함수 $H(x, p)$가 이 대상의 특성을 대표하는 것으로 보면 매우 편리하다. 이 식 우변의 첫 항을 우리는 운동 에너지라 부르며, 이것과 퍼텐셜 에너지를 합한 우변 전체를 이 대상계의 "역학적 에너지"라 부른다. 이렇게 할 경우 위의 (2-22)식은 "보존력을 받는 대상계의 (역학적) 에너지는 일정하다"고 하는 일종의 에너지 보존 법칙이 성립됨을 의미한다. 이렇게 할 경우 (2-22)식은 다음과 같이 쓸 수있다.

$$E = H(x, p)$$

이제 다시 (2-22)식으로 정의된 에너지 표현을 시간에 대해 미분해보자.

$$\frac{d}{dt}E = \frac{p}{m}\frac{d}{dt}p + \frac{dV(x)}{dx}\frac{dx}{dt} = \left[\frac{d}{dt}p + \frac{dV(x)}{dx}\right]\frac{dx}{dt} \tag{2-24}$$

여기서 대상이 받는 힘이 $-\frac{dV(x)}{dx}$뿐이라면 운동방정식에 의해 우변의 값이 0이 되고 따라서 에너지는 보존된다. 그러나 만일 위에 언급한 보존력 이외에 밖에서 오는 외력 F_e를 더 받게 된다면, 대상의 운동방정식은

$$\frac{d}{dt}p = -\frac{dV(x)}{dx} + F_e \tag{2-25}$$

와 같이 된다. 이제 이 표현을 (2-24)식의 우변에 대입하면 대상계의 시간에 따른 에너지 변화율을 다음과 같이 얻게 된다.

$$\frac{d}{dt}E = F_e\frac{dx}{dt} \qquad (2\text{-}26)$$

여기서 (2-26)식은 외력 F_e가 대상에 가해주는 일과 관련지을 수 있다. 어떤 대상이 힘 F를 받으며 거리 dx만큼 움직였을 때, 이 힘은 대상에 대해 Fdx만큼의 역학적 일을 해주었다고 말한다. 이러한 일의 정의를 받아들이면, (2-26)식이 의미하는 바는 시간에 따른 대상계의 에너지 변화는 계 밖으로부터 받는 힘 F_e가 단위시간당 계에 해주는 일과 같다는 것이다. 즉 보존력을 받는 대상계는 추가적인 외력이 자신에게 해주는 일 만큼의 에너지를 받게 되며, 반대로 이 대상이 외부에 일을 해주면 그만큼의 에너지를 잃게 된다.

2.2 고전역학의 존재론

이로써 우리는 고전역학에 대한 초보적인 소개를 마쳤다. 그러나 이제 뉴턴의 고전역학을 넘어서 상대성이론으로 그리고 양자역학으로 그 논의를 진전시키기 위해서는 고전역학의 바탕을 이루는 존재론 자체에 대한 새로운 검토가 필요하다.

사실 지금까지는 하나의 동역학을 존재론과 정식화로 구분할 수 있다는 발상 자체가 없었고 따라서 고전역학을 존재론과 정식화로 구분해 그 존재론 부분을 별도로 논의해 온 사례를 찾아볼 수 없다. 보편적 동역학을 이해하기 위해 그 바탕에 깔린 존재론을 살펴보아야 한다는 생각은 대부분의 사람들에게 매우 생소하며, 설혹 거기에 생각이 미치더라도 기존의 내용을 너무도 당연한 것으로 여겨 특별한 고려의 대상으로 여기지 않아 왔다. 이러한 경향은 기존의 동역학 이론을 넘어 새 이론을 창출하는 상황에서도 별로 달라지지 않고 있다. 그 경우에도 일단 존재론에 해당하는 부분은 기존의 것을 그대로 인정하고 정식화의 차이에만 주의를 기울이는 것이 관례라 할 수 있다.

하지만 혁명적인 새 이론을 이해하기 위해서는 존재론에 대한 수정이 불가피해지며 이를 위해서는 기존 존재론부터 재검토하여 그 안에 무엇이 수정되어야 하는지를 살펴 나가야 한다. 현 상황에서는 기존 존재론의 근간이 고전역학과 맞물려 있기에 우선 고전역학의 바탕을 이루는 존재론을 새로운 시각에서 명백히 구명하는 작업에서 시작할 필요가 있다.

이를 위해 우리는 고전역학의 존재론이 무엇이었는지를 가능한 한 폭넓은 새 언어로 재구성하고 이것이 과연 의심의 여지가 없는 공리로 적절한지, 혹은 여러 가능성 가운데 하나를 임의로 채택한 우연의 소산인지를 검토해나가기로 한다. 그리하여 만일 후자에 해당한다면, 우리는 다른 가능한 존재론을 채택할 수 있으며, 이를 바탕으로 정식화된 동역학이 현상들을 더 적절하게 서술한다면 이를 채택하는 것이 마땅하다. 결과부터 이야기 하자면 이러한 새 존재론들의 구성은 가능하며, 이를 통해 상대성이론과 양자역학이 각각 매우 자연스럽게 정식화된다고 말할 수 있다.

※ 고전역학의 물리량들과 해당 공간들

이제부터 논의의 편의상 고전역학의 바탕을 이룬 존재론을 간단히 줄여

"고전 존재론"이라 부르기로 한다. 고전 존재론을 비롯한 존재론 일반이 지닌 주된 내용은 대상의 '상태'를 나타낼 관념의 틀과 이를 인식주체와 연결하는 방식에 해당하는 것들이다. 이미 논의했듯이 고전역학에서 상태는 서로 독립적으로 관측되는 대상의 위치와 운동량의 값으로 규정된다. 실제로 고전역학에서는 이 두 물리량이 관측될 수 있을 뿐 아니라 서로 독립적이라는 점, 즉 이 가운데 하나가 먼저 결정되더라도 이것이 남은 다른 양이 결정되는 데에 아무 영향도 끼치지 않는다는 점을 암묵적으로 전제해왔다. 하지만 이 둘이 이렇게 서로 독립적이어야 할 이유가 있는 것은 아니며, 이러한 점에서 이 전제는 임의로운 가정에 해당한다.

이와 함께 이들을 담아낼 존재론 안에는 이들 각 양을 나타내는 데 필요한 두 개의 공간, 즉 위치 공간과 운동량 공간의 개념이 포함되어 있다. 그리고 이 두 가지 양을 서로 독립적인 것으로 설정했다고 하는 것은 이 두 개의 공간 또한 서로 독립적인 것으로 설정되고 있음을 함축한다. 이와 함께 이들의 변화를 시간의 함수로 나타낼 수 있기 위해서는 '시각時刻'이란 물리량을 설정해야 하며, 이를 위해서는 또 하나의 공간인 시각 공간을 설정할 필요가 있다. 일상에서 시각 공간은 위치 공간이나 운동량 공간과는 너무도 이질적이기에 고전 존재론에서는 이것을 여타의 공간들과는 전혀 무관한 독립 공간이라는 관점을 취한다. 그러나 이 관점 또한 근본적으로는 임의로 택한 존재론적 가정 그 이상의 것이 아니다.

이들 외에도 고전역학에서는 '에너지'라는 물리량을 도입하고 있으며, 따라서 이를 담아낼 에너지 공간 또한 상정할 수 있다. 그러나 2.1절 마지막 항에서 보았듯이 고전역학에서는 에너지를 하나의 원초적 개념으로 도입하기보다는 하나의 특별한 표현 즉 (2-22)식의 우변에 나타난 운동량과 위치의 함수 형태로 도입하고 있으므로 독자적인 '에너지 공간'을 상정할 필요를 느끼지 않는다. 이와 달리 에너지 또한 원초적 개념으로 도입하고, 이것이 (2-22)식의 우변 표현과 같아지는 것은 운동방정식이 이 변수들 사이의 관계를 엮어주기 때문이라는 입장을 취할 수도 있다. 실제로 뒤에서 논의할 상대성이론에서는 에너지가 4차원 운동량 벡터의 네 번째 성분으로 규정되며, 따라서 에너지 공간 또한 4차원 운동량 공간의 한 성분 공간으로 인정된다.

※ 공간들 사이의 독립성과 의존성

공간들이 지니는 이러한 성격은 기본적으로 존재론의 영역이며 고전역학을 비롯한 동역학적 논의에서는 대체로 명시적 언급이 없이 암묵적 가정으로 여기는 것이 그간의 관행이었다. 그런데 흥미롭게도 뉴턴은 그의 『프린키피아』에서 시간과 공간의 '절대성'에 대해 다음과 같은 말을 남기고 있다.[23]

> 절대적이며 진정한, 그리고 수학적인 시간은 그 자체 안에 그리고 그 자체로서, 그리고 그 자신의 성격에 의해, 그 밖에 있는 어떤 것에도 무관하게, 균일한 방식으로 흘러간다…
>
> 절대적 공간은 그것 자신의 진정한 성격에 따라 밖에 있는 어떤 것의 간섭도 없이 항상 균등하며 움직임이 없다…

뉴턴의 이러한 절대성 언급과 아인슈타인의 상대성이론이 말하는 상대성 언급으로 인해 많은 사람들이 시간과 공간의 절대성과 상대성 논의에 커다란 관심을 가지게 되었다. 그러나 이것이 지시하는 의미를 좀 더 깊이 살펴보면 절대성이라는 개념은 지나치게 추상적이며 어느 면에서는 공허한 느낌을 줄 수 있다. 그리고 절대성을 부정한다는 뜻으로 상대성을 말한다면 이 또한 그 의미가 모호해지기는 마찬가지다. 그렇기에 이 논의는 오히려 시간과 공간이 서로 독립적인 구조를 가지느냐 아니면 어떤 방식으로 서로 연결되는 구조를 가지느냐 하는 것으로 바꾸어 생각하는 것이 훨씬 현실적이다. 한 마디로 뉴턴은 시간과 공간이 서로 독립적이라고 생각한 데 반해서 아인슈타인은 이들이 특정한 방식으로 서로 연결되는 구조를 가졌다고 생각한 것이다.

그런데 우리가 진정으로 관심을 가져야 할 점은 두 개의 공간이 연결된다는 것이 무엇을 뜻하는가이다. 이를 위해서는 앞에서 이미 언급했던 2차원 또는 3차원 공간의 의미를 살피는 것이 매우 유용하다. 우선 2차원이란 2개의 선형線型 공간이 하나의 평면을 구성하는 방식으로 연결되고 있음을 의미한다. 그리고 한 평면을 이룬다는 것은 그 안의 모든 위치가 서로 대등하고 그 안의 모든 방향이 서로 대등하다는 말인데, 여기서 서로 대등하다는 것은 그 안에서 서로 수직인 두 좌표계를 임의의 위치를 원점으로 임의의 방향을 좌표축으로 설정하더라도 이들을 기준으로 서술되는 자연 법칙은 동일한 형태를 취하게 됨을 말한다. 특히 유클리드 기하학이 성립하는 이른바 유클리드 공간일 때는 그 (2차원) 공간, 곧 평면에서 임의의 위치와 방향으로 설정한 삼각형의 내각의 합은 180°가 된다. 쉽게 말해 2차원 평면이란 삼각함수의 모든 관계식이 성립하는 평면이라 할 수 있다.

한편 3차원이란 이 공간에서 설정한 서로 수직인 임의의 세 좌표축이 대등하다는 의미이며, 이는 곧 이 축들로 이루어지는 세 개의 서로 수직인 평면 하나하나가 위와 같은 2차원 성격을 지니게 됨을 의미한다.

이를 달리 말하면, 위치 공간을 이루는 세 방향의 1차원 공간은 서로 독립된 것이 아니라 서로 연결되어 3차원 구조를 이루고 있음을 말하며, 반면 시간을 나타내는 1차원 시각 공간은 예컨대 위치 공간과의 아무런 연관이 없이 독자적인 1차원 구조만을 지닌다는 것이다. 그러나 상대성이론에서 보이는 좀 더 심화된 존재론에서는 1차원 시각 공간 역시 독립된 것이 아니라 나머지 세 공간 요소와 더불어 일종의 4차원 구조로 서로 연결되고 있는데, 이것이 바로 상대성이론이 말하는 '상대성'의 본질적인 의미이다(제3장 참조). 마찬가지로 운동량의 값 또한 세 방향의 성분으로 구성되지만 이들을 이루는 운동량 공간은 서로 독립된 것이 아니라 서로 연결되어 3차원 구조를 이루게 된다. 이는 위치의 값을 3차원으로 보았기에 속도 또한 3차원이 되며 따라서 속도에 질량이 곱해진 것으로 정의된 운동량 또한 3차원으로 보아야 한다는 논리에 따른다.

그런데 고전역학에서는 위치 공간과 운동량 공간을 서로 독립적이라고 보고 있다. 이것은 이미 동역학적 해가 주어진 대상의 위치와 운동량이 서로 무관하다는 뜻이 아니다. 예를 들어 어느 입자의 경로가 시간의 함수로 이미 산출되었다면 각 위치에서의 운동량은 이미 지정되어 있는 것과 마찬가지이다. 그러나 설혹 어느 입자의 위치가 지정되고 거기에 적용될 동역학 방정식을 알고 있다고 하더라도 최소한 어느 한 위치에서의 운동량 값이 별도로 주어지지 않는 한, 각 위치에서의 운동량이 결정되지 않는다. 이러한 의미에서 위치와 운동량은 서로 독립적인 것이며 따라서 공간의 성격으로서의 위치 공간과 운동량 공간은 서로 무관하다고 보는 것이 고전역학의 존재론이 지닌 또 하나의 암묵적 가정이다. 다시 말해 고전 존재론의 운동량 공간은 위치 공간과 서로 독립적이며 당연히 시각 공간과도 서로 독립적이다.

앞서 말한 바와 같이 에너지 개념은 그 독자적인 중요성에도 불구하고 고전역학에서는 독립된 물리량으로서의 위상을 부여받지 못해왔으며, 따라서 고전 존재론에서 에너지 공간을 별도로 상정할 필요는 제기되지 않았다. 그러나 고전 존재론을 좀 더 심화시킨 상대성이론으로 가면 에너지는 운동량의 세 성분에 버금가는 독자적 위상을 지니며 실제로 운동량의 네 번째 성분으로 자리 잡게 된다(제3장 참조). 그리고 다시 양자역학으로 가면 4차원 운동량-에너지 변수는 4차원 위치-시각 변수와 특별한 방식으로 연관되어 4차원 이중 공간의 일부를 구성하게 된다(제4장 참조).

※ 고전역학적 '상태'의 조작적 의미

우리는 위치 공간과 운동량 공간이 각각 3차원 구조를 가지게 됨을 보았으나, 논의의 편의를 위해 당분간 위치 공간과 운동량 공간을 각각 1차원인 것으로 간주하기로 한다. 그리고 여기에 더해, 이 안에 있는 위치의 값과 운동량의 값들은 모두 각 공간에서 일정한 간격으로 띄엄띄엄 떨어진 불연속적인 값들만을 가지는 것으로 가정한다. 이 불연속 가정은 오직 논의의 편의만을 위한 것이며, 설정한 간격을 영으로 수렴시키면 언제든지 연속적인 공간 안의 값들로 환원시킬 수 있다.

이렇게 할 경우, 위치 공간과 운동량 공간은 각각 집합 ξ_i $(i=1,2,3,...)$와 집합 ζ_i $(i=1,2,3,...)$로 나타낼 수 있다. 여기서 ξ_j와 ζ_l는 각각 j와 l번째의 위치와 운동량에 해당하는 공간의 자리들을 지칭한다. 이때 한 특정 시각에서의 상태 Ψ_C는 이 두 영역에서 정의된 두 개의 델타함수로 다음과 같이 표시할 수 있다.

$$\Psi_C = (\delta_{ij}(\xi_i), \delta_{il}(\zeta_i)) \tag{2-27}$$

여기서 $\delta_{ij}(\xi_i)$의 값은 $i=j$일 때 1이고 $i \neq j$일 때 0이 되는 크로네커 델타이며, $\delta_{il}(\zeta_i)$ 또한 같은 방식으로 정의 된다. 이 Ψ_C는 대상이 위치 공간의 자리 ξ_j와 운동량 공간의 자리 ζ_l을 점유함을 나타낸다.

이렇게 규정된 상태 Ψ_C는 대상 자체에 속하는 그 무엇이라는 점에서 "존재적ontic" 성격을 지닌다. 그러나 이런 존재적 성격만으로는 그 내용을 인식주체에 전달할 방법이 없기에, 이것과 인식주체를 연관지울 별도의 장치가 요청된다. 이러한 요청이 바로 앞에서 언급한 "인식론적 요구"인데, 이를 위해 다음과 같은 "상태에 관한 인식적 함수" (줄여서 "상태인식함수") Ψ_C^E를 도입하는 것이 편리하다. (여기서는 편의상 상태 Ψ_C의 위치 부분에 대해서만 고려한다.) 즉 영역 ξ_i $(i=1,2,3,...)$에서 조건 $\sum_j |a_j|^2 = 1$을 만족하는 함수

$$\Psi_C^E = \sum_j a_j \delta_{ij}(\xi_i) \tag{2-28}$$

가 그것인데, 여기서 계수 a_j의 절대치 제곱 $|a_j|^2$은 대상이 위치 ξ_j에 놓여있을 인식적 확률epistemic probability을 나타낸다. $|a_j|^2$에 대한

이러한 정의는 또한 대상이 위치 ξ_j에 놓여있지 않을 인식론적 확률이 $1-|a_j|^2$가 되어야 함을 말해준다. 이런 점에서 인식론적 함수 Ψ_C^E는 대상의 상태에 관해 인식주체가 알고 있는 정보의 정도를 말해준다. 만일 특정 위치 ξ_j에 대한 $|a_j|^2$의 값이 1이라면 나머지 모든 위치에서의 값은 0이 되는데, 이는 곧 인식주체가 대상의 상태에 대해 완전한 정보를 가졌음을 의미한다. 한편 모든 위치에서의 $|a_j|^2$의 값이 모두 동일하다면 인식주체는 대상의 상태에 대해 정보를 전혀 갖지 못했음을 말해준다. 일단 상태인식 함수를 이렇게 설정하고 나면, 앞서 도입한 변별체와 사건 개념을 통해 측정measurement을 다음과 같이 명료하게 규정할 수 있다.

> 만일 특정 시각 t에, 위치 ξ_j에 놓인 한 변별체에 사건이 발생했다면, 상태인식 함수는 $\Psi_C^E=\sum_j a_j\delta_{ij}(\xi_i)$에서 $\Psi_C^E=\delta_{ij}(\xi_i)$로 전환된다. 그리고 만일 같은 변별체에 사건이 발생하지 않았다면 (즉, 빈-사건이 발생했다면) 상태인식 함수는 $\Psi_C^E=\sum_{l\neq j} a'_l\delta_{il}(\xi_i)$로 전환되며, 이 때 새 계수들은 $\sum_{l\neq j}|a'_l|^2=1$의 조건을 만족한다. 이는 곧 변별체 위에 사건을 말해줄 아무 증거가 나타나지 않더라도 상태인식 함수는 변할 수 있으며, 그 변화는 $|a_j|^2$의 값을 0으로 만들면서 나머지 위치에서의 상대적 확률이 $\sum_{l\neq j}|a'_l|^2=1$에 따라 그만큼 증진됨을 의미한다.

이처럼 인식주체는 변별체 위에 나타난 사건 발생 여부에 대한 정보를 통해 그 상태인식 함수를 조정함으로써 대상의 상태에 대한 앎의 정도를 넓혀나갈 수 있는데, 이를 일러 "측정"이라 부른다. 한편 대상 자체는 변별체와 조우하여 변별체 위에 가시적인 사건을 야기함으로써 자신의 상태를 노출한다. 만일 대상이 이러한 사건야기 능력을 가지지 않았다면 이 상태와 현상을 연결할 방법이 없으며, 따라서 이 대상이 특정의 상태에 있다는 말 자체가 실질적으로 무의미한 것이 된다. 그렇기에 대상이 특정의 상태에 있다는 말은 그 대상이 가능한 변별체 위에 가시적 사건을 야기할 성향을 가졌다는 말로 구체화된다. 그래서 이것을 '상태'에 대한 '조작적 정의'로 받아들임이 온당하다. 이러한 관점에서 우리는 한 대상에 대한 고전역학적 상태 $\Psi_C = \delta_{ij}(\xi_i)$ [(2-20)식의 위치에 관한 부분]를 다음과 같이 조작적으로 정의할 수 있다.

> 이 대상이 위치 ξ_i 에 놓인 변별체 위에 사건을 야기할 성향은 $i \neq j$ 일 경우 0 이고, $i=j$ 일 경우 1 이다.

여기서 주목할 점은 우리는 이 대상이 "위치 ξ_i 에 놓인 변별체 위에 사건을 야기할 성향"에 대해 그 값을 0 아니면 1 로 국한시키고 있다는 점이다. 사건야기 성향의 값을 이렇게 국한시키고 있다는 것은 우리가 처음부터 대상의 존재 양상에 대해 하나의 존재론적 가정을 부여하고 있음을 말해준다. 결국 우리는 변별체 위에 떠오른 흔적만을 확인할 수 있을 뿐이며, 이 흔적과 그 밑에 깔린 대상의 상태와의 사이에 특정의 어떤 "연계"가 있으리라고 보는 것은 하나의 임의로운 가정에 해당하는 것이기 때문이다.

그렇다면 이러한 가정 이외에 다른 연계의 가능성도 있다는 말인가?

있다는 것이 바로 우리의 논지이다. 즉 대상이 변별체에 사건을 야기할 성향의 값이 "0 아니면 1"이라는 제약을 완화시켜, "0 에서 1 사이의 어떤 값"이라고 보는 관점도 가능하다는 것이다. 어차피 대상의 상태를 우리가 직접 알아낼 방법이 없는 이상, 이것과 변별체의 관계는 우리가 임의로 제한할 것이 아니라 되도록 폭넓게 열어놓고 실제 자연nature이 어느 쪽에 해당하는지를 좀 더 깊이 살펴 결정하자는 것이다. 뒤에 보겠지만 양자역학을 수용하기 위해서는 사건야기 성향에 대한 이러한 고전 존재론의 제약에서 벗어나 열린 가능성을 택함이 더 적절하다는 것을 알게 된다.

여기서 우리가 한 가지 더 생각해볼 점은 대상이 변별체 위에 사건을 야기한다는 것 그 자체가 또한 하나의 역학적 과정이라는 사실이다. 그렇다면 이 과정과 관련하여 고전역학은 어떠한 말을 할 수 있는지를 생각해보자. 이를 위해 그 특성이 (2-23)식의 해밀토니안으로 대변되는 전형적 대상을 상정하자. 이 경우 대상의 에너지 E 는 (2-22)식으로 표현되며 그 값은 일정하다. 이는 곧 대상계 자체만으로는 외부와의 어떤 에너지 출입도 불가능하며, 따라서 외부로 자신에 관한 아무 정보도 노출시킬 수 없음을 의미한다. 대상이 특정 위치에 있는 변별체를 만나 가시적인 사건을 야기하기 위해서는 감지될 흔적을 남기기에 필요한 최소한의 에너지를 주거나 혹은 가져올 수 있어야 하는데, 이를 위해서는 (2-26)식으로 표시된 외력 F_e 의 효과가 필수적이다. 즉 대상이 변별체로부터 이러한 힘을 받아 거리 Δx 만큼 움직이는 경우 이 계의 에너지는 (2-26)식에 따라

$$\Delta E = F_e \Delta x \tag{2-29}$$

만큼 변하게 되며, 변별체 위에는 반대로 $-\Delta E$에 해당하는 에너지 변화가 발생해 가시적 효과를 보이게 된다. 따라서 이른바 측정이 수행되기 위해서는 대상과 변별체 사이에 별도의 힘 F_e를 주고받는 물리적 상호작용이 필수적이며, 이 과정에서 식별 가능한 최소한의 에너지 교류가 이루어져야 한다.

2.3 라그랑지안 정식화와 마당 변수 정식화

※ 라그랑지안과 해밀토니안 정식화

우리는 2.1절에서 대상계의 특성을 그 질량과 이것이 받고 있는 힘으로 규정할 수 있음을 언급했다. 그리고 다시 (2-23)식

$$H(x, p) = \frac{p^2}{2m} + V(x)$$

으로 표현된 해밀토니안이 대상계의 특성을 대신할 수 있음을 말했다. 그러나 대상의 특성 서술과 상태변화의 원리를 좀 더 일반화시키기 위해 라그랑지안Lagrangian 방식의 정식화가 활용되기도 한다. 대상을 무엇으로 삼느냐에 따라 이 대상의 특성함수 라그랑지안의 표현은 다양하지만, 일반적적으로 라그랑지안 함수 L의 가장 기본적인 형태는 대상의 운동에너지 T와 퍼텐셜 에너지 V를 모두 위치 변수 q와 그것의 시간 도함수 $\dot{q}(\dot{q} \equiv \frac{dq}{dt})$의 함수로 나타낸 후, T에서 V를 뺀 형태로 주어진다. 특히 대상의 질량이 m이며 그 위치가 단일 변수 $q(t)$로 서술되는 경우 라그랑지안 함수는

$$L(q, \dot{q}) = T - V = \frac{1}{2}m\dot{q}^2 - V(q) \tag{2-30}$$

로 쓸 수 있다. 이와 더불어 라그랑지안을 임의의 두 시각 사이 예컨대 시각구간 $[0 \sim \tau]$에 대해 적분한 이른바 "작용action" 함수 S를

$$S = \int_0^\tau L dt \tag{2-31}$$

로 정의할 수 있는데, 이렇게 할 경우 이 대상의 운동은 모든 가능한 경로 $q(t)$ 가운데 작용 S의 값이 최소(더 일반적으로는 극치)인 경로를 따른다. 즉

$$\frac{\delta S}{\delta q(t)} = 0 \tag{2-32}$$

이 된다는 것을 동역학의 기본 원리로 설정한다. 흔히 해밀턴의 최소작용의 원리라 부르는 이 식은

$$\begin{aligned}\delta S &= \int dt \left[\frac{\partial L}{\partial q(t)}\delta q(t) + \frac{\partial L}{\partial \dot{q}(t)}\delta \dot{q}(t)\right] \\ &= \int dt \left[\frac{\partial L}{\partial q(t)} - \frac{d}{dt}\frac{\partial L}{\partial \dot{q}(t)}\right]\delta q(t) + \frac{\partial L}{\partial \dot{q}(t)}\delta q(t)\bigg|_0^\tau = 0\end{aligned} \tag{2-33}$$

을 의미한다. 이 식에서 $\delta q(t)$의 값은 $t=0$과 $t=\tau$에서 각각 0이 되고, 그 사이의 시각 t에서는 임의의 값을 취하도록 정의된 것이므로, 우변이 0이 되기 위해서는 그 피적분 함수가 항시적으로 0이 되어야 한다. 따라서 우리는

$$\frac{\partial L}{\partial q(t)} - \frac{d}{dt}\frac{\partial L}{\partial \dot{q}(t)} = 0 \tag{2-34}$$

에 해당하는 운동방정식을 얻게 된다. 여기에 앞에 제시한 함수 L의 표현을 넣으면

$$m\frac{d}{dt}\dot{q}(t) = -\frac{\partial V}{\partial q} \tag{2-35}$$

이 되며 이것이 바로 뉴턴의 운동방정식이다.

여기서 변수 $\dot{q}(t)$는 시간의 함수 $q(t)$의 시간 미분이므로 마치도 q의 값이 알려지면 자동적으로 결정되는 종속변수처럼 보이지만, 그것은 운동경로가 시간의 함수로 결정된 이후의 이야기이며 라그랑지안만 주어진 단계에서는 각각이 독립변수로 작용한다. 가령 특정 시각 t에서 q값이 알려졌다 하더라도 $\dot{q}$의 값이 알려지는 것은 아니다. 이들 사이의 이러한 독립적 성격을 명시적으로 표현하기 위해 변수 $\dot{q}(t)$를 새로운 변수로 전환시키면서도 라그랑지안 함수 자체가 의미하는 바를 그대로 유지하게 하는 대등한 정식화를 할 수 있는데, 이것이 바로 해밀토니안 정식이다.

(2-34)식이 보여주듯이 우리가 만일 새로운 변수인 운동량 p를

$$p = \frac{\partial L}{\partial \dot{q}} \tag{2-36}$$

로 정의하면 (2-34)식이 바로 운동량의 변화율로 표현된 운동방정식이 된다. 따라서 대상의 특성이 라그랑지안으로 표현되는 경우 이렇게 정의된 운동량이 최소작용의 원리를 만족하는 가장 일반적 형태의 운동량이 된다. 예를 들어 위치 변수를 직교좌표가 아닌 극좌표로 나타낼 경우 위치 변수 가운데 하나는 각도 θ로 주어지는데, 이 변수에 대응하는 운동량은 (2-36)식에 의해 각운동량이 된다. 이처럼 사용하는 좌표계에 무관하게, 지정된

좌표계로 표현된 위치 변수에 맞도록 운동량을 정의해주는 것이 바로 (2-36)식이며 이러한 방식으로 정의된 운동량을 정준 운동량canonical momentum이라 한다. 운동량에 대한 이러한 정의와 함께 해밀토니안 H를 다음과 같이 정의한다.

$$H = p\dot{q} - L \tag{2-37}$$

이렇게 정의된 해밀토니안 H의 변분을 취해보면

$$\delta H = p\delta\dot{q} + \dot{q}\delta p - \frac{\partial L}{\partial q}\delta q - \frac{\partial L}{\partial \dot{q}}\delta\dot{q}$$

가 되는데, 여기서 첫째 항과 넷째 항은 운동량 p의 정의에 의해 서로 상쇄되고, 셋째 항의 $\frac{\partial L}{\partial q}$는 위에 소개한 운동방정식 (2-34)와 운동량의 정의에 해당하는 (2-36)식에 의해 $\dot{p}$가 된다. 따라서 위의 식은 다음과 같이 된다.

$$\delta H = \dot{q}\delta p - \dot{p}\delta q \tag{2-38}$$

이는 곧 (2-37)식에 의해 정의된 해밀토니안은 자동적으로 변수 p와 q만의 함수로 전환되었음을 의미한다. 앞에 예시한 라그랑지안의 경우, $p=m\dot{q}$가 되며, 따라서 그 해밀토니안은 p와 q의 함수로 다음과 같이 된다.

$$H(p,q) = \frac{1}{2m}p^2 + V(q) \tag{2-39}$$

한편 해밀토니안 H를 p와 q의 함수로 보아 이들로 변분을 취하면

$$\delta H = \frac{\partial H}{\partial p}\delta p + \frac{\partial H}{\partial q}\delta q \tag{2-40}$$

이 된다. 이것은 (2-38)식과 동일한 표현이어서 우변이 서로 같아야 하므로

$$\left(\dot{q} - \frac{\partial H}{\partial p}\right)\delta p - \left(\dot{p} + \frac{\partial H}{\partial q}\right)\delta q = 0$$

와 같은 항등식이 성립한다. 여기서 임의의 변분 δp와 δq에 대해 이 관계가 성립하기 위해서는 그 각각의 계수가 0이 되어야 하므로 우리는 다음과 같은 두 개의 해밀톤 방정식Hamilton's equations을 얻는다.

$$\dot{q} = \frac{\partial H}{\partial p}, \quad \dot{p} = -\frac{\partial H}{\partial q} \tag{2-41}$$

앞의 식은 두 변수 p와 $\dot{q}$의 관계를 말해주며, 뒤의 것은 바로 뉴턴의 운동방정식을 말해준다.

※ 마당 변수 정식화: 1차원 입자 사슬의 사례

위에 소개한 라그랑지안과 해밀토니안 정식들은 1차원 위치 공간에 놓인 단일 입자를 대상으로 한 것이지만 이를 곧 3차원 위치를 가진 입자로, 그리고 다시 3차원 위치를 가진 N개의 입자로 그 대상을 확장할 수 있다. 그럴 경우 위치 변수는 $q_i(t) \ \ (i = 1, 2, \ldots 3N)$로 일반화되고, 이에 대응하는 운동량 변수 또한 다음과 같이 일반화된다.

$$p_i(t) = \frac{\partial L}{\partial \dot{q}_i(t)} \quad (i = 1, 2, \ldots 3N)$$

특히 많은 입자가 상호작용해서 각자의 평형 위치를 중심으로 제한된

〈그림 2-2〉 용수철로 연결된 입자 사슬

R_j : 입자의 평형 위치

q_j : 평형 위치에서 벗어난 거리

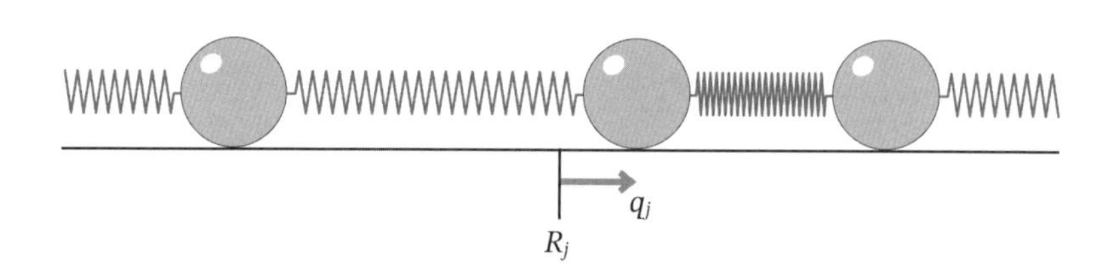

운동을 할 때, 이들의 운동을 "마당field 변수" 형태로 서술할 수 있으며, 이러한 경우 그 계의 라그랑지안은 라그랑지안 밀도 형태로 나타낼 수 있다.

이제 그 하나의 사례로 1차원으로 배열된 질량 m을 지닌 N개의 입자계를 생각해보자. 〈그림 2-2〉에 표시된 바와 같이 이 입자들은 힘의 상수 K를 지닌 용수철로 서로 연결되어 좌우로 진동하고 있다. 이제 인접한 두 입자의 평형 위치간의 거리를 a라고 하면, 이 입자들이 놓인 평형 위치는 $R_j = ja \quad (j = 1, 2, \ldots N)$로 표현되며, 각각의 입자는 이 지점들을 중심으로 위치 변수 $q_j(t)$에 해당하는 운동을 하게 된다.

이 경우의 라그랑지안을 적어보면

$$L = \sum_j \left[\frac{1}{2}m\dot{q}_j^2 - \frac{1}{2}K(q_{j+1} - q_j)^2\right] \tag{2-42}$$

이 되며 그 해밀토니안은 다음과 같이 쓸 수 있다.

$$H = \sum_j \left[\frac{1}{2m}p_j^2 + \frac{1}{2}K(q_{j+1} - q_j)^2\right] \tag{2-43}$$

더 일반적으로는 이러한 변수들을 넓은 공간에 연속적으로 분포된 마당 변수들로 표현할 수도 있다. 그 하나의 사례로 위에 제시한 라그랑지안과 해밀토니안을 마당 변수의 함수 형태로 바꾸어보자. 이를 위해 위에 나온 통합 기호 $\sum_j$를 적분 기호 $\frac{1}{a}\int dx$로 치환하면서, 이와 함께 기본 변수로 위치 j, 시각 t에 자리한 공간 변수 $q_j(t)$대신에 위치 x, 시각 t의 함수로 표시된 마당 변수 $\phi(x,t)$를 채용하자. 여기서 x는 입자들이 놓인 바탕 지점 $R_j = ja \quad (j = 1, 2, \ldots)$에 해당하는 것으로 a값이 0로 가는 극한에서의 R_j값을 지칭한 것이며, $\phi(x,t)$는 다시 각 위치 x를 기준으로 발생하는 상대적 변위를 나타내는데, 이를 흔히 변위 마당displacement field이라고 부른다.[24] 이렇게 할 때 이것은 위치 x, 시각 t의 함수이면서도 새로운 공간이라 할 변위 공간 안에서의 변수 구실을 한다.

이제 이러한 전환을 시행하면, 라그랑지안의 첫 항은 다음과 같이 된다.

$$\sum_j \frac{1}{2} m\dot{q}_j^2 \rightarrow \int dx \frac{1}{2} \rho \dot{\phi}(x,t)^2$$

여기서 편의상 질량 m 대신 선밀도 $\rho \equiv m/a$를 도입했다. 한편

$$\frac{q_{j+1} - q_j}{a} \rightarrow \frac{\partial \phi(x,t)}{\partial x}$$

으로 바뀌므로 라그랑지안의 둘째 항은

$$\sum_j \frac{1}{2} K(q_{j+1} - q_j)^2 \rightarrow \int dx \frac{1}{2} \tau (\frac{\partial \phi}{\partial x})^2$$

로 전환된다. 여기서도 용수철 상수 K 대신 용수철의 장력tension $\tau \equiv Ka$를 도입했다. 이렇게 할 때, 라그랑지안 L과 해밀토니안 H는 다음과

같이 쓸 수 있다.

$$L = \int dx \left[\frac{1}{2}\rho\dot{\phi}^2 - \frac{1}{2}\tau\left(\frac{\partial\phi}{\partial x}\right)^2\right] \tag{2-44}$$

$$H = \int dx\left[\frac{1}{2}\rho\dot{\phi}^2 + \frac{1}{2}\tau\left(\frac{\partial\phi}{\partial x}\right)^2\right] = \int dx\left[\frac{1}{2\rho}\pi^2 + \frac{1}{2}\tau\left(\frac{\partial\phi}{\partial x}\right)^2\right] \tag{2-45}$$

여기서 마당 변수 $\phi(x,t)$에 대응하는 운동량 마당 변수 $\pi(x,t)$는

$$\pi(x,t) \equiv \frac{\partial\mathcal{L}}{\partial\dot{\phi}} = \rho\dot{\phi} \tag{2-46}$$

로 정의되는 양이다. 여기서 $\mathcal{L}$은 아래 (2-47)식으로 주어지는 라그랑지안 밀도이다.

위에서 보는 바와 같이 (2-44)식과 (2-45)식은 위치 공간에 대한 적분으로 표현되므로 단위 공간(여기서는 단위 길이) 당 라그랑지안과 헤밀토니안, 곧 이들의 밀도로 나타내는 것이 편리하다. 다시 말해 $L = \int dx\mathcal{L}$의 관계를 만족하는 라그랑지안 밀도 $\mathcal{L}$을 정의할 수 있으며, 지금 다루는 계의 라그랑지안 밀도는 다음과 같이 표현된다.

$$\mathcal{L} = \frac{1}{2}\rho\dot{\phi}^2 - \frac{1}{2}\tau\left(\frac{\partial\phi}{\partial x}\right)^2 \tag{2-47}$$

이러한 라그랑지안 밀도에 대해서도 작용 S를 정의할 수 있으며, 다시 최소작용의 원리를 적용하면 마당 변수 $\phi(x,t)$는 다음과 같은 관계식을 만족해야 한다.

$$\frac{\partial\mathcal{L}}{\partial\phi} - \frac{d}{dx}\frac{\partial\mathcal{L}}{\partial\phi'} - \frac{d}{dt}\frac{\partial\mathcal{L}}{\partial\dot{\phi}} = 0$$

여기서 $\phi' \equiv \partial\phi/\partial x$, $\dot{\phi} \equiv \partial\phi/\partial t$이며, 여기에 (2-47)식을 대입해 정리해보

면, 마당 변수 $\phi(x,t)$가 만족하는 운동방정식으로 다음과 같은 편미분방정식을 얻는다.

$$\frac{\partial^2\phi}{\partial x^2}=\frac{\rho}{\tau}\frac{\partial^2\phi}{\partial t^2} \qquad (2\text{-}48)$$

흔히 파동방정식이라고 불리는 이 방정식은 함수 $\phi(x,t)$를 x로 두 번 미분한 도함수가 같은 함수를 t로 두 번 미분한 도함수에 상수 ρ/τ를 곱한 것과 같음을 의미한다. 그런데 함수

$$\phi(x,t)=a_k e^{i(kx-\omega_k t)} \qquad (2\text{-}49)$$

를 살펴보면, 임의의 상수 k와 a_k에 대해

$$\omega_k^2=\left(\frac{\tau}{\rho}\right)k^2 \qquad (2\text{-}50)$$

의 관계가 성립한다면, $\phi(x,t)$는 편미분방정식 (2-48)을 만족함을 알 수 있다.[25] 이 경우 이것은 진폭 a_k와 속도 $v=\omega_k/k=\pm\sqrt{\tau/\rho}$를 가지고 진행하는 파동을 나타낸다. 여기서 속도의 부호는 파동의 진행 방향을 나타내며 k와 ω_k는 각각 이 파동의 파장 λ와 주기 T에 관련된 상수로서 그 크기는

$$k=2\pi/\lambda,\ \ \omega_k=2\pi/T \qquad (2\text{-}51)$$

의 관계를 만족한다. 앞으로 k와 ω_k를 각각 공간진동수spatial frequency와 시간진동수temporal frequency라 부르기로 한다.[26]

위에서 보다시피 일단 (2-50)식의 관계만 성립하면 상수 k와 a_k의 값들에 무관하게 (2-49)식으로 표현된 파동함수가 주어진 운동방정식을

만족하므로 이러한 함수들의 선형 결합

$$\phi(x,t) = \sum_k a_k e^{i(kx-\omega_k t)} \qquad (2\text{-}52)$$

또한 주어진 방정식을 만족하게 된다. 일반적으로 변수 $u \equiv x - vt$의 임의의 함수 $f(u)$는 $v^2=\tau/\rho$일 경우 그 형태에 무관하게 편미분방정식 (2-48)식을 만족한다. 따라서 이러한 v를 지닌 함수 $f(x-vt)$는 (2-48)식을 만족하는 가장 일반적인 해가 된다. 한편 (2-52)식은 이 함수의 푸리에 전개에 해당하므로 이렇게 표현된 함수 $\phi(x,t)$는 이 운동방정식을 만족하는 일반해一般解에 해당한다. 이 함수는 각 k에 대해 그 진폭 a_k가 어떤 값을 가지느냐에 따라 다양한 파형의 파동을 이루지만 그것이 지닌 속도의 크기는 항상 $v = \sqrt{\tau/\rho}$가 됨을 알 수 있다.

우리는 지금까지 이 사슬이 무한히 긴 경우를 가정하여 생각해 왔으나 유한한 길이 ℓ을 지니고 양 끝 경계점에서 운동이 일정한 제약을 받는 경우에는 이에 따라 허용되는 상수 k의 값도 일정한 제약을 받게 된다. 그 대표적인 것이 양 끝이 서로 연결된 경우인데(5.4절 참조), 이때에는

$$\phi(\ell,t) = a_k e^{i(k\ell-\omega_k t)} = a_k e^{i(2\pi n-\omega_k t)} = \phi(0,t)$$

의 관계를 만족해야 하므로 k는 다음의 k_n 가운데 어느 하나로 주어진다:

$$k_n = \frac{2\pi}{\ell} n \quad (n = 0, \pm 1, \pm 2, \cdots) \qquad (2\text{-}53)$$

또한, 사슬의 양 끝이 고정된 경우에도 이와 흡사한 제약을 받게 되는데, 이는 현악기의 현들이 특정된 높이의 소리를 내게 되는 원인이기도 하다.

제3장 상대성이론

How to Understand Quantum Mechanics

Ontological Revolution brought by Quantum Mechanics

3.1 특수상대성이론의 출현

1905년 5월의 어느 날 - 당시 아인슈타인의 나이는 26세였다 - 아인슈타인에게는 물론이고 인류 지성사에 한 획을 그을 사건이 일어났다.[27] 그날 저녁 아인슈타인은 스위스 연방 특허국에서 함께 일하는 친구 베소 Michele Angelo Besso와 함께 앉아 평소와 다름없이 물리학 문제들을 토론하고 있었다. 그러다가 갑자기 아인슈타인은 머리를 옆으로 흔들며 "나는 포기했어."라며 항복 선언을 했다. 바로 그때 베소가 무슨 말을 했는지, 그리고 아인슈타인에게 다시 어떤 생각이 떠올랐는지는 아무도 모른다.

아인슈타인의 회고에 따르면, 그는 베소와 헤어지고 돌아간 그날 밤 "갑자기 이 문제를 해결할 실마리를 잡았다."고 한다. (이것은 그 후 17년이 지난 1922년, 일본 교토에서 청중의 질문을 받고 밝힌 일이다.) 이번에는 베소의 증언을 들어보자. 바로 다음 날 아침, 아인슈타인은 베소를 만나자마자 "고마워, 나는 그 문제를 완전히 해결했어."라고 외치더라는 것이다.

이렇게 태어난 논문이 그 후 '특수상대성이론'이라 불리게 된 「움직이는 물체의 전기역학에 관하여」란 논문이다. 같은 해에 아인슈타인은 인류 지성사의 물줄기를 크게 바꾸어 놓은 이 논문을 포함해 자그마치 5편의 중요한 논문을 발표했으며, 이에 1905년은 "기적의 해"라고 불린다.

※ 아인슈타인과 민코프스키

돌이켜보면 1905년 아인슈타인의 '특수상대성이론'이 학계에 출현했다는 사실은 그 자체로 희랍 신화에 나오는 '트로이의 목마'에 견줄만한 흥미로운 사건이다. 지성사의 전개를 굳이 전쟁에 비유하자면 20세기에 들어와 특수상대성이론이 확립되었다는 것은 철통같이 지키고 있는 적국의 본토에 상륙하여 가장 중요한 첫 전략적 요충지 하나를 점령한 것이나 다름없다. 상대성이론 이전까지의 지적 전개가 대체로 주인 없는 황무지를 개척해 온 일이었다면, 상대성이론부터는 견고하게 확립된 기존 이론들을 쓰러뜨리고 그 자리에 새 이론을 세우는 형세가 되는 것이다. 여기에 성을 지키고 서 있는 맹장들이 바로 뉴턴의 고전역학과 이를 확고하게 뒷받침하는 존재론이며, 이를 지키고 있는 군사들이 바로 우리의 상식적인 시간과 공간 개념들이다. 이러한 무서운 수비대를 앞에 놓고 아인슈타인이라는 돈키호테가 홀몸으로 특수상대성이론이라는 엄청나게 중요한 고지를 점령했다는 것은 도저히 상식으로는 받아들이기 어려운 일이다.

이를 이해할 수 있는 길은 의도했든 의도하지 않았든 일종의 '트로이의 목마'와 같은 작전이 관여되었다는 관점이다. 여기에 활용된 20세기 물리학의 '목마'가 바로 '빛의 성질'이다. 아인슈타인은 이 이론을 만들어 논문으로 발표하기까지 이 '빛의 성질'을 이용했다. 사실상 19세기 말에서 20세기 초에 이르기까지 '빛의 성질'이야말로 수수께끼 같은 존재였으며, 당연히 많은 사람들의 결정적인 관심사로 떠오르고 있었다. 이러한 상황에서 아인슈타인은 이 '빛'에다가 또 하나의 이상스런 옷을 입혔다. 즉 빛은 "언제나 일정한 상수 c에 해당하는 속도로 움직인다."는 것이다.[28]

결론부터 이야기하자면 특수상대성이론은 원칙적으로 '빛'과 직접 관련이 없는 이론이다. 이는 순수하게 시간과 공간이 특정한 방식으로 서로 엮여있다고 하는 이론이며, 단지 시간과 공간 변수들이 4차원으로 연결되는 구조 속에 하나의 보편상수 c가 관여되고 있는 것뿐이다. 빛이 어째서 이 보편상수 c에 해당하는 속도로 움직이느냐 하는 것은 시간과 공간이 지닌 이러한 성격을 바탕으로 별도로 구명해야 할 사안이다. 그러나 입증할 만한 특별한 근거도 없이 시간과 공간이 이상한 방식으로 서로 엮여있다는 존재론적 주장을 먼저 내세웠더라면, 이는 금시 '터무니없는 이론' 혹은 '위험한 발상'으로 낙인 찍혀 출현 자체가 봉쇄되었을 것이다.

그러나 아인슈타인의 이론에서는 이러한 암시가 없이 "광속일정"이라는 '빛의 성질'로서 하나의 '목마'를 만들고, 시간과 공간의 개념을 각각 '조작적 정의'라고 하는 특수한 방식으로 분쇄하여 이 목마 속에 감추고는 입성을 시도한다. 그리고 입성에 성공한 후에는 '로렌츠 변환'이라는 방식으로 이것을 다시 짜 맞추어 시간-공간 개념의 혁명이라는 놀라운 선언문을 배포한다. 이러한 교묘한 위장술에 속은 것은 ≪물리학연보Annalen der Physik≫라는 권위 있는 잡지의 편집인만은 아니다. 아인슈타인 자신 '빛의 성질'에 대한 이런 확신이 없었더라면 아마도 이 무서운 고지에 감히 돌진하여 들어갈 생각을 하지 못했을 것이다.

이는 물론 실제로 그 어떤 '속임수'가 있었다는 것을 함축하는 이야기가 아니다. 어떠한 사실을 그 사실이 실제 의미하는 것보다 훨씬 중요하게 믿고 따라가다가 보니까 놀라운 발견에 이르게 되었다는 이야기이다. 그런 점에서 전혀 잘못된 것은 없다. 오히려 이것이 바로 천재들이 하는 작업방식일지도 모른다. 그러나 그러한 방식으로의 입성이 곧 성공을 의미하는 것은 아니다. 학술지의 편집인 그리고 아인슈타인 자신 이외의 다른 사람들까지 '트로이의 목마'에 속으리라고 기대할 수는 없는 일이기 때문이다.

몇 년 동안이나 이 논문에 대한 반응은 냉랭했다. 아마도 플랑크Max Planck를 비롯한 뛰어난 몇몇 물리학자들이 우연히 여기에 관심을 가져주지 않았더라면, 이 논문은 영영 잊히고 말았을지도 모른다. 그런데 이때에 정말로 강력한 후원 장수가 뒤따라 들어 왔다. 아인슈타인의 옛 스승 민코프스키였다. 그는 '4차원'이라고 하는 놀라운 무기를 들고 들어와 새로 점령한 성의 정문을 활짝 열어젖혔던 것이다.

민코프스키는 아인슈타인보다 15살 연장자로서 그 당시 이미 일급 수학자로 꼽히고 있던 사람이다. 아인슈타인의 논문이 발표된 지 2년 후인 1907년 민코프스키는 이를 시간-공간의 4차원적 성격으로 해석한 논문을 썼고, 다음 해인 1908년 9월, 쾰른에서 열린 제80차 독일자연과학자 및 의사학회에서 "공간과 시간"이라는 유명한 강연을 함으로써, 특수상대성이론을 세계에 알리는 데에 결정적인 공헌을 했다. 그는 공간은 이제 더 이상 3차원이 아니라 시간과 더불어 4차원을 이룬다고 하는 폭탄선언을 하여 세계 지성계의 비상한 관심을 끌었다.

이로써 사람들은 상대성이론의 시간-공간 개념에 대한 실질적인 이해에 접근했고, 아인슈타인의 논문이 새로운 각광을 받기에 이르렀다. 적진에 들어가 외롭게 고전하던 아인슈타인의 이론에 강력한 구원병이 나타난

것이었다. 아인슈타인이 성벽의 약한 틈새를 거쳐 어렵사리 요새에 잠입한 경우라면, 뒤따라 들어온 민코프스키는 요새의 정문을 넓게 열어젖힘으로써 이제는 뛰어난 학자가 아니더라도 특수상대성이론이라는 험난한 고지에 어렵지 않게 오를 수 있도록 해준 것이라 할 수 있다.

사실 아인슈타인 자신이 안내하는 상대성이론 이해의 길은 안전하게 따라 오르기가 매우 어렵다. 아인슈타인은 빛은 상대적으로 운동하는 두 좌표계에서 모두 같은 값을 가진다는 것을 '가정'으로 내세웠다. 언뜻 별 문제가 없어 보이는 이 가정은 예를 들어 광속의 99%에 해당하는 속도로 빛을 따라 가면서 그 빛의 속도를 재어도 여전히 정지한 사람이 이를 재는 것과 같은 속도로 보인다는 것인데, 이것은 예를 들어 시속 100킬로미터로 달리는 자동차를 시속 99킬로미터로 가는 차에서 관측하더라도 여전히 이것이 시속 100킬로미터로 가는 것으로 관측된다는 말에 해당한다. 우리의 상식으로 보면 앞의 차가 100킬로미터 달리는 사이에 내 차는 99킬로미터를 이미 와있고, 따라서 앞 차는 내 차로부터 1킬로미터밖에 더 나가지 않았음이 명백하다. 즉 나를 기준으로 할 때 앞 차는 시속 1킬로미터로 달렸지 시속 100킬로미터로 달린 것이 아니다. 이러한 사실은 실제 차를 타고 가며 눈으로도 확인할 수 있지만, '사리事理'로 따지더라도 너무나 당연한 일이다. (대부분의 사람들은 이 '사리'가 기존의 3차원 공간, 그리고 이와 독립된 1차원 시간이 바탕을 둔 것임을 의식하지 못한다.) 그러므로 아인슈타인의 이론을 애써 믿고 따라 올라가다가도, 무의식 속에 이 '사리'가 등장하여 위협을 가하면 대부분의 사람들은 혼비백산해서 쫓겨 오고 만다.

우리가 앞에서도 논의했듯이 시간과 공간의 개념은 우리 사고가 이루어지는 '바탕 관념' 곧 '존재론'의 일부를 형성하고 있어서 이 관념에 부합하는 것을 우리는 '사리'라고 의식하는 것이다. 그러므로 이 '사리'를 더 적절한 '사리'로 대체해주지 않는 한, 우리는 이것의 영향에서 벗어날 수가 없다. 이러한 사고의 '바탕 관념'은 우리가 경험을 일반화하는 과정에서 자기도 모르게 형성되어 칸트Immanuel Kant가 말하는 이른바 '직관의 형식'이란 모습으로 우리의 사고를 지배하게 된다.

그런데 아인슈타인이 말하는 '광속불변'의 가정은 바로 이 직관에 크게 위배되는 것이다. 물론 아인슈타인의 이 가정을 받아들이면 이와는 다른 계산 방식이 나오고, 따라서 적어도 논리적으로는 자체 모순을 일으키지 않는다. 그러나 여전히 더 큰 '사리'에는 어긋나고 있어서 이를 별도로 해결해주지 않는 한 의구심은 지속적으로 남게 된다. 그런데 민코프스키의 4차원 해석은 기왕에 '3차원 공간과 이와 독립된 1차원 시간'이라는 직관이 우리 사고의 '바탕'에 깔려 있었는데 이를 '4차원 시공간'이라는 개념으로 대치하는 것이 더욱 적절하다는 사실을 '의식적으로' 확인토록 해 줌으로써 더 이상 정체모를 '사리'에 의한 시달림에서 풀려나게 해준다. 이것이 바로 존재론의 중요성을 말해주는 것이며, 혁명적 새 이론을 수용하기 위해서는 의식적인 존재론적 수정이 필요한 이유이다.

3.2 복소수 공간과 4차원 위치-시각 공간

특수상대성이론의 핵심은 위치 공간과 시각 공간이 합쳐서 4차원을 형성한다는 데에 있다. 그런데 여기에 커다란 장벽이 있다. 2차원(수평)과 독립적인 1차원(수직) 공간을 하나의 3차원 공간으로 엮어내는 데에는 사실 육안이라는 이점이 있다. 실제 3차원 공간은 눈에 보이고 몸으로 더듬을 수 있는 사물들을 담고 있다. 그러나 또 하나의 차원인 시간은 전혀 다른 종류의 경험과 관계되며, 특히 이 공간에 수직하게 또 하나의 축을 세워 서술할 그 어떤 단서도 잡을 수 없다. 그렇기에 뉴턴은 "절대적이며 진정한, 그리고 수학적인 시간은 그 자체 안에 그리고 그 자체로서, 그리고 그 자신의 성격에 의해, 그 밖에 있는 어떤 것에도 무관하게, 균일한 방식으로 흘러간다."고 했으며, 설혹 이를 실제로 입증하기는 어렵다 하더라도 누구나 쉽게 공감할 수 있는 것임이 분명하다.

그런데 대단히 흥미로운 사실은 이미 18세기말에서 19세기 전반에 걸친 가우스Carl Friedrich Gauss 시대부터 허수虛數 단위 $i(i^2 = -1)$가 알려졌고, 이것이 실수축에 대해 수직방향으로 또 하나의 축인 허수축을 구축하면서 가우스 평면이라는 2차원 복소수 공간이 이루어짐을 알게 되었다.[29] 그러나 이렇게 설정된 허수 i나 이렇게 만들어진 복소수 공간은 어떤 물리적 실재와도 연관지울 수 없었고, 따라서 이 새로운 축을 가상적인 축imaginary axis 곧 허수축이라 불렀다. 다시 말해 우리의 수학적 관념 안에는 이미 실수축에 수직인 또 하나의 차원이 마련되어 있었던 것이다. 이러한 허수 공간은 설혹 '허수'라 지칭되기는 하지만 실수 체계와 무관하게 동떨어진 것이 아니라 좀 더 큰 수학적 정합체인 '복소수' 공간을 이루고 있다.

그런데 놀랍게도 자연의 조화는 오직 수학적 기능만을 지녔다고 보이던 이 빈 공간을 상상의 세계로만 남겨두려 하지 않았다. 다시 말해 이런 좋은 공간을 비워두고 별도의 시간 축을 만들어 "그 자체로서, 그리고 그 자신의 성격에 의해, 그 밖에 있는 어떤 것에도 무관하게, 균일한 방식으로 흘러"가도록 내버려 두지 않았다. 우리가 위치 공간의 한 차원을 1차원 실수 공간에 대응시킨다면, 시각 공간은 이것의 허수 공간에 대응됨으로써 위치-시각 2차원 구조가 되도록 해놓은 것이다.[30] 실제로 위치 공간은 서로 수직인 3개의 실수축을 지닌 3차원 공간에 해당되므로 시각 공간은 이들 모두에 수직인 허수 공간을 차지함으로써 결과적으로 4차원 위치-시각 공간을 이루게 된다.

※ 2차원 이해하기

3차원 또는 4차원을 이해한다는 것은 그 안에 내포된 2차원을 이해하는 것에서 출발한다. 지금 4차원의 축을 각각 X, Y, Z, T 라고 놓는다면 이 안에는 X, Y 두 축으로 이루어진 X-Y 평면을 비롯하여 X-Z, Y-Z, T-X, T-Y, T-Z 등 모두 6개의 평면들이 있다. 이들은 모두 2차원 평면이라는 동일한 구조를 가진다. 이 가운데 편의상 X-Z 2차원 평면과 T-X 2차원 평면의 성격을 함께 비교해보자. 여기서 X축은 지표면 상의 한 방향을 나타내고 Z축은 수직 방향을 가리킨다. 그리고 T축은 시간을 나타내는 허수축으로서, 시간변수 t 와 $\tau=ict$(여기서 i는 앞에 소개한 허수이며, c는 시간변수 t를 공간변수 x, y, z 등과 단위를 일치시키기 위해 도입된 상수임)의 관계로 정의된 변수 τ가 지향하는 방향에 해당한다. 우선 X-Z 2차원 평면의 성격을 살피기 위해 이 2차원 공간에 걸린 두 사다리 사이의 '상대적 기울기'를 생각해보자.

〈그림 3-1〉 두 사다리의 상대적 기울기

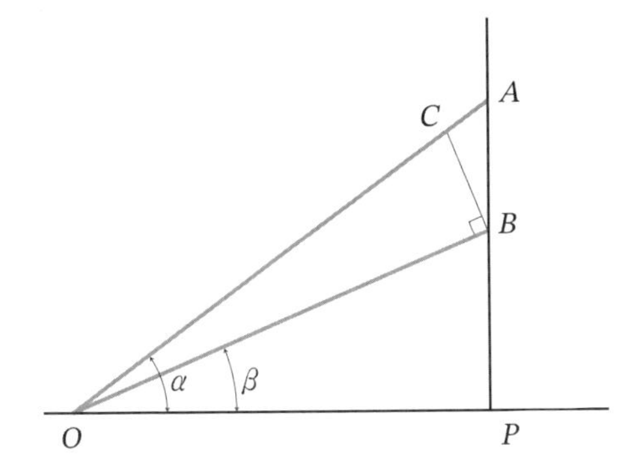

지금 〈그림3-1〉과 같이 원점 O에서 X-방향으로 거리 $<OP>$만큼 떨어진 곳 P에 수직 방향(Z-방향)으로 쌓인 단단한 벽이 있고, 이 벽에 사다리 A와 사다리 B가 원점 O를 기점으로 하여 각각 높이 $<AP>$와 높이 $<BP>$가 되는 위치 A와 위치 B에 걸쳐있다고 하자. 이때 사다리 A와 사다리 B의 기울기 D_A와 D_B는 각각

$$D_A = \frac{<AP>}{<OP>} = \tan\alpha, \quad D_B = \frac{<BP>}{<OP>} = \tan\beta \qquad (3\text{-}1)$$

로 표시된다. 이제 이들이 놓인 공간을 2차원으로 본다는 것은 사다리 B를 기준으로 본 사다리 A의 기울기도 생각할 수 있다는 의미이다. 즉 사다리 B가 놓인 경사진 평면과 현재 암묵적으로 기준으로 삼고 있는 지표면이 기준 평면으로서 서로 대등한 자격을 가진다는 것이다. 실제로는 중력의 효과 때문에 지표면이 기준 평면으로서 더 '유리한' 입장에 있지만 만일 무중력 상태라면 이 둘 사이에 아무런 차이가 없다. 그러므로 기울기라

는 것도 기준 평면을 무엇으로 삼느냐에 따라 달라지는 것이고, 따라서 항상 무엇을 기준으로 한 기울기인지 명시할 필요가 있다.

이제 우리가 관심을 가지는 물음은 두 사다리 A, B의 지면에 대한 기울기가 (3-1)식으로 주어져 있다고 할 때, 사다리 B가 놓인 평면을 기준으로 한 사다리 A의 기울기 D_A'은 얼마냐 하는 것이다. 〈그림3-1〉에서 보는 바와 같이, 그 해답은 다음과 같이 표시된다.[31]

$$D_A' = \frac{< CB >}{< OB >} = \tan(\alpha - \beta) = \frac{\tan\alpha - \tan\beta}{1 + \tan\alpha\tan\beta} = \frac{D_A - D_B}{1 + D_A D_B} \quad (3\text{-}2)$$

이는 곧 지평면에 대한 사다리 A와 사다리 B의 기울기 D_A와 D_B를 알면, 사다리 B를 기준으로 본 사다리 A의 상대적 기울기 D_A'는 이들의 값으로 쉽게 표현된다는 것을 말해준다.

※ 상대속도로 본 2차원 T-X 공간의 의미

이번에는 같은 방법으로 T-X 평면이 지닌 성격을 생각해보자. 형식상으로는 〈그림3-1〉에 표시한 X-Z 평면상의 도식과 똑같은 관계가 성립하므로 두 개의 선분 OA, OB의 밑변에 대한 기울기를 각각 D_A와 D_B라 할 때 선분 OB를 기준으로 본 선분 OA의 상대적 기울기 D_A'는 (3-2)식에서 표시된 바와 같이

$$D_A' = \frac{D_A - D_B}{1 + D_A D_B} \quad (3\text{-}3)$$

의 형식으로 표시된다. 그런데 물리적으로는 수평축 T가 시간축에 해당하고 수직축 X가 공간축에 해당하므로 선분 OA와 OB는 벽에 걸린 사다리가

아니라 수평축 T를 기준으로 각각 서로 다른 속도로 움직이는 물체의 운동을 나타낸다. 즉 물체 A는 시간이 <*OP*>만큼 흐르는 동안 X-방향으로 거리 <*AP*>만큼 움직였고 물체 B는 같은 시간 동안 같은 방향으로 거리 <*BP*>만큼 움직였음을 의미한다. 따라서 이들의 기울기 D_A와 D_B는 각각 수평축 T를 기준으로 한 이들의 속도를 나타내고 있다. 한편 선분 OB를 기준으로 한 선분 OA의 상대적 기울기 $D_A{}'$는 속도 D_B로 움직이는 물체 B를 기준으로 한 물체 A의 상대속도를 나타낸다고 말할 수 있다.

그러나 이 도식은 시간을 변수 $\tau=ict$로 나타낸 공간에서의 관계이므로 위에서 속도를 '나타낸다'고 말한 D_A, D_B, $D_A{}'$ 등은 모두 $\dfrac{dx}{d\tau}$에 해당하는 값들이다. 실제 우리가 관측하는 속도는 시간 변수 t를 바탕으로 정의된 $v=\dfrac{dx}{dt}$에 해당하므로 위에 언급한 D_A, D_B, $D_A{}'$ 등은 다음과 같은 방식으로 실제 속도 v_A, v_B, $v_A{}'$로 고쳐 써야 한다. 즉

$$\frac{dx}{d\tau}=\frac{dx}{d(ict)}=\frac{dx}{dt}/ic=v/ic \tag{3-4}$$

의 관계가 있으므로 이들은 다음과 같이 표현된다.

$$D_A=v_A/ic,\ \ D_B=v_B/ic,\ \ D_A{}'=v_A{}'/ic \tag{3-5}$$

이제 이러한 표현들을 (3-3)식에 대입하면 실제 속도들 사이에 성립하는 다음과 같은 관계식을 얻는다.

$$v_A{}'=\frac{v_A-v_B}{1-\dfrac{v_Av_B}{c^2}} \tag{3-6}$$

이 식은 시간 공간에 대한 고전적 존재론에서 $\tau(=ict)$로 정의된 시간

변수가 공간 변수들과 대등한 자격을 가진다는 4차원 존재론으로 바뀌면서 직접적으로 얻어지는 결과인데, 그 함축하는 내용이 아주 경이롭다. 여기서는 각각 속도 v_A 와 속도 v_B로 움직이는 두 물체 A와 B사이의 상대속도 v_A'가 이 두 물체의 속도 v_A와 v_B뿐 아니라 속도 단위를 지닌 상수 c에도 의존함을 보여준다. 이제 그 내용을 음미하기 위해 몇 가지 특별한 경우를 생각해보자.

우선 이 식에서 속도 v_A의 값이 만일 c이면 v_A'의 값은 v_B의 값에 무관하게 항상 c가 된다. 예를 들어 관측자 B가 속도 c의 99.99%로 달리면서 앞서 속도 c로 달리는 대상 A를 보더라도 이 대상 A는 여전히 속도 c로 달리는 것으로 관측된다는 것이다. 이는 바로 아인슈타인이 빛의 속도에 대해 가정했던 것인데, 우리는 특별히 광속에 대한 어떤 가정을 하지 않고 오직 4차원 시간 변수가 $\tau(\equiv ict)$ 형태를 가진다는 전제에서 이러한 성격의 상수 c를 얻은 것이다. 뒤에 다시 보겠지만 빛을 비롯해 정지질량이 0인 대상은 무조건 c라는 속도로 움직일 수밖에 없게 되어있다. 따라서 우리는 새로운 존재론을 통해 아인슈타인의 이 엄청난 가정을 도출해낸 셈이다.

그리고 예컨대 $v_A = 0.9c$ 이고 $v_B = -0.9c$ 라면 $v_A' = (1.8/1.81)c \approx 0.9945c$라는 결과를 얻게 된다. 이는 대상 A가 속도 c의 90%로 달리고 관측자 B는 반대 방향으로 속도 c의 90%로 달리면서 A의 속도를 관측해 본 것인데, 고전적 예상과는 달리 A는 c의 99.45%의 속도, 곧 여전히 c보다 느리게 달리는 것으로 관측된다는 결과이다. 마지막으로 속도 v_A와 속도 v_B가 c에 비해 매우 작은 값들이라고 생각해보자. 그러면 (3-6)식의 분모는 1에 매우 가까우므로 그 식은

$$v_A{}' = v_A - v_B$$

가 되어, 우리가 일상적으로 경험하고 있는 상식과 일치하게 된다. [고전적 존재론에서 이 표현이 어떻게 도출되는지에 대해 뒤에 다시 논의한다. (3-7)식 참조]

그렇다면 이 c의 값은 얼마인가? 결론적으로 말하면 빛의 속도가 지닌 값과 같다. 하지만 위에서 보았듯이 상수 c의 도입 과정이나 (3-4)식을 도출하는 과정에서 빛과 관련된 어떤 성질이나 가정을 도입한 일이 없다. 그래서 우리는 위에서 도입한 상수 c의 본질적 의미를 좀 더 깊이 생각해볼 필요가 있다. 이미 언급했듯이 그 의미는 ict로 정의된 τ가 공간변수 x, y, z와 대등한 성격을 가진다는 데서 찾아야 한다. 그런데 여기서 i는 제곱하여 -1이 되는 복소수 단위일 뿐 물리적 크기를 말해주는 양이 아니므로 ct의 단위량이 x, y, z의 단위량과 같아야 함을 말한다. 다시 말해서 거리의 단위량을 $[x]$, 시간의 단위량을 $[t]$라 하면 이는 곧 $c[t] = [x]$를 만족해야 한다. 따라서 c는 $[x][t]^{-1}$에 해당하는데, 우리는 시간 단위 $[t]$가 거리 단위 $[x]$로 얼마에 해당하는지 고려하지 않고 각각의 단위를 임의로 정한 것이므로, 거꾸로 어떤 c의 값을 넣을 때, 위의 (3-4)식이 현실에 가장 잘 부합되는지 관찰해서 c의 값을 결정할 수 있다. 실제로 c의 값으로 우리가 별도의 측정을 통해 이미 알고 있는 빛의 속도를 넣으면 이 식이 현실에 가장 잘 부합함을 알 수 있고, 따라서 우리는 이 상수 c를 빛의 속도라 부른다. 한편 앞에서 말했듯이 이러한 4차원 존재론을 바탕으로 물리학 이론을 정식화할 경우 빛이라고 하는 존재물은 그 속도가 여기서 도입된 상수 c값을 가져야 한다는 사실이 이론적으로 도출되는데 [제5장

(5-26)식], 이는 c의 값을 빛의 속도라고 본 존재론적 가정이 정당함을 말해준다.

※ 아인슈타인의 두 기본 명제들

이미 앞에서 지적했듯이 아인슈타인은 명시적으로 4차원 개념을 파악하고 이론을 전개한 것이 아니라 사실상 그 반대의 과정을 밟아 여기에 이르렀다. 그는 1905년 논문에서 다음과 같은 두 가지 기본 명제들 postulates을 제시하고, 이를 통해 시간과 공간의 성질을 거꾸로 추적해 낸 것이다.

그가 제시한 첫째 명제는 이른바 '상대성 원리'로서 "모든 자연법칙은 관측자의 속도에 무관하게 일정하다."는 것이고, 둘째 명제가 바로 '광속일정의 원리'로서 "빛의 속도는 관측자의 속도에 무관하게 항상 일정하다."는 것이다. 그는 여기서 시간과 공간의 차원에 대한 어떤 명시적 주장도 내놓지 않았다. 단지 기존의 관념에서 벗어나야 하겠기에, 시간과 공간이란 시계와 자를 통해 측정되는 그 무엇 이상도 이하도 아니라고 하는 일종의 조작적 정의만을 제시하고 있다. 즉 그는 기존의 '바탕 관념'을 대안적 '바탕 관념'으로 바꾼 것이 아니라 오히려 '바탕 관념' 자체를 무시하고 이를 관측 가능한 물리량들로 대체했던 것이다.

이러한 그의 접근법에는 몇 가지 약점이 있다. 현실적으로 우리의 사고는 '바탕 관념'을 토대로 하여 이루어지는 것임에도 불구하고, 이를 도외시하고 순수한 논리적 공리체계에 바탕을 둔 가설-연역적 사고에만 의존해 진행함으로써 우리 직관과의 연결 채널을 차단하게 되고, 이에 따라 감성에는 전혀 와서 닿지 않는 논리의 틀에만 갇히게 한다는 점이다. 그리고 더욱 중요한 점으로는 실제로 우리 안에 작동하는 기존 '바탕 관념'을 명시적으로 해체하지 않았기에, 이것이 무의식적으로 떠올라 "사리에 맞지 않다"고 계속 내적인 경고음을 울리게 된다는 것이다.

예를 들어 우리가 앞에서 생각한 두 자동차의 상대속도를 생각할 경우, 만일 시간을 공간의 한 축으로 보지 않고 관측 기준 선택에 무관한 것으로 본다면, 시간 t 동안 자동차 A는 거리 x_A를 진행했고 자동차 B는 거리 x_B를 진행했다고 할 때, 자동차 A는 자동차 B로부터 거리 $x_A - x_B$만큼 멀어졌으므로 이것이 멀어지는 속도 v_A'은 자연스럽게

$$v_A' = \frac{x_A - x_B}{t} = v_A - v_B \tag{3-7}$$

가 된다. 우리가 이 결과를 얻는데 사용한 유일한 조건은 "시간을 공간의 한 축으로 보지 않고 관측 기준 선택에 무관한 것으로 본" 것인데, 시간-공간의 4차원 구조를 명시적으로 의식하지 않는 사람에게 이는 너무도 당연한 것이므로, (3-7)식의 결과는 특정 전제 아래 나오는 것이 아니라 하나의 보편적 '사리'라 여겨질 수밖에 없다. 만일 상대성이론을 이해하기 위해 이러한 '사고'를 버리라고 한다면, 어떤 사고는 버리고 어떤 사고는 버리지 말아야 할지 그 기준을 제시하라는 요구가 나올 것이다. 그렇기에 '광속일정의 원리'는 명백히 (3-7)식에 어긋나는 것이고, 아무리 그것이 기본 공리라 주장하더라도 수용하는 사람의 입장에서 보면 사리에 어긋나는 공리라 느끼지 않을 수 없다.

이에 반해 앞에서 제시했듯이 '4차원 시공간'을 바탕 관념으로 일단

설정하고 나면, 그 안에 이미 아인슈타인이 제시한 두 가지 기본명제가 함축되어 있음을 쉽게 볼 수 있다. '광속일정의 원리'가 여기서 도출된다는 사실은 위에서 이미 확인했으므로, 첫째 명제인 '상대성 원리'가 시공간의 4차원 구조와 어떻게 관련되는지만 보이면 된다. 앞서 논의했듯이 4차원을 이룬다는 말에는 시간과 공간으로 이루어지는 평면, 곧 x-τ 평면에서 모든 방향이 대등하다는 뜻이 담겨있다. 이미 설명했지만 '대등하다'는 것은 이 평면상의 어느 방향을 기준 축으로 설정하여 관측하더라도 자연법칙은 같다는 뜻이다. 그런데 x-τ 평면에서 서로 다른 기준 축이란 서로 다른 속도를 지닌 관측 계에 해당한다. 따라서 4차원 시공간을 이룬다는 말에는 "모든 자연법칙은 관측자의 속도에 무관하게 일정하다."라는 내용이 이미 담겨있는 셈이다.

그렇기에 우리는 아인슈타인의 두 가지 기본명제 대신 '4차원 시공간'이라는 하나의 존재론적 설정만으로 충분하며, 이것이 훨씬 더 단순하면서도 포괄적일 뿐 아니라 우주의 바탕 구도가 얼마나 조화롭게 짜여있는가를 더 잘 들여다보게 한다.

3.3 4차원 운동량과 에너지의 정의

※ 시간 간격의 상대성과 고유시간

이제 남은 문제는 시간과 공간의 이러한 4차원적 성격을 활용해 모든 자연법칙들을 4차원적 성격에 맞는 형태로 재설정하는 일이다. 이는 곧

4차원의 모든 방향에서 대등한 형태를 취하도록 만드는 작업을 말하며, 아인슈타인의 표현을 따르자면 '상대성원리'를 따르게 하는 작업에 해당한다. 이를 위해 중요한 하나의 선결과제는 이미 4차원의 한 성분이 된 시간변수를 어떻게 다룰 것이냐 하는 점이다.

이를 위해 먼저 4차원 좌표변환에 따라 시간의 간격이 어떻게 달라지는가를 살펴보자. 〈그림 3-2〉에서 보인 것과 같이 두 개의 사건 O와 P가 시공간 좌표 O점과 P점에서 각각 발생했다고 하자. 이제 이 두 사건을 시간 축 T, 공간 축 X를 가진 하나의 지정된 좌표계를 기준으로 보면 사건 O가 원점에서 발생했고 사건 P는 시간 τ가 지난 후 위치 x에서 발생한 것이다. (P의 시각좌표는 τ이고 O의 시각좌표는 0이므로 P와 O의 시간간격 $\Delta\tau$는 τ와 같다. 즉 $\Delta\tau = \tau - 0 = \tau$이다. 공간의 간격, 곧 거리도 마찬가지로 $\Delta x = x - 0 = x$가 된다.) 그러나 이를 또 하나의 좌표계 즉 O와 P를 연결하는 축을 시간 축으로 삼는 좌표계에서 보면, 사건 O는 원점에서 발생했고 사건 P는 제 자리에서 시간만 τ_0만큼 지난 후 발생한 것이 된다.

이는 예컨대 속도 $\tan\alpha$로 움직이는 자동차의 운전자가 출발 시점에 신호 O를 보내고, 다시 자기 시계로 τ_0만큼 시간이 흐른 후 신호 P를 보낸 상황에 해당한다. 이를 지상에 있는 관측자가 볼 때는 원점에서 신호 O를 보내고, 다시 지상의 시계로 τ만큼 시간이 흐른 후 위치 x에서 다시 신호 P를 보낸 것으로 관측된다. (여기서 물론 위치 x에서 관측자에게까지 신호가 전달되는 데에 시간이 걸린다는 점은 별도로 감안해야 한다.)

이제 우리의 관심사는 위치의 변화가 없이 제자리에서 발생한 두 사건 사이의 시간간격 τ_0와 이를 상대적으로 움직이는 관측 계에서 본 시간간격

〈그림 3-2〉 두 사건 사이의 시간 간격

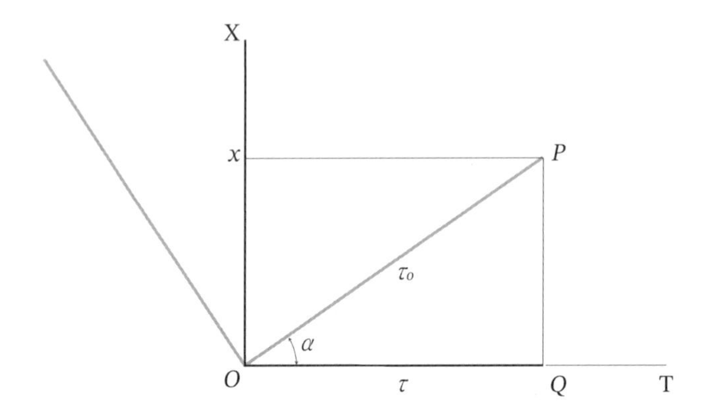

τ 사이의 관계이다. 이를 산출하기 위해 〈그림 3-2〉 안의 직각삼각형 OPQ에 피타고라스의 정리를 적용하면

$$\tau_0^2 = \tau^2 + \tau^2 \tan^2\alpha = \tau^2(1 + \tan^2\alpha)$$

의 관계가 성립한다. 한편 $\tan^2\alpha = (x/\tau)^2 = (x/ict)^2 = -v^2/c^2$이므로

$$\tau_0 = \tau\sqrt{1 - \frac{v^2}{c^2}} = \frac{\tau}{\gamma} \tag{3-8}$$

이 된다. 여기서 γ는 자주 사용되는 표현으로

$$\gamma \equiv \frac{1}{\sqrt{1 - \frac{v^2}{c^2}}} \tag{3-9}$$

로 정의된 값이다. 그리고 $\tau_0 = ict_0$, $\tau = ict$이므로 (3-8)식은

$$t_0 = \frac{t}{\gamma} \tag{3-10}$$

으로 바꿔 쓸 수 있다. 여기서 t_0는 속도 v로 움직이는 대상 자체가 경험하는 시간 곧 자기가 차고 있는 시계가 나타내는 시간으로, 정의상 관측 좌표계에 무관한 스칼라 양이 되며, 이를 이 대상의 '고유시간'이라 한다. 속도 v가 0이 아닌 한 γ의 값은 늘 1보다 크므로 고유시간은 우리가 지정한 좌표계 – 대상이 속도 v로 움직인다 함도 이 좌표계를 기준으로 하는 것임 – 에 놓인 시계로 관측한 시간보다 항상 짧다. 즉 관측자에 대해 움직이는 대상 위에서 발생하는 사건들 사이의 시간간격 t는 그에 해당하는 고유시간 t_0보다 항상 더 긴 것으로 관측된다. 이는 어느 관측자가 보느냐에 따라 현상들이 더 천천히 혹은 더 빨리 발생하는 것으로 관측된다는 뜻인데, 이것은 관측이 지닌 불가피한 한계 때문이 아니라 시간과 공간의 4차원적 성격 때문이라는 점을 분명히 이해해야 한다. 시간 자체가 4차원의 한 축에 투영된 값이므로 그 축의 방향이 어디로 향하느냐에 따라 그 투영된 값이 달라지는 이치이다. 예를 들어, 막대를 공간에 세우고 이것의 위치를 나타낼 좌표축의 방향을 바꿀 때 막대 길이의 x성분 값이 달라지는 이치와 같다.

※ 4차원 속도와 4차원 운동량

시간-공간이 4차원이라고 하는 것은 이 안에 놓인 모든 존재물들의 상태와 상태변화의 법칙들이 4차원 물리량 곧 4차원 벡터 형태로 표현되어야 함을 의미한다. 그리고 이러한 4차원 물리량들은 기본적으로 4차원 위치-시각 벡터

$$\boldsymbol{x} = (x, y, z, \tau) = (x, y, z, ict) \equiv (\vec{r}, ict) \tag{3-11}$$

를 바탕으로 정의된다. 여기서 $\boldsymbol{x}$와 $\vec{r}$은 각각 4차원 위치-시각 벡터와 3차원 위치 벡터를 나타낸다.

이제 우리는 이 위치-시각 벡터의 시간적 변화율에 해당하는 4차원 속도 벡터를 정의할 필요가 있다. 그런데 여기에 약간의 주의가 필요하다. (3-11)식에 제시한 4차원 위치 벡터는 그 자체가 이미 벡터 형태를 지니고 있어서 이것의 시간적 변화율인 속도 또한 4차원 벡터가 되기 위해서는 (벡터의 한 성분인 시간 t로 미분할 것이 아니라) 한 스칼라 양으로서의 시간으로 미분해야 한다. 그런데 위에서 살펴보았듯이 시간 변수를 좌표계 설정에 의존하는 시간 t와 좌표계에 무관하게 대상 자체가 스스로를 기준으로 관측하는 고유시간 t_0로 구분할 수 있으며, 이 고유시간이 바로 스칼라로서의 시간 구실을 한다. 그리고 이들 사이에는 (3-10)식으로 주어진 관계가 있으므로 미분 기호 $\frac{d}{dt_0}$는 바로 $\gamma\frac{d}{dt}$와 같은 의미를 지닌다. (여기서 γ는 (3-9)식으로 주어진 양이다.)

이 점을 고려하여 우리는 4차원 속도 벡터 $\boldsymbol{v}$를 다음과 같이 정의 한다.

$$\boldsymbol{v} = \frac{d}{dt_0}\boldsymbol{x} = \gamma\frac{d}{dt}(\vec{r}, ict) \equiv \gamma(\vec{v}, ic) \tag{3-12}$$

이렇게 할 때, 흥미롭게도 이 성분들 사이에는 다음과 같은 항등식이 성립한다.

$$\sum_{\mu} v_{\mu}^2 = \gamma^2(v^2 - c^2) = \frac{(v^2 - c^2)}{1 - \frac{v^2}{c^2}} = -c^2 \tag{3-13}$$

여기서 우리는 m이라는 질량을 지닌 구체적 대상과 관련하여 또 하나의 4차원 벡터인 운동량 벡터

$$\boldsymbol{p} = (\vec{p}, i\frac{E}{c}) \tag{3-14}$$

를 도입하고, 이를 다음과 같은 관계가 만족되는 것으로 정의한다.

$$\sum_{\mu} p_{\mu}^2 = m^2 \sum_{\mu} v_{\mu}^2 \tag{3-15}$$

이렇게 할 경우 (3-13)식에 의해

$$\sum_{\mu} p_{\mu}^2 = p^2 - E^2/c^2 = -m^2c^2$$

의 관계가 성립하며, 따라서 $m \neq 0$의 경우, 운동량 벡터와 속도 벡터를 다음과 같이 연결할 수 있다.

$$\boldsymbol{p} = m\boldsymbol{v} = \gamma m \frac{d}{dt}(\vec{r}, ict) \equiv (m_r\vec{v}, im_r c) \tag{3-16}$$

여기서

$$m_r \equiv \gamma m = \frac{m}{\sqrt{1 - v^2/c^2}} \tag{3-17}$$

로 정의된 m_r은 '상대론적 질량'이라 부르며, 대상 물체가 정지했을 때 지닌 질량을 의미하는 m을 '정지질량'이라 구분해 부르기도 한다.

대상의 상대론적 질량을 이렇게 정의하고 (3-14)식과 (3-16)식을 비교하면, 정지질량이 0이 아닌 경우 다음과 같은 결과를 얻는다.

$$\vec{p} = \gamma m\vec{v} = m_r\vec{v} \tag{3-18}$$

$$E = m_r c^2 \tag{3-19}$$

여기서 $\vec{p}$는 3차원 운동량인데, 고전역학에서의 운동량과 견주면 질량만 정지질량 대신 상대론적 질량으로 바뀐 형태이다. 한편 운동량을 정의한 (3-14)식과 (3-15)식에서 보는 바와 같이 E는 에너지라 불리는 양으로 4차원 운동량의 4번째 성분에 해당한다. 이렇게 도입된 물리량 E는 실제로 고전역학에서 말하는 에너지와 동일한 성격을 가진다. 다만 이미 우리가 보아온 바(2.3절 참조)와 같이 고전역학에서는 이를 독자적인 물리량으로서가 아니라 "외력에 의해 받은 일의 양" 또는 "외부에 일을 해줄 능력"이라고 하는 일종의 종속 개념으로 취급되어 왔다. 그러나 상대성이론을 통한 4차원 존재론이 정착되면서 시간이 4차원 위치 벡터의 넷째 성분이 되듯이, 에너지는 4차원 운동량 벡터의 넷째 성분으로 자리 잡은 것이다.

※ 고전적 근사와 에너지 표현

특히 흥미로운 점은 (3-15)식이 말해주고 있듯이 3차원 운동량의 크기 p와 에너지의 크기 E는 서로 독립적인 것이 아니고 4차원 구조를 통해 서로 엮여있다는 사실이다. 이것을 이제 에너지 E에 대해 풀어보면

$$E = mc^2\sqrt{1 + \frac{p^2}{m^2c^2}} \tag{3-20}$$

이 된다. 한편 대상 입자의 속도가 광속도 c에 비해 충분히 작을 때에는 $p^2 \equiv \gamma^2 m^2 v^2 \ll m^2c^2$의 관계가 성립하므로 위의 에너지 표현은 다음과 같이 근사된다.

$$E \approx mc^2 + \frac{p^2}{2m} \tag{3-21}$$

일반적으로 대상입자는 주변의 영향에 의해 힘을 받게 되는데 이 효과는 정지질량의 위치 의존성으로 나타낼 수 있다.[32] 이것은 대상 입자를 둘러싼 주변의 영향을 실효질량effective mass 형태로 흡수한 것이라고 해석된다. 어떤 대상이 퍼텐셜 에너지 $V(x)$에 의한 힘을 받고 있을 때, 위치에 의존하는 대상의 실효질량 $m(x)$의 에너지는 다음과 같이 표현된다.

$$m(x)c^2 = mc^2 + V(x) \tag{3-22}$$

여기서 m은 대상이 아무 힘도 받지 않을 경우에 해당하는 질량이다. 실제로 mc^2에 해당하는 에너지는 운동에 무관하며, 에너지 E의 기준치는 편의에 따라 임의로 설정할 수 있으므로, 에너지 E의 기준을 mc^2으로 잡으면 (즉 $mc^2 \equiv 0$) (3-21)식은 좋은 근사로 다음과 같이 표현된다.

$$E \approx \frac{p^2}{2m} + V(x) \tag{3-23}$$

이 식은 우리가 고전역학에서 얻은 역학적 에너지 (2-22)식의 표현과 일치한다.

※ 대상의 특성과 상태의 4차원적 확장

이제 지금까지의 논의를 대상의 특성과 상태라는 입장에서 정리해보자. 우리는 고전역학에서 단일 입자로 구성된 대상의 특성을 그것의 질량과 받고 있는 힘, 특히 보존력을 받고 있는 경우 공간의 퍼텐셜 에너지로 규정했다. 그런데 이제 대상의 질량 m을 (3-22)식에 주어진 방식으로 일반화하여

$$m(x) = m_0 + \frac{V(x)}{c^2} \tag{3-24}$$

로 놓는다면, 이 질량 안에는 이미 이것이 받고 있는 힘보존력의 내용이 포함된다. 따라서 보존력을 받고 있는 대상의 경우, 이것의 특성은 (3-24)식으로 정의된 질량 $m(x)$만으로 나타낼 수 있다.

다음에 고전역학에서는 시각 t에서 대상이 가지게 될 상태를 그것의 위치와 운동량으로 규정하고 있는데, 이제 상대성이론에서는 이들이 모두 4차원 벡터를 구성하므로 이들을 (3-11)식과 (3-14)식에 주어진 대로 다음과 같은 두 개의 벡터로 나타낼 수 있다.

$$\boldsymbol{x} = (\vec{r}, ict) \tag{3-25}$$

$$\boldsymbol{p} = (\vec{p}, iE/c) \tag{3-26}$$

여기서 4차원 운동량 벡터는 대상의 특성 $m = m(x)$과 관련하여 다음의 관계를 만족하도록 정의된 양이다.

$$\sum_{\mu} p_{\mu}^2 = p^2 - \frac{E^2}{c^2} = -m^2c^2 \tag{3-27}$$

제4장 양자역학의 출현과 존재론적 기초

How to Understand Quantum Mechanics

Ontological Revolution brought by Quantum Mechanics

4.1 양자역학의 발단

양자역학이라는 큰 물줄기를 이끌어낸 최초의 단서는 20세기로 막 진입하던 1900년 가을, 독일의 물리학자 플랑크Max Planck가 흑체black body, 빛을 쪼이면 모두 흡수해서 완전히 검게 보이는 물체에서 방출되는 빛의 세기가 파장별로 어떻게 분포되고 있는가를 설명하려던 데서 나왔다. 이 문제는 당시의 전자기학 이론과 통계역학을 통해 마땅히 설명이 되어야 할 것이었지만, 웬일인지 이론적 예측치가 관측된 분포 곡선에서 크게 벗어나 있었다. 플랑크는 이를 설명하기 위해 여러 가지로 고심하다가, 결국 전혀 이유를 알 수 없는 특별한 가정을 하나 삽입했다. 즉 빛이 방출될 때에는 그 빛의 진동수 f에 어떤 보편상수 h를 곱한 값 hf의 정수正數 배에 해당하는 에너지만을 가지고 나온다는 가정이었다.[33] 그랬더니 이론적으로 산출된 분포 곡선이 관측된 분포 곡선과 정확히 일치했다. 플랑크는 이 놀라운 결과를 발표하기는 했으나, 그 가정 자체가 너무도 터무니없었기에 자기 자신 이 이론에 만족할 수가 없었다. 알려진 바에 따르면, 그는 이후 10년에 걸쳐 자기 이론이 분명히 잘못되었을 텐데 어디가 어떻게 잘못되었는지를 찾고자 애쓰다가 결국 포기했다고 한다.

플랑크의 발표이후 5년이 지난 1905년, 바로 그 기적의 해에 아인슈타인은 빛이 물질에 부딪쳐 흡수되는 과정도 바로 이러한 에너지를 단위로 해서만 일어난다는 사실을 밝혔다. 이것은 광전효과光電效果라는 현상을 설명하는 과정에서 나왔는데, 빛이 금속 표면에서 흡수될 때 금속 내부에 있던 전자들이 빛의 에너지를 받아 표면 밖으로 방출되는 현상이다. 그런데 이 현상에서 특이한 것은 빛의 세기를 아무리 늘여도 그 빛의 진동수 f가 일정한 값 이상이 되지 않으면 전자가 전혀 방출되지 않는다는 점이다. 금속 내부에 있던 전자가 금속 표면 밖으로 방출되기 위해서는 일정량 E_0 이상의 에너지가 요구되는데, 진동수 f 의 빛이 전달할 수 있는 에너지가 hf 라면 최소한 $hf \geq E_0$의 관계를 만족해야 되기 때문이다. 이는 곧 빛이 물질에서 방출될 때 뿐 아니라 물질에 흡수될 때에도 이처럼 특정한 에너지 덩어리 hf 만을 주고받는 것으로 해석되며, 이러한 행위는 파동이 아닌 입자의 행위로 보여, 이때부터 입자로서의 빛 곧 광자photon라는 말이 나왔다.

흥미로운 것은 아인슈타인의 이 이론을 본 플랑크의 반응이다. 누가 보더라도 이것은 플랑크의 가설에 신빙성을 더해주는 중요한 진전이기에 이를 보고 누구보다도 기뻐해야 할 사람이 플랑크 자신이겠지만, 그리고 그는 아인슈타인의 상대성이론을 누구보다도 일찍 인정한 사람이지만, 오히려 아인슈타인의 이 이론이 잘 못된 방향으로 나간 것이라고 비판했다. 플랑크가 보기에 자기 가설은 좀 더 완전한 이론에 의해 해소되어야 할 것임에도 아인슈타인이 오히려 이것을 강화시키는 방향으로 나갔다는 것이다. 이러한 사실은 양자가설의 대두가 초기 학자들에게 어떠한 오해와 혼란을 불러 일으켰는지를 알게 해준다.

이러한 오해와 혼란은 제일 먼저 빛의 정체가 과연 무엇이냐 하는 논란에서 시작되었다. 빛은 이미 일정한 파장을 지니는 파동임이 오래 전부터 알려져 있었는데, 다시 특정한 에너지만을 주고받는 입자라고 볼 소지도 생겼으므로, 그렇다면 빛은 과연 무엇이라고 보아야 옳으냐 하는 문제였다.

본래 이 문제는 오랜 역사적 기원을 가진다. 17세기에 이미 뉴턴은 빛을 입자로 보면서 당시 파동설을 지지했던 하위헌스Christiaan Huygens 등의 이론을 압도했는데, 19세기 초 다시 영Thomas Young이 빛의 간섭효과를 명백히 제시함으로써 파동설이 힘을 얻게 되었다, 그리고 19세기 후반에는 맥스웰James Clerk Maxwell의 전자기파 이론에 의해 빛이 전자기파의 일종임이 명확해짐으로써, 빛의 파동설은 움직일 수 없는 사실로 자리 잡고 있었다.

그런데 뜻하지 않게 아인슈타인 등에 의해 빛의 입자설이 되살아나게 된 것이다. 이러한 상황이 대두되자 빛은 입자만도 아니고 파동만도 아닌 이 두 가지 성격을 동시에 가진다고 하는 이른바 "빛의 이중성duality" 이야기가 널리 퍼지게 되었고, 이로 인해 빛이라고 하는 것은 단순히 규정할 수 없는 무척 신비로운 특별한 존재로 여기게 되었다.

여기서 당시의 사람들, 그리고 이후 역사가들이 별로 주목하지 않은 또 한 가지 사실이 있었다. 아인슈타인이 1907년에 저온에서의 고체 비열을 설명하면서 또 한 번 플랑크 상수를 활용했다는 사실이다. 대부분의 온도에서 고체의 비열은 이른바 뒬롱-쁘띠Dulong-Petit의 법칙이라 하여 거의 일정한 값 24.9 J/k-mol을 가지게 되며, 이는 고전역학을 바탕에 둔 통계역학적 방식으로 잘 설명이 되었다. 그러나 온도가 저온 영역으로 내려가면 이 비열의 값이 0으로 접근하게 되는데 이 부분을 설명할 수 없었다. 이 문제에 대해 아인슈타인은 물질의 구성 원자들이 특정의 진동수 f로 진동한다고 보고 이 진동 모드 각각에 에너지 hf가 배당된다고 가정함으로써 좋은 근사 범위 내에서 설명할 수 있었다.[34] 그런데 이것이 의미하는 바는 그 에너지의 값을 hf의 정수배로 가지게 되는 대상이 빛뿐만이 아니라 다른 대상, 이 경우에는 특히 원자의 진동 에너지에도 해당됨을 말해준다는 점이다. 그러나 이 사실은 당시에 별로 주목을 받지 못했고 빛의 이중성에만 관심이 모아졌다.

그러다가 얼마 지나지 않아 플랑크 상수의 출현은 또 다른 영역으로까지 뻗어나갔다. 1913년 보어Niels Bohr는 수소 원자의 모형 이론을 만들면서, 플랑크-아인슈타인의 광자 에너지 가정과 함께 전자電子의 각운동량角運動量 또한 플랑크 상수와 관련된 일정량의 정수 배만 가진다는 주장을 했다.[35] 즉 그는 전자의 각운동량이 $h/2\pi$로 정의된 디랙-플랑크 상수 $\hbar$의 정수배만 가진다는 가정을 함으로써, 수소 원자에서 방출되고 흡수되는 빛의 스펙트럼파장 분포을 성공적으로 설명해내었다. 여기서 한 가지 주목할 점은 이 플랑크 상수가 빛의 성질에만 관련되는 것이 아니라 전자의 성질에도 관계를 맺고 있으며, 또한 에너지 뿐 아니라 일종의 운동량과도 어떤 형태의 관련을 맺고 있다는 사실이다.

그리고는 얼마 후 또 하나의 정말 놀라운 주장이 제기 되었다. 입자성과 파동성을 동시에 지닌다고 하는 이러한 '이중성'은 빛에만 적용되는 것이 아니라 그동안 당연히 입자라고 여겨지던 전자나 양성자 등에도 적용된다는 주장이다. 그러니까 이번에는 이러한 입자들이 파동의 성질을 가진다는 것이다. 이것을 처음 말한 사람이 1924년 경 파리 대학교에서 박사학위 논문을 쓰던 드브로이였다. 그의 주장에 따르면, 입자에 어떤 파동이 부여되는데, 이 파동의 파장 λ는 바로 플랑크 상수 h를 입자의 운동량 p로 나눈 값, 곧 h/p에 해당하게 된다. 이 엄청난 주장을 그냥 받아들이기 부담스러웠던 파리 대학 교수들은 묘안을 하나 짜냈다. 드브로이의 이 논문을 아인슈타인에게 보내 그의 의견을 묻자는 것이었다. 이를 받아본 아인슈타인은 역시 대가답게 "그는 거대한 장막의 한쪽 귀퉁이를 들어 올렸습니다."라는 무척 고무적인 평가를 해주었다.

여기까지의 내용을 정리해보면, 시간-공간상에서 진행하는 평면파 $e^{i(kx-\omega t)}$를 기준으로 할 때, 공간진동수 k와 시간진동수 ω는 각각 운동량 p, 그리고 에너지 E와 다음과 같은 관계를 맺는 보편적 성격을 지닌다는 사실이다.

$$p = \hbar k,\ \ E = \hbar\omega \tag{4-1}$$

여기서 $\hbar$는 앞에 언급한 디랙-플랑크 상수($\hbar \equiv h/2\pi$)이며, k와 ω는 이 평면파의 파장 λ와 진동수 f와 각각 다음과 같이 연결된다.

$$k = \frac{2\pi}{\lambda},\ \ \omega = 2\pi f \tag{4-2}$$

사실 x와 t를 4차원 위치-시각 공간의 변수들이라고 한다면 함수 $e^{i(kx-\omega t)}$와 관련을 맺고 있는 k와 ω는 그 푸리에 변환 공간의 변수들에 해당하며, (4-1)식으로 표시된 관계는 4차원 운동량-에너지 공간이 바로 4차원 위치-시각 공간의 푸리에 상반공간임을 강력하게 암시해주고 있다. 그러나 당시에는 아무도 이 중요한 존재론적 성격에 대해 주목하지 않았다. 오히려 대상 입자가 이러한 파동의 성격을 지닌다고 보고 이 파동이 어디서 출현하는 것인지, 이 파동의 정체가 무엇인지 하는 점에만 주로 관심을 쏟고 있었다.

드브로이의 이러한 파격적 제안에 아인슈타인이 고무적인 평가를 했다는 이야기가 널리 퍼져나가자 유럽의 주요 대학들에서 이 문제에 대한 관심이 높아졌다. 취리히에 있던 연방공과대학과 바로 이웃한 취리히대학교에서는 연합해서 물리학 공동세미나를 개최해온 관례가 있었는데, 여기서도 누군가가 이 내용을 설명해주기를 희망했다. 그래서 적임자로 지목된 인물이 당시 연방공과대학에서 명망이 높던 드바이Peter Debye 교수였지만 그가 막상 드브로이의 논문을 읽어보니 납득되지 않는 부분이 많았고, 그런 일에 쓸데없이 매달리고 싶은 생각도 없던 터라, 자기보다 나이도 몇 살 아래이고 아직 신임 교수 신분이었던 슈뢰딩거Erwin Schrödinger에게 그 귀찮은 과제를 넘겼다.

얼떨결에 이 일을 떠맡은 슈뢰딩거에게도 제대로 이해가 되지 않은 것은 마찬가지였지만, 다행히 그는 조금 다른 맥락에서 그와 비슷한 생각을 하다가 둔 처지여서 드브로이 논문의 개요를 비교적 쉽게 파악할 수 있었다. 그는 나름대로 내용을 재구성하여 세미나 발표에 임했는데, 학자들은 이것이 1925년 12월 7일이었다고 알려져 있다. 이날 세미나가 끝나자, 드바이 교수는 지나가는 말로 "나는 이런 식으로 논하는 것을 마땅치 않게 보네. 파동을 이야기하려면 먼저 파동이 만족할 방정식이 있어야 할 텐데, 그게 없잖아."라고 했다.[36]

그러고 나서 2~3주가 지난 크리스마스 직후에, 슈뢰딩거는 다시 그 세미나 모임에서 후속 발표를 했는데, 이 발표의 서두에 "우리 동료 드바이 교수는 지난번에 파동방정식이 있어야 한다고 제안했습니다. 그런데 오늘 제가 여기 가지고 나왔습니다."라고 수줍게 운을 띄었다. 하지만 그 세미나에 참석했던 사람들은 물론이고, 어쩌면 슈뢰딩거 자신도 이것이 뉴턴의 운동방정식을 교체할 그 유명한 슈뢰딩거 방정식이 될 줄은 미처 깨닫지 못했을 것이다.[37]

※ 파동함수가 의미하는 것

모든 새로운 것이 그렇겠지만, 특히 양자역학의 경우에는 이것을 얼떨결에 만들어내기는 했으나 이것의 정체가 무엇인지를 도무지 알기가 어려웠다. 우선 슈뢰딩거가 제시하고 있는 새 방정식은 드브로이가 제안한 파동을 서술하는 것이기에 '파동방정식'이라도 부르지만, 그렇다고 해서 드브로이가 말한 이른바 '물질파'가 무엇인지를 해명한 것은 아니었다.

이 방정식을 만들어낸 동기는 그 동안 입자라고 여겨졌던 존재물(예컨대, 전자)도 '파동성'을 가진다는 것을 설명하기 위한 것이었고, 또 이 방정식을 만족하는 이른바 '파동함수'의 수학적 형태도 찾아내었지만, 정작 이 파동의 정체가 무엇인지에 대해서는 오리무중이었다. 우선 한 가지, 이것이 수면 위의 파동이나 음파와 같이 실제로 시공간을 점유하는 물질의 파동이 아님은 곧 확실해졌다. 이것에 연루되는 대상은 파동적으로 행동하지만 그 위치를 측정해보면 빛의 경우에 그랬던 것처럼 여전히 한 점에 충돌하는 입자처럼 보이기 때문이다.

곧 이어 이것이 대상 입자가 시공간 안에서 관측될 확률과 관련되는 것으로 해석되기는 했으나, 이것은 실제 물체가 어느 시공간 안에 있으리라 추정하는 통상적 확률과도 그 성격을 달리했다. 실제로 이 파동의 값은 실수實數가 아니라 복소수複素數로 표시되기에, 이 값의 절대치 제곱이 대상이 그 지점에서 발견될 확률에 해당하는 것으로 해석된다. 이 점에 대해서는 다들 쉽게 동의했지만, 여전히 그러한 확률을 제공하는 파동 그 자체가 무엇인지에 대한 합의는 쉽게 얻어지지 못했다.

그러다가 점차 이것은 물질의 분포나 그 확률을 직접 나타내는 것이 아니라, 우리가 서술하려는 대상의 '상태'를 나타내는 것임이 밝혀지기에 이르렀고, 따라서 이것을 대상의 '상태함수state function'라 부르게 되었다. 그러면서 구체적인 여러 대상에 대해 슈뢰딩거 방정식을 풀어 이 상태함수를 찾아내고, 이렇게 얻어진 상태함수를 통해 그 대상에 관련된 여러 물리량들을 산출해내는 일반적인 방식이 마련되었다. 이렇게 함으로써 슈뢰딩거 방정식에 바탕을 둔 새로운 동역학인 양자역학은 과거에는 잘 설명할 수 없었던 많은 현상을 설명해내고 또 기왕에 경험하지 못한 새로운 현상들을 예측해내는 데에 탁월한 기능을 발휘해나갔다.

특히 원자 또는 그 이하의 규모를 지닌 대상들에 대해서는 고전역학이 거의 아무런 설명을 해주지 못함에 비해 양자역학은 이들을 매우 성공적으로 설명해줌으로써 물리학의 설명력을 크게 넓히는 데에 기여해왔다. 이와 동시에 기왕의 고전역학적 서술이 양자역학적 서술의 한 근사치에 해당한다는 것이 알려짐으로써[38], 양자역학은 고전역학을 한 특수한 경우로 그 안에 함축하고 있는 더 보편적 포괄적 이론으로 인정받기에 이르렀다.

그러면서도 여전히 양자역학은 고전역학과는 엄청나게 다른 구조적 면모를 지니고 있어서, 우리의 일상 경험과 고전역학을 통해 다듬어진 사고 체계만으로는 담아낼 수 없는 많은 관념상의 문제를 제기해 왔다. 이제 이 문제를 어떻게 해석하며 어떻게 해결할 것인가 하는 것이 바로 이 책의 중심 과제이다.

4.2 양자역학의 존재론적 기초

겔만Murray Gell-Mann은 양자역학을 두고 "우리 가운데 누구도 제대로 이해하지 못하지만 우리가 사용할 줄은 아는 무척 신비스럽고 당혹스러운 학문"이라고 그의 솔직한 심정을 털어놓고 있다.[39] 아마도 이 말보다 오늘 우리 지성계가 놓인 정황을 더 잘 표현해주는 말은 없을 것이다. 양자역학은 구체적 대상들에 활용하는 데에 큰 문제가 없을뿐더러 실제로 놀라운 설명력과 예측력을 가지고 있어서, 20세기 이후 이루어진 중요한 과학적 성취 가운데 양자역학에 힘입지 않은 것이 거의 없다고 할 수 있다. 하지만 아직도 양자역학을 진정으로 이해했다고 느끼는 사람은 극히 드물다.

그 이유는 오랜 기간에 걸쳐 무의식적으로 전제해 온 고전 존재론에 대한 비판적 성찰이 이루어지지 않은 상황에서 슈뢰딩거 방정식으로 대표되는 양자역학의 정식화가 먼저 이루어졌기 때문이다. 역사적으로 보자면 드브로이의 물질파 이론을 이어받은 슈뢰딩거의 파동방정식을 통해 수소 원자의 스펙트럼 등 다수의 현상을 설명하는 것이 가능해졌고, 이와 거의 동시에 이것과는 별도로 보어의 원자모형을 체계적으로 이론화시킨 하이젠베르크의 행렬 정식화를 통해 같은 현상들을 설명하는 것이 가능해졌다. 그리고 곧 이어 슈뢰딩거 방정식과 하이젠베르크 방정식이 수학적으로 대등한 것임이 밝혀지자 이들을 함께 양자역학이라 부르게 되었다. 한편 이러한 양자역학을 포괄적으로 체계화한 최초의 교과서에 해당하는 디랙Paul Adrien Maurice Dirac의 책 『양자역학의 원리The Principles of Quantum Mechanics』와 뒤 이어 나온 폰노이만John von Neumann의 책 『양자역학의 수학적 기초Mathematical Foundations of Quantum Mechanics』가 출간됨으로써 양자역학이 고전역학을 넘어서는 독자적 새 동역학이라는 사실이 학계에서 확고한 자리를 굳혔다. 그러나 오늘 우리의 시각에서 보자면 이 책들은 주로 양자역학의 수학적 정식과 그 적용 방식을 말해주는 것일 뿐 양자역학의 관념적 기반, 즉 그 존재론에 대해 매우 불분명한 입장을 취함으로써[40], 이를 이해하고 수용하는 일은 오로지 독자들의 몫으로 남게 되었다.

이 상황을 양자역학의 수용자 입장에서 보자면 기존의 고전 존재론을 고수하기 위해서는 매우 억지스러워 보이는 새 가설들을 첨부해야 하며, 이것을 피하기 위해 새 존재론을 마련하려 할 경우에는 기존 존재론과의 암묵적 갈등을 해결해야 하는 또 다른 어려움을 겪게 된다. 이리하여 다양한 "해석interpretation"들이 제기 되고는 있으나 아직까지도 "양자역학을 제대로 이해시켰다"고 할 만한 해석은 나와 있지 않은 상황이다.

그렇기에 지금 요청되고 있는 것은 우리가 그간 별 의문 없이 받아들여 온 고전 존재론이 과연 무엇이었는지를 먼저 명확히 구명한 후 이것이 어떻게 수정되면 그 위에 양자역학이 자연스럽게 수용될 수 있는지를 조심스럽게 살펴나가는 일이다. 앞에서 보았듯이 이와 유사한 작업은 이미 상대성이론을 수용하는 과정에서 한 차례 이루어졌다. 특수상대성이론이라고 하는 것은 한 마디로 기존의 시간과 공간 개념을 4차원 시공개념으로 바꾸는 존재론적 조정 작업 그 이상의 것이 아니다. 한편 특수상대성이론을 통해 이런 존재론적 조정 작업이 가능했다고 하는 것은 양자역학의 경우 또 하나의 존재론적 조정 작업이 가능하리라는 전망을 밝게 한다.

우리는 앞에서 고전역학의 존재론을 충분히 검토했고, 이를 이미 예상되는 새 존재론의 틀에 맞게 재구성해 놓았기에, 여기서는 단지 그 수정할 구체적 내용만 살펴나가면 된다.

※ 양자역학적 상태와 측정의 공리

2.2절 〈고전역학적 '상태'의 조작적 의미〉 항에서 우리는 고전역학적 상태를 $\Psi_C = \delta_{ij}(\xi_i)$[(2-27)식의 위치에 관한 부분] 의 형태로 표현함으로써 "이 대상이 위치 ξ_i에 놓인 변별체 위에 사건을 야기시킬 성향을 0($i \neq j$일 경우)아니면 1($i = j$ 일 경우)로 국한시키고 있음"을 지적했다. 그리고 이것은 하나의 존재론적 전제에 불과할 뿐 그 외에 다른 가능성, 예컨대 대상이 변별체 위에 사건을 야기할 성향이 "0이나 1뿐 아니라, 그 사이의 다른 값"이 될 가능성도 부정할 수 없음을 이야기했다. 이제 그러한 가능성의 구체적 표현을 살펴보자.

이것은 $\Psi_C = \delta_{ij}(\xi_i)$형태로 표시된 고전역학적 상태 대신, 같은 영역 ξ_i $(i=1,2,3,...)$위에서 정의된 양자역학적 상태

$$\Psi_Q = \sum_j c_j \delta_{ij}(\xi_i) \quad (4\text{-}3)$$

를 도입함으로써 가능해진다. 이 표현에서 계수 c_j는 규격화normalization 조건 $\sum_j |c_j|^2 = 1$을 만족하는 상수(일반적으로 복소수)이고, $|c_j|^2$는 위치 ξ_i에 놓인 변별체 위에 사건을 야기할 확률을 나타낸다.

이렇게 도입된 "양자역학적 상태", 곧 (4-3)식은 (2-28)식으로 도입된 고전역학의 "상태인식 함수" Ψ_C^E와 그 모양이 동일하다는 사실에 주목할 필요가 있다. 이것이 함축하는 바는 상태인식 함수에 적용된 '조작적 정의'를 여기에 그대로 적용시킴으로써 이 양자역학 상태는 자동적으로 "인식론적 요구"를 반영하게 된다는 점이다. 그러나 계수 c_j는 (2-28)식에 나오는 계수 a_j와 달리 대상 자체의 물리적 상태를 나타내는 "존재적ontic" 성격을 가진다는 점에서 현격한 차이를 가진다. 따라서 (4-3)식으로 정의된 양자역학적 상태는 고전역학적 상태 $\Psi_C = \delta_{ij}(\xi_i)$의 존재론적 확장이면서 구조적으로는 상태인식 함수 Ψ_C^E의 모양을 지님으로써 그 자체로 "인식론적 요구"를 충족하는 조작적 정의를 겸할 수 있게 된다.

한편 이러한 존재적 성격으로 인해 계수 c_j는 변별체와 물리적 관계를 맺을 뿐 아니라 인식주체가 이것에 대해 얼마나 알고 있느냐 하는 점과는 무관하게 동역학 법칙에 맞추어 독자적으로 변화해나가는 객체적 성격을 가진다. 하지만 이것은 대상 물체가 아니라 어디까지나 대상이 지닌 성향 곧 대상의 속성attribute에 해당하는 것이기에, 시공간 상에서 움직이는 물질적 대상이 받게 되는 제약 예컨대 광속 이하의 속도만으로 움직여야 한다는 상대론적 조건 등에 구애되지는 않는다. 특히 이것이 변별체와 마주치는 경우, 이것은 마치도 상태인식 함수내의 계수 a_j가 그러하듯이 불연속적 전이를 허용함으로써 "인식론적 요구"를 충족시키는 특별한 성질을 가진다.

이제 "대상 존재물이 변별체와 물리적 관계를 맺는다." 말의 의미를 좀 더 자세히 살펴보자. 대상 존재물이 위치 ξ_i에서 위치-변별체 위에 어떤 흔적을 남긴다는 것은 해당 대상 자체가 바로 그 위치에서 그 존재성을 드러내는 행위로 해석되며, 이는 곧 기왕에 상태 $\Psi_Q = \sum_j c_j \delta_{ij}(\xi_i)$에 있던 이 대상 존재물이 이 변별체 위에 '사건'을 일으키느냐 혹은 '빈-사건'을 일으키느냐에 따라 상태 $\Psi_Q = \delta_{ij}(\xi_i)$로 전환되거나 혹은 상태 $\Psi_Q = \sum_{l \neq j} c'_l \delta_{il}(\xi_i)$ (이때 조정된 계수들은 $\sum_{l \neq j} |c'_l|^2 = 1$을 만족한다)로 전환됨을 의미한다. 한편 (4-3)식으로 도입된 상태에서 계수 c_j의 제곱 즉 $|c_j|^2$이 위치 ξ_j 에 놓인 변별체 위에 사건을 유발할 확률에 해당하므로, 대상 존재물이 변별체와 조우한다는 것은 이것의 상태가 확률 $|c_j|^2$으로 상태 $\Psi_Q = \delta_{ij}(\xi_i)$로 전환되어 사건을 야기하거나, 혹은 확률 $(1 - |c_j|^2)$로 상태 $\Psi_Q = \sum_{l \neq j} c'_l \delta_{il}(\xi_i)$로 전환되어 아무 사건도 야기하지 않음을 의미한다.

이 경우 관측자는 변별체 위에 나타나는 사건 발생 유무를 보아 대상이 상태 $\Psi_Q = \delta_{ij}(\xi_i)$에 있는지, 혹은 $\Psi_Q = \sum_{l \neq j} c'_l \delta_{il}(\xi_i)$에 있는지를 판정하게 되며, 이 과정은 측정과정을 통해 고전 존재론의 상태인식 함수[(2-28)식 참조]가 전환되는 과정과 그 형태가 완전히 동일하다. 이미 말한 바와 같이 존재론적 관점에서 보면 고전적 "상태인식 함수"와 양자역학적 "상태함수"는 그 성격이 완전히 다르지만, 대상의 상태에 대한 측정 및 이를

활용한 미래 사건의 예측 내용만을 기준으로 본다면 그 형식이 완전히 동일하다는 이야기이다.[41]

그렇기에 양자역학이라고 해서 그 측정의 방법이 달라진다든가 변별체를 통해 드러난 사건을 바탕으로 한 이후의 정보 처리 과정이 달라지는 것은 아니다. 그리고 여기서 또 한 가지 주목할 점은 측정의 과정을 통해 발생하는 상태의 전환은 오직 대상과 변별체 사이의 사건만을 통해서 이루어지며 인간의 개입과는 무관하다는 사실이다. 물론 인식주체로서의 인간은 변별체 위에 나타나는 사건의 표식을 통해 상태의 전환을 인지할 수 있지만 이러한 인지 여부가 상태전환에 어떤 영향을 미치는 것은 아니다.

이처럼 (4-3)식으로 도입한 양자역학적 상태를 위에 언급한 방식으로 해석할 경우 이는 자동으로 인식론적 요구를 충족하게 되며 따라서 이는 곧 양자역학적 상태의 "조작적으로 정의"에 해당한다. 그리고 이 안에는 고전 존재론(2.4절 참조)에서 정의한 것과 똑 같은 형태의 "측정" 과정을 내포하고 있다. 이제 양자역학적 상태의 이러한 "조작적 정의"를 다음과 같이 간략히 정리해보자.

어떤 대상이 $\Psi_Q = \sum_j c_j \delta_{ij}(\xi_i)$ 로 표현된 상태에 있다고 할 때, 지점 l에 해당하는 자리에 변별체를 설치해 이 대상과 조우시킬 경우, 이 대상은

1. 확률 $|c_l|^2$로 $\delta_{il}(\xi_i)$만을 가진 상태, 곧 $\Psi_Q = \delta_{ij}(\xi_i)$로 전환되면서 변별체 위에 사건의 흔적을 남기거나, (사건 형성)
2. 혹은 확률 $1 - |c_l|^2$로 성분 $\delta_{il}(\xi_i)$만 결여된 상태, 곧 $\Psi_Q = \sum_{j \neq l} c'_j \delta_{ij}(\xi_i)$

$(\sum_{j \neq l} |c'_j|^2 = 1)$로 전환되면서 변별체 위에 아무 사건의 흔적도 남기지 남기지 않는다. (빈-사건 형성)

이는 양자역학적 상태의 조작적 정의인 동시에 측정의 과정을 내포하고 있기에 우리는 앞으로 이것을 "측정의 공리"라 부르기로 한다.

이 공리에 따르면 기왕의 측정을 통해 대상의 상태 즉 $\Psi_Q = \sum_j c_j \delta_{ij}(\xi_i)$ 내의 모든 계수 c_i가 다 알려져 있다 하더라도 이것이 변별체를 통해 또 한 번의 측정 과정을 통과하면, 그 계수들이 다시 달라짐을 말해주고 있다. 이러한 의미에서 이 공리는 "모르는 상태를 알아낸다는 의미"의 측정을 내포하면서 이미 알고 있는 상태가 새로운 변별체와 조우할 때 어떻게 달라지느냐를 말해주는 측면도 함께 가지고 있다.

그렇다면 처음부터 그 상태를 알지 못했던 대상에 대해 측정에 의해 그 상태를 알려면 어떻게 해야 하는가? 이를 위해서는 이미 고전역학에서 도입한 인식 함수[(2-21)식]와 흡사하게 양자역학에서의 인식 함수를

$$\Psi_Q^E = \sum_j a_j \delta_{ij}(\xi_i) \tag{4-4}$$

의 형태로 도입하고 인식론적 계수 a_i들을 점진적으로 존재론적 계수 c_i형태로 바꾸어 나가는 방식을 사용할 수 있다. 예를 들어 우리가 대상의 위치에 관련한 정보를 전혀 갖지 않은 상황에 놓여있다면 a_i의 모든 값들을 동일한 것으로 놓고 출발할 수 있다. 이때 이 대상이 만일 ξ_l에 놓인 변별체 위에 사건을 발생시켰다면 이 상태는 c_l=1 외의 모든 계수가 0이 될 것이므로 완전한 측정을 한 결과가 된다. 그렇지 않고 만일 이 변별체

위에 사건을 발생시키지 않았다면 우리는 $c_l=0$ 이라는 정보를 얻게 되고 나머지 모든 계수는 상대적으로 조금씩 높은 정보를 지니는 것으로 바뀔 것이다. 그렇게 여러 위치에 놓인 변별체들에서 사건이 발생하지 않음을 계속 확인해나가면 그 만큼 남아 있는 위치에 대한 계수의 값이 커지게 될 것이고 그렇게 마지막 하나만 남게 된다면 그 위치에서의 계수 값이 1이 되어 대상의 상태를 완전히 아는 셈이 된다.

이렇게 하여 대상의 상태를 모르던 상황에서 점차 대상의 상태를 아는 상태로 바꾸어 나갈 수는 있으나, 고전역학에서의 경우와는 달리 이는 순수한 인식적 과정이 아니라 이 과정에서 불가피하게 대상의 존재론적 상태 또한 일정한 변화를 수반하게 되는 특징을 가진다. 즉 우리가 택하는 존재론에서는 대상의 상태에 변화를 전혀 수반하지 않는 순수 인식적 측정은 가능하지 않다. 따라서 이것은 상태 '측정'임과 동시에 상태 '설정'에 해당한다.

※ 사건야기 성향과 존재표출 성향

이제 (4-3)식에 의해 도입된 "양자역학적 상태"가 무엇을 의미하는지 좀 더 생각해보자. 엄격한 논리로 보자면 이것은 측정의 공리로 요약된 조작적 정의가 전부라 할 수 있다. 하지만 이를 일상적인 개념과 연관시켜 풀이해보면 "사건야기 성향event producing propensity"이라 부를 수 있겠는데, 이는 우리의 인식적 측면에서 조작적 정의의 내용을 강조한 표현에 해당한다. 한편 대상 자체의 존재적 측면에서 보면 양자역학적 상태는 대상이 시공간 상에 존재하는 하나의 존재 양상을 대표하는 것임이 틀림없다. 하지만 이를 대상의 시공간적 존재 확률과 연관된 것으로 보고 곧바로 "대상의 존재 확률"이라 말한다면 이는 곧 고전역학적 존재론을 바탕으로 한 "대상의 인식 함수"로 오인될 여지가 있다. 그렇다고 하여 이것을 대상이 특정 위치에서 "발견될 확률"이라고 하면 이는 마치도 대상 자체를 눈으로 볼 수도 있는 것인 양 오해될 소지가 있다. 그래서 가장 무리가 적은 표현으로 "존재표출 성향existence manifesting propensity"이라 부를 것을 제안한다. 존재 자체가 아니라 그것을 과시할 어떤 효과가 나타나는 상황을 존재표출이라 부른다면, 양자역학적 상태는 바로 이런 의미의 존재표출 성향에 가깝다고 해석할 수 있다.

사실 "사건야기 성향"과 "존재표출 성향"은 동전의 양면에 해당한다. 우리가 관측할 수 있는 변별체에 사건이 야기된다는 것은 대상 자체의 존재성의 관점에서 보면 존재성향이 외부로 표출되는 것이라 할 수 있기 때문이다. 그런데 이 두 가지 측면을 담아낼 "그 어떤 성향"에 해당하는 존재론적 개념은 인류가 일찍이 경험해본 일이 없는 "특유의 것sui generis"이고, 그렇기에 당연히 수용하기가 쉽지 않다. 하지만 아인슈타인이 이미 지적한 바와 같이 아무리 익숙한 개념이라 하더라도 이는 결국 우리의 지성이 창안해낸 자유로운 창조물에 해당하므로 "익숙한지 아닌지" 여부를 개념 수용의 기준으로 삼을 수는 없다. 더구나 자연의 심층을 구성하는 새로운 세계를 탐색하는 입장에서 볼 때, 그 심층적 세계의 면모가 반드시 우리에게 이미 익숙한 그 무엇일 것이라는 전제는 적절치 않다. 오히려 지금까지 우리에게 익숙하지 않은 그러나 그 나름의 심오한 존재론적 구조 속에서 결과적으로는 보이는 현상들을 만족스럽게 설명해낼 관념의 틀이 형성된다면 우리는 이것을 수용하는 것이 바른 자세일 것이다.

물론 우리는 기왕에 형성된 존재론적 개념들을 고수하면서 이러한 새 존재론적 개념의 수용을 거부할 수도 있다. 우리가 뒤에 (제8장 참조) 더 자세히 논의하겠지만 이렇게 될 경우 대개는 개념들 간의 모순이 형성되는데, 이를 예컨대 상보성원리를 통해 절충하는 시도를 취하거나 또는 인간 인식의 한계로 규정해 더 이상은 원천적으로 이해할 수 없는 영역인 것으로 넘겨버리는 자세를 취할 수도 있다. 그러나 이러한 자세의 약점은 비록 낯설게 보이지만 자연 본연의 참 모습을 찾아내고 이를 통해 자연이 보여주는 신비스런 새 조화에 접근할 길을 스스로 차단하게 된다는 점이다.

※ 양자역학의 상태함수와 푸리에 상반함수

지금까지 우리는 위치변수의 영역을 띄엄띄엄한 불연속적 점들의 집합 ξ_i $(i=1,2,3,...)$로 취해 왔지만, 이제 이 영역을 변수 x가 놓인 연속 공간으로 바꾸어 생각해보자. 이렇게 할 경우 (4-3)식으로 주어진 상태 Ψ_Q는 다음과 같은 적분 형태

$$\Psi_Q = \int \Psi(x')\delta(x'-x)dx' \tag{4-5}$$

로 표현되며, 이때 규격화 조건 $\sum_j |c_j|^2 = 1$ 또한

$$\int |\Psi(x)|^2 dx = 1 \tag{4-6}$$

의 형태로 바뀌게 된다. 여기서 우리는 (4-3)식에 나타난 단위 상태 크로네커 델타 $\delta_{ij}(\xi_i)$를 델타함수 $\delta(x'-x)$로 치환했고, 계수 c_j를 위치의 함수 $\Psi(x')$

로 바꾸었다.(델타함수의 성질에 관해서는 〈부록〉 참조) 이렇게 할 경우 단위 상태 $\delta(x'-x)$는 기저상태(벡터 공간에서의 기저벡터)로 항상 존속하는 것이므로 실질적으로 물리적 의미를 담고 있는 것은 이것의 계수인 함수 $\Psi(x)$가 된다. 따라서 우리는 함수 $\Psi(x)$를 "상태함수state function"라 부르며, 온전한 상태인 Ψ_Q 대신 이것을 대상의 '상태'로 여기는 것이 하나의 관례로 되어있다. 우리가 뒤에서 확인하겠지만, 드브로이가 제안했고 슈뢰딩거가 자신의 방정식 안에 서술했던 '파동함수'가 바로 이렇게 정의된 상태함수 $\Psi(x)$에 해당한다.

고전 존재론에서 새 존재론으로 넘어오는 과정에서 가장 크게 주목해야 할 점이 바로 성향의 영역을 넓힘으로써 더 일반적인 내용을 담을 그릇을 마련했다는 점이다. 그런데 이 점과 관련하여 진정으로 흥미로운 사실은 이를 통해 우리는 종래에는 꿈조차 꿀 수 없었던 놀라운 새 존재론적 구조를 발견하게 된다는 점이다. 우리가 대상의 상태를 공간의 전 영역에 걸쳐 정의되는 일반화된 성향으로 확장한다는 것은 대상의 상태를 공간상의 하나의 점이 아닌 공간 변수의 함수 형태로 나타내어야 함을 의미한다. 그런데 일단 공간상의 함수가 되는 순간 이것은 항상 푸리에 변환Fourier transformation에 의하여 그것의 상반reciprocal공간에 담긴 상반함수 형태로 전환할 수 있다. 이는 곧 대상의 상태가 위치 공간상의 함수 $\Psi(x)$로 표현되었다고 하면, 이것으로부터 우리는 항상

$$\Phi(k) = \frac{1}{(2\pi)^{1/2}} \int \Psi(x) e^{-ikx} dx \qquad (4\text{-}7)$$

로 정의되는 새로운 함수 $\Phi(k)$를 얻을 수 있음을 의미한다. 여기서 $\Phi(k)$는

새로운 변수 k의 함수인데, 이를 담게 되는 k-공간은 이 변환식에 의해 x-공간과 상반관계로 서로 엮인 상반공간에 해당한다. 이렇게 얻어진 상반함수 $\Phi(k)$는 함수 $\Psi(x)$에 의해 일의적으로 결정되며, 반대로 함수 $\Psi(x)$는 다시 그 역변환

$$\Psi(x) = \frac{1}{(2\pi)^{1/2}} \int \Phi(k) e^{ikx} dk \qquad (4\text{-}8)$$

을 통해 함수 $\Phi(k)$에 의해 일의적으로 결정된다. 즉 하나를 알면 다른 하나는 저절로 결정된다는 점에서 이 두 함수는 표현만 다를 뿐 그 담고 있는 내용은 동일한 것이다.(〈부록〉 참조)

사실 서로 푸리에 변환으로 엮인 두 함수 사이의 이러한 성질은 이미 오래 전부터 알려진 것인데, 이렇게 연결된 한 쌍의 함수는 본질적으로 동일한 내용을 담은 것이기에 하나의 상황을 표현하는 두 가지 방식 정도로 이해되어 왔다. 그런데 놀랍게도 자연의 조화는 이 여분의 표현을 낭비하지 않고 그 안에 별도의 중요한 물리적 내용이 담기도록 엮어 놓았다. 곧 지금 상태함수 $\Psi(x)$가 위치 변별체에 대한 사건야기 성향을 담고 있다면 그 푸리에 상반함수 $\Phi(k)$는 운동량 변별체에 대한 사건야기 성향을 담고 있다는 것이다. 따라서 $\Psi(x)$의 바탕 공간이 위치 공간이라면 $\Phi(k)$의 바탕 공간은 당연히 운동량 공간이 된다.

이 점을 좀 더 깊이 음미하기 위해 우리는 이를 다시 고전역학의 존재론과 비교해볼 필요가 있다. 이미 말했듯이 고전역학에서 암묵적으로 인정해온 하나의 중요한 존재론적 가정은 위치 공간과 운동량 공간이 서로 독립적이라는 점이다. 이것은 한 입자의 동역학적 해 즉 이 입자의 궤적을 시간의

함수로 산출하기 위해 초기의 위치에 대한 정보 뿐 아니라 초기의 운동량에 대한 정보 또한 독립적으로 설정되어야 함을 말한다. 다시 말해 한 입자의 위치가 결정되었더라도 그 입자의 운동량은 그 위치 값에 무관하게 얼마든지 다른 값을 취할 수 있다는 이야기이다.

그런데 새 존재론에 의하면 일단 대상의 위치에 대한 정보를 지닌 상태함수 $\Psi(x)$가 주어지면 이 대상의 운동량에 대한 모든 정보는 별도의 측정이 필요 없이 $\Psi(x)$를 통해 얻어진 새 함수 $\Phi(k)$ 속에 이미 다 들어있다는 것이다. 반대로 운동량에 대한 정보를 지닌 상태함수 $\Phi(k)$를 먼저 알면 대상의 위치에 대한 정보 또한 별도의 측정 없이 $\Phi(k)$를 통해 얻어진 함수 $\Psi(x)$를 통해 모두 알 수 있다는 것이다. 이와 함께 운동량에 대한 서술을 담아낼 운동량 공간 또한 위치에 대한 서술을 담아낼 위치 공간과 무관한 것이 아니라 하나의 공간이 정해지면 나머지 하나의 공간은 그것의 푸리에 상반공간 형태로 서로 엮이게 된다. 이리하여 우리는 상대성 이론 이후 또 한 가지의 전혀 기대하지 못했던 놀라운 수학적 관계를 통해 가장 기초적인 존재론적 개념들 사이의 구조적 통합을 이루어낸 것이다.

한 존재론의 적합성은 당연히 그 구조 자체의 내적 정합성 뿐 아니라 그것을 바탕으로 서술될 동역학의 정식화가 얼마나 성공적으로 이루어지느냐에 의해 판정될 문제이다. 그러니까 여기서 제시하는 새 존재론은 이것이 양자역학을 얼마나 자연스럽게 담아낼 수 있느냐에 따라 그 유용성 여부가 결정될 것이다. 하지만 존재론 자체만을 놓고 보더라도 그 내적 정합성 여부에 따라 직관적 호소력에 차이를 가져올 수 있다. 이런 점에서 여기서는 우선 존재론 자체만을 놓고 그 내적 정합성을 기준으로 고전역학의 존재론과 양자역학의 존재론이 각각 얼마나 큰 호소력을 지니는지를 살펴보기로 한다.

우선 우리의 인식론적 요구에 의해 이 두 존재론이 공통적으로 지녀야 할 구조를 생각해보자. 이들은 모두 관측 가능한 사건들의 야기 성향을 표현해낼 구조를 갖추어야 하는데, 이들은 각기 서로 다른 방식으로 이를 충족시키고 있다. 고전 존재론의 경우에는, 그 야기 성향을 오직 0과 1만으로 제한하는 동시에, 위치에 해당하는 사건과 운동량에 해당하는 사건 각각에 대해 서로 독립된 공간을 요구하고 있으며, 또 이들 사건을 각각 독립적으로 관측해야 하는 구조를 가진다. 이에 반해 새 존재론은 사건야기 성향을 0에서 1사이의 모든 값에 대해 허용하는 반면, 이를 나타낼 상태는 예컨대 위치 공간에서의 상태함수 하나만 지정되면 운동량 공간과 그것에 해당하는 상태는 이들로부터 일의적으로 도출되므로 사실상 하나로 통합되는 구조를 가진다. 고전 존재론은 상태서술이 단순한 수치적 형태를 지니는 대가로 독립된 두 가지 상태와 독립된 두 개의 공간을 요구하고 있음에 견주어 새 존재론은 상태서술이 보다 일반적인 수학적 함수 형태를 취하는 대신 두 가지 기능을 함께 수행하는 하나의 상태와 두 가지 내용을 함께 펼쳐 보일 수 있는 하나의 결합된 공간만을 요구하고 있다. 좀 더 줄여 말하자면 한 쪽은 수학적 서술이 덜 요구되지만 분리된 복합구조를 가졌고, 다른 한 쪽은 좀 더 세련된 수학적 서술이 요구되지만 통합된 단일구조를 이루고 있는 셈이다. 따라서 존재론 자체가 지닌 내적 정합성의 입장에서만 보더라도, 물론 보는 이의 취향에 따라 그 선호도를 달리 할 수 있겠지만, 자연의 심오한 통합 구도가 절묘하게 드러난다는 점에서 새 존재론을 선호해야 할 이유는 충분히 있으리라 여겨진다. 이 점은 아인슈타인의 다음과 같은 통찰에 너무도 잘 부합되는 면모라 할 수 있다.[42]

> 지금까지의 우리 경험이 말해주는 바에 의하면, 자연은 상정할 수 있는 수학적 아이디어들의 가장 단순한 구현이다.

※ 4차원 이중공간

우리는 앞에서 위치 공간과 운동량 공간이 서로 독립적이라고 하는 고전 존재론의 일부 가정을 폐기하고 이들 두 공간이 실은 푸리에 상반관계로 엮어진 이중공간dual space을 이룬다고 하는 가정을 담은 새 존재론에 대해 살펴보았다. 이러한 존재론적 가정은 그 성격상 이를 좀 더 근원적인 근거를 통해 정당화시키기보다는 이를 일단 기본 가정으로 전제하고 이로부터 도출되는 모든 결과들이 현실에 부합되는가를 보아 그 적합성 여부를 판정하게 된다. 구체적으로는 이 가정을 포함한 존재론이 이미 공인된 양자역학의 모든 관계식들을 성공적으로 도출해내느냐 하는 것을 통해 그 정당성이 인정된다. 그러나 그렇게까지 가기 전에라도 이 이중공간 자체를 직접 암시하는 현상이라든가 실험적으로 검증된 법칙들이 있다면 이를 먼저 연결시켜 그 추론의 실마리를 찾아보는 것이 이해에 도움을 줄 것이다.

그런 의미에서 여기서는 이 이중공간 가정을 뒷받침할 두 가지 사실만을 제시해보려 한다. 그 첫째는 양자역학의 발단에 실마리를 제공해 준 플랑크와 아인슈타인 그리고 보어와 드브로이의 작업에 나타난 이른바 빛의 입자성과 물질의 파동성 논란이다. 우리는 앞에서 이들이 제시한 내용들이 결국은 (4-1)식으로 표현된 두개의 관계식

$$p = \hbar k,\ \ E = \hbar\omega$$

으로 요약된다는 점을 지적했다. 즉 대상의 운동량 p와 에너지 E가 각각 평면파 $e^{i(kx-\omega t)}$를 기준으로 한 공간진동수 k와 시간진동수 ω와 하나의 보편적 관계를 맺고 있다는 사실이다. 여기서 보편적 관계라 함은 어떤 특정의 운동량과 특정의 에너지가 아닌 임의 대상의 운동량 p와 임의 대상의 에너지 E가 모두 하나의 보편상수 $\hbar$를 비례상수로 하여 평면파 $e^{i(kx-\omega t)}$를 기준으로 한 공간진동수 k와 시간진동수 ω와 이러한 관계를 맺는다는 사실이다. 이 두 종류의 물리량 사이에 이러한 보편적 관계가 성립한다는 것은 이 두 물리량이 본질적으로는 같은 것인데, 단지 이들 사이의 등가성을 미처 알지 못하고 그들의 단위를 서로 달리 설정한데서 온 결과일 수도 있다는 점을 강력히 시사해준다. 그러니까 p는 k와, 그리고 E는 ω와 그 표현 방식만 다를 뿐 본질적으로 동일하다는 것이다. 그런데 한편 k와 ω는 함수 $e^{i(kx-\omega t)}$를 통해 위치 변수 x와 시각 변수 t와 관계를 맺고 있으므로, 이는 결국 운동량과 위치, 그리고 에너지와 시각이 각각 푸리에 변환을 통해 서로 맺어지고 있음을 말해준다. 따라서 당시 과학이론의 구조적 성격에 대한 어떤 통찰을 가진 사람이 있었더라면, 이 관계식이 바로 운동량-에너지 공간이 위치-시각 공간의 푸리에 상반공간에 해당하는 것임을 곧 알아차렸을 것이다. 그러나 아쉽게도 이를 보고 대상의 본성이

입자냐 파동이냐 하는 비생산적 논란에만 휩싸여 있었을 뿐 이러한 직관에 이른 사람은 없었던 듯하다(제8장 참조).

위치 공간과 운동량 공간이 푸리에 상반관계로 엮어진 이중공간을 이룬다고 하는 존재론을 지지할 또 한 가지 강력한 근거는 1926년에 제시된 하이젠베르크의 불확정성원리이다(〈부록〉 참조). 뒤에서 자세히 보이겠지만 이 두 공간에서의 상태함수가 각각 위치와 운동량에 해당하는 사건야기 성향을 나타내는 것이라면, 한 쪽 공간에서의 기대치, 예컨대 위치의 기대치가 작은 폭의 불확정성을 가질 경우 다른 한 쪽 공간에서의 기대치. 곧 운동량의 기대치는 상대적으로 큰 폭의 불확정성을 가지게 된다. 그리하여 그 두 가지 불확정성의 곱을 계산해보면 불가피하게 일정치보다 커야한다는 부등식이 얻어지는데, 이것이 정확히 불확정성에 관한 하이젠베르크의 부등식과 일치한다. 그렇기에 만일 어느 누가 푸리에 변환으로 연결된 두 공간 사이에 존재하는 이러한 일반적 관계를 파악했더라면 하이젠베르크의 불확정성 관계만 보고도 이것이 바로 위치 공간과 운동량 공간이 푸리에 변환을 통해 엮어진 이중공간을 이룬다는 통찰을 어렵지 않게 얻어낼 수 있었을 것이다. 이는 마치도 광속이 일정함을 바탕으로 한 아인슈타인의 1905년 상대성이론 논문을 보고 시간과 공간이 허수를 매개로 하여 4차원 구조를 이루게 됨을 파악한 민코프스키의 통찰과 흡사한 일이다.

이처럼 우리는 현상적으로 파악되는 몇몇 사례들을 통해 그 아래 놓인 존재론적 구조를 상정할 수도 있지만, 이것은 오직 직감일 뿐이며 논리적 필연성을 지니는 것은 아니다. 논리적으로는 역시 직감을 통해 얻어진 존재론적 구조를 하나의 가정으로 놓고 그로부터 어떤 결과들이 도출되는지를 살피는 것이 순리에 해당한다.

이제 이러한 새 존재론의 기본 구도를 요약해보면, 대상의 위치와 시각을 관측가능한 물리량으로 보고 이들이 이루는 4차원 위치-시각 공간을 설정할 때 이 공간 변수의 푸리에 상반 변수가 또 하나의 관측가능한 물리량인 4차원 운동량-에너지 변수에 해당한다는 것이다. 물론 우리는 이미 이와 무관한 방식으로 운동량과 에너지 개념을 정의했기에 기존의 운동량-에너지 값들은 푸리에 상반 변수로 정의된 값들과 단위 상에 차이가 생기는데, 이들을 조정해주는 상수가 바로 (4-1)식에 들어있는 보편상수 $\hbar$에 해당한다.

제5장 양자역학의 정식화

How to
Understand
Quantum Mechanics

Ontological Revolution
brought by
Quantum Mechanics

5.1 기대치, 연산자, 불확정성원리

※ 통합존재론과 자연단위계

앞에서 이미 지적했듯이 우리의 존재론이 점점 통합되어 나감에 따라 종래에 독립된 개념으로 보아 독자적으로 부여했던 단위들을 통합된 단위들로 통일시켜 나갈 필요가 생겼다. 실제로 상대성이론에 출현하는 보편상수 c나 양자역학에 출현하는 보편상수 $\hbar$는 모두 존재론적 통합 이전에 각 구성요소에 단위체계를 독자적으로 부여했던 데서 나타난 상수들이다. 4차원 시공 개념을 받아들이면서 기왕에 시간 성분과 공간 성분에 각각 독자적으로 부여했던 단위를 일치시키는 과정에서 보편상수 c가 요청되었으며, 마찬가지로 위치-시각 공간과 운동량-에너지 공간 사이의 푸리에 상반관계를 받아들이면서 기왕에 운동량-에너지에 부여했던 단위를 이 변환 관계가 요구하는 새 단위와 일치시키는 과정에서 보편상수 $\hbar$의 도입이 요청되었다.

실제로 위치 x와 시각 t의 푸리에 변환으로 얻어지는 상반 변수들인 k와 ω는 위치와 시각 단위의 역-단위를 지니게 되어 운동량 k와 에너지 ω는 각각 1/미터(m), 1/초(s)에 해당하는 단위를 가지게 된다. 그러나 역사적으로 운동량 단위는 질량에 속도를 곱한 단위 즉 kg·m/s로 설정했으며, 에너지 단위는 힘에 거리를 곱한 단위인 $kg \cdot m^2/s^2$로 설정해 사용해왔다.

그러므로 초기에 플랑크와 드브로이에 의해 제시된 운동량과 에너지의 "양자가설"[(4-1)식 참조]

$$p = \hbar k, \ \ E = \hbar\omega$$

은 결국 고전 존재론에서 정의된 운동량과 에너지 p와 E를 위치와 시각 변수의 푸리에 상반관계를 통해 새로 정의된 운동량과 에너지 변수 k와 ω로 바꾸어주는 단위 전환 관계식이라고 해석해야 옳다. 여기서 디랙-플랑크 상수 $\hbar$는 $\hbar \equiv h/2\pi$로 플랑크 상수 h와 관련되며, 플랑크 상수 h는 다시

$$h = 6.626 \times 10^{-34} kg \cdot m^2/s$$

의 값을 지닌다.

이렇게 우리가 상대성이론과 양자역학을 각각 수용하는 새 존재론을 받아들인다면 이전의 고전 존재론에서 별도로 정의된 시간 변수 그리고 운동량과 에너지 변수들을 통합된 새 변수들의 단위로 나타내는 것이 가장 자연스러우며, 이렇게 한다는 것은 기존 이론의 모든 문맥에 나타나는 보편상수 c와 $\hbar$의 값을 각각 1로, 즉 $c = \hbar = 1$이 되도록 놓는 것을 의미한다. 이렇게 정해진 단위 체계를 '자연단위natural units'라 부르는데, 실제로 일부 문헌에서는 이를 유용하게 사용하고 있다. 우리는 이 책에서 원칙적으로 이 자연단위의 체계를 따르겠으나 고전 존재론적 개념과의

연계를 위해 많은 경우 c와 $\hbar$를 명시적으로 표기하기로 한다.

이러한 점에서 플랑크 상수의 발견이 양자역학의 역사 안에 놓이게 될 의미를 되돌아보는 일은 매우 흥미롭다. 문학작품에 비유하면 이는 같은 시대를 살아간 영국의 문필가 체스터턴Gilbert Keith Chesterton 의 『브라운 신부의 결백The Innocence of Father Brown』(1911)에 나오는 '보이지 않는 사람' 이야기를 연상케 한다.[43] 어느 집에 살인이 예고되었고 따라서 4명의 경비원이 집을 둘러싸고 집중적인 경비를 섰다. 그런데도 살인은 일어났고, 이 경비원들은 출입하는 '사람'을 보지 못했다. 단지 우편배달원 한 명이 다녀갔을 뿐이다. 이들 눈에 그는 우편배달원이지 '사람'이 아니었던 것이다. 마찬가지로 프랑크가 빛의 방출 단위로 가정하고 아인슈타인이 이를 받아 빛의 흡수 단위에 적용했던 에너지 값이 $\hbar\omega$였고, 드브로이가 물질의 파동설을 제기하면서 입자의 운동량이 $\hbar k$와 같음을 찾아내었지만, 당시에는 이 발견자들을 포함해 그 누구도 '우편배달원' 복장($\hbar\omega$와 $\hbar k$)으로 나타난 이 ω와 k가 진정한 에너지이며 진정한 운동량이었음을 읽어내지 못했다. 그리고는 마치 범인(양자역학의 미스터리를 풀어줄 핵심적 단서)이 따로 있기나 하듯이 그 후 오랜 기간을 통해 이를 이해하기 위해 끝없는 고뇌와 번잡한 논의들이 이어져 왔다.

※ 기대치와 연산자

여기서도 논의를 단순화시키기 위해 위치 공간 차원 속에서 y축과 z축을 제외하고 1차원 x축과 1차원 시간 축만을 지닌 2차원 위치-시각 공간 (x, t)와 2차원 운동량-에너지 공간 (k, ω)만을 생각하기로 하자. 이렇게

할 때 상태함수는 1차원 위치와 시각의 함수 $\Psi(x,t)$로 쓸 수 있다. 이때

$$|\Psi(x,t)|^2 \equiv \Psi^*(x,t)\Psi(x,t)$$

은 대상이 x와 t를 중심에 둔 단위 공간, 단위 시간 안에서 대상이 표출될 확률을 나타내며, 또 이 값을 전 공간과 시간에 대해 합산한 값이 1이 되도록, 즉

$$\int \Psi^*(x,t)\Psi(x,t)dxdt = \int |\Psi(x,t)|^2 dxdt = 1 \qquad (5\text{-}1)$$

이 되도록 이를 규격화할 수 있다.

이렇게 할 때, 대상 표출 위치에 대한 기대치는

$$<x>= \int \Psi^*(x,t)x\Psi(x,t)dxdt \qquad (5\text{-}2)$$

로 표시되며 또 대상 표출 시각에 대한 기대치는

$$<t>= \int \Psi^*(x,t)t\Psi(x,t)dxdt \qquad (5\text{-}3)$$

로 표시된다.

한편 $\Psi(x,t)$의 푸리에 상반함수로 정의된 함수 $\Phi(k,\omega)$는

$$\Phi(k,\omega) = \frac{1}{2\pi}\int \Psi(x,t)e^{-i(kx-\omega t)}dxdt \qquad (5\text{-}4)$$

로 표시되며, 이는 변수 x에 대응하는 운동량 k와 변수 t에 대응하는 에너지 ω를 변수로 하는 대상의 상태함수이다. 이렇게 할 때 대상의 운동량 k와 에너지 ω의 표출 기대치는 각각

$$< k >= \int \Phi^*(k,\omega)k\Phi(k,\omega)dkd\omega \tag{5-5}$$

$$< \omega >= \int \Phi^*(k,\omega)\omega\Phi(k,\omega)dkd\omega \tag{5-6}$$

의 형태로 표현된다.

또한 위 두 식에 나타나는 운동량과 에너지의 기대치들은 운동량-에너지 공간으로 표시한 상태함수 $\Phi(k,\omega)$대신에 위치-시각 공간으로 표현한 상태함수 $\Psi(x,t)$를 사용해 표현할 수도 있다. 이를 위해 (5-5)식, (5-6)식에 (5-4)식의 표현을 넣어 정리하면

$$< k >= \int \Psi^*(x,t)(-i\frac{\partial}{\partial x})\Psi(x,t)dxdt \tag{5-7}$$

$$< \omega >= \int \Psi^*(x,t)(i\frac{\partial}{\partial t})\Psi(x,t)dxdt \tag{5-8}$$

의 관계가 성립함을 알 수 있다.[44]

이렇게 될 경우, 존재물의 상태함수 $\Psi(x,t)$만 알면, 이것의 상반함수 $\Phi(k,\omega)$를 직접 산출하여 이들 기대치를 계산하지 않고, (5-7)식과 (5-8)식에서와 같이 k와 ω가 놓일 자리에 이에 대응하는 연산자

$$\hat{k} = -i\frac{\partial}{\partial x}, \quad \hat{\omega} = i\frac{\partial}{\partial t} \tag{5-9}$$

를 넣음으로써 상태함수 $\Psi(x,t)$만을 이용해 운동량과 에너지의 기대치 $< k >$, $< \omega >$등을 얻어낼 수 있다.

좀 더 일반적으로 양자역학적 기대치를 산출하기 위해 활용되는 가관측량observable의 표현, 즉 (5-2)식에서의 x와 (5-7)식에서의 $-i\frac{\partial}{\partial x}$ 등을 통틀어 연산자라고 부르며, 이들을 단순한 변수와 구분하여 $\hat{x}$, $\hat{k}$ 등으로

표기한다. 이렇게 할 경우, 연산자 $\hat{x}$와 $\hat{k}$ 사이에는 다음과 같은 교환관계 commutation relation가 성립한다.

$$[\hat{x}, \hat{k}] \equiv \hat{x}\hat{k} - \hat{k}\hat{x} = i \tag{5-10}$$

이것이 의미하는 바는 임의의 함수 $\Psi(x)$에 이를 적용할 때 항상

$$[\hat{x}, \hat{k}]\Psi(x) = \left\{x(-i\frac{\partial}{\partial x}) - (-i\frac{\partial}{\partial x})x\right\}\Psi(x) = i\Psi(x)$$

과 같은 항등식이 성립한다는 것을 말한다. 그리고 (5-10)식으로 표현된 교환관계는 상태함수를 굳이 위치의 함수로 놓지 않고 운동량의 함수로 표현하는 경우에도 여전히 성립한다. 이 경우에는 $\hat{x}$가 $i\frac{\partial}{\partial k}$로, 그리고 $\hat{k}$가 단순히 k로 표현되며, 이 관계는 k를 변수로 하는 임의의 함수 $\Phi(k)$에 대해 성립한다. 따라서 (5-10)식으로 표현된 연산자 사이의 교환관계는 상태함수의 표현 방식에 무관하게 항상 성립하는 것이며, 그 근원을 더 거슬러 올라가보면, 위치 공간과 운동량 공간이 서로 푸리에 상반관계에 놓여있다는 사실에 근거하고 있다. 실제로 많은 기존의 양자역학 서술에서는 변수들 사이의 이 교환관계를 기본 가정으로 설정하고 이를 "양자조건 quantum condition"이라 불러 왔으며, 때로는 이 관계를 부과하는 과정을 "양자화quantization"라 부르기도 하나, 이는 모두 위치 공간과 운동량 공간이 푸리에 상반관계를 통해 사실상 하나로 통합되고 있는 본원적 성격을 간파하지 못했기에 초래한 결과라 할 수 있다. 우리가 뒤에서 보겠지만 양자역학의 연산과정에서 (5-10)식으로 표기된 교환관계는 대단히 유용하게 사용되며 실제로 연산자들의 이 교환관계가 양자역학적 연산이

가지는 특성을 대변하는 역할을 한다.

이러한 기대치 표현과 관련해 한 가지 고려할 중요한 사항이 있다. 상대론적 관점에서는 시간 변수 t가 원칙적으로 공간 변수 x와 대등한 자격을 가지게 되며, 따라서 (5-2)식과 (5-3)식은 각각 대상의 '표출 위치에 대한 기대치'와 '표출 시각에 대한 기대치'로 서로 대등한 성격의 물리량이 된다. 이러한 설정은 예컨대 어느 위치에 순간적으로 나타났다 사라지는 4차원 시공점 (t, x)을 사건발생 단위로 하는 대상의 서술에 대해 적절한 서술양식이 된다. 그런데 우리가 현실적으로 접하는 대부분의 대상은 그 수명이 무제한으로 긴 입자들, 곧 시간적으로는 항상 존속하는 존재물들이어서 '표출 시각'에 대한 서술이 사실상 불필요하다. 따라서 이러한 존재물을 대상으로 하는 동역학적 서술에서는 시간 변수를 단지 서술 매개변수로 삼고 시간에 따른 상태변화에만 관심을 가지면 된다. 이미 시간적으로 지속되고 있는 대상에 대해 처음 상태를 바탕으로 나중 상태를 예측하려는 동역학적 서술이 그 대표적 사례이다. 이런 관점에서는 상태함수 $\Psi(x, t)$내의 변수 t와 x가 의미하는 바는 대상이 "어느 시점, 어느 위치에서 표출될 확률이 얼마냐" 하는 시공간적 분포를 말하지 않고, 어느 주어진 시점에 "대상이 어느 위치에서 표출될 확률이 얼마냐" 하는 것만을 나타낸다고 할 수 있다. 즉 대상은 어느 시점에서나 확률 1로 존재함을 전제로 하고, 단지 시간에 따른 그 공간적 변화만을 보려는 입장이다. 예를 들어 원자핵이나 전자電子와 같이 그 수명이 실질적으로 무제한인 대상에 대해서는 이것이 적절한 그리고 편리한 관점이다. 이러한 경우 (5-1)식으로 표시된 규격화 조건은

$$\int \Psi^*(x,t)\Psi(x,t)dx = \int |\Psi(x,t)|^2 dx = 1 \qquad (5\text{-}11)$$

로 단순화시킬 수 있으며 이에 따른 기대치 $< x >$ 또한 (5-2)식 대신 시간의 함수로 나타낸 공간 기대치

$$< x > (t) = \int \Psi^*(x,t)x\Psi(x,t)dx \qquad (5\text{-}12)$$

가 관심의 대상이 된다. 마찬가지로 (5-7)식, (5-8)식도

$$< k > (t) = \int \Psi^*(x,t)(-i\frac{\partial}{\partial x})\Psi(x,t)dx \qquad (5\text{-}13)$$

$$< \omega > (t) = \int \Psi^*(x,t)(i\frac{\partial}{\partial t})\Psi(x,t)dx \qquad (5\text{-}14)$$

로 바꾸어 쓸 수 있다. 이것이 실제로 통상적 양자역학에서 활용되고 있는 방식이다.[45]

한편 유한한 수명을 가지는 입자들의 경우에는 그들의 생성과 소멸 또한 서술의 대상이 되어야하므로 이를 함께 서술할 존재 무대인 마당 개념을 도입하여 이 전체를 새로운 대상으로 설정하게 된다(제7장 참조). 그러나 이미 말한 것처럼 수명이 실질적으로 무한하다고 여겨지는 존재물의 경우에는 대상의 특성을 단순화시키고 시간을 단지 매개 변수로 취급하는 것이 편리한 근사가 되는데 이를 흔히 비상대론적 서술이라 부른다. 이 책에서는 수명이 긴 통상적 대상만을 주로 다룰 것이므로 이러한 통상적 근사에 의존하겠지만, 양자역학적 서술은 기본적으로 4차원 시공간 개념에 바탕을 두고 있으므로 필요할 때는 언제나 제3장에서 논의한 특수상대성이론의 결과들을 활용하게 된다.

※ 불확정성원리

이미 앞에서도 언급했듯이 여기서 우리는 위치와 운동량, 그리고 시간과 에너지 사이에 불확정성 관계가 성립함을 쉽게 확인할 수 있다. 이제 x와 k의 불확정성 Δx와 Δk를 각각

$$(\Delta x)^2 = \int \Psi^*(x,t)[x-<x>]^2\Psi(x,t)dx \qquad (5\text{-}15)$$

$$(\Delta k)^2 = \int \Psi^*(x,t)[(-i\frac{\partial}{\partial x})-<k>]^2\Psi(x,t)dx \qquad (5\text{-}16)$$

의 관계식을 통해 정의한다면, Δx와 Δk 사이에는 다음과 같은 부등식이 성립한다는 점을 쉽게 증명할 수 있다(부록 「불확정성 관계」 참조).

$$\Delta x\Delta k \geq \frac{1}{2} \quad (\Delta x\Delta p \geq \frac{1}{2}\hbar) \qquad (5\text{-}17)$$

이것이 바로 유명한 하이젠베르크의 불확정성원리에 해당하는 표현이다.

마찬가지 방법으로 Δt와 $\Delta\omega$ 사이에도 이와 비슷한 관계 즉

$$\Delta t\Delta\omega \geq \frac{1}{2} \quad (\Delta t\Delta E \geq \frac{1}{2}\hbar) \qquad (5\text{-}18)$$

이 성립함을 쉽게 증명할 수 있다.

5.2 양자역학의 동역학 방정식

우리는 제4장에서 양자역학에서의 대상 존재물의 '상태'가 변별체와의 조우를 통해 어떻게 측정되고 설정되는지를 보았다. 이렇게 설정된 대상의

'상태'는 변별체와의 조우가 끝난 후 더 이상 아무 변화도 겪지 않고 그대로 머무르는 것이 아니다. 이 상태는 나름의 합법칙적 방식으로 변하게 되는데, 이를 일러 대상의 동역학적 거동이라 부른다. 단순히 "동역학dynamics"이라고도 불리는 대상의 이러한 거동의 구체적 형태는 상태함수가 만족해야 할 '동역학 방정식dynamical equation'으로 규정된다. 이 방정식의 설정은 동역학의 정식화에 해당하는 작업이지만, 이것 또한 대상의 '특성'과 관계되는 어떤 보편적 존재 양상의 한 표현이기에 기왕에 논의된 존재론과 전혀 무관하게 주어지는 것은 아니다.

일반적으로 동역학적 방정식은 대상의 상태를 서술하는 동역학적 변수들이 그 대상의 특성에 맞추어 4차원 시공간 안에서 서로 관계 맺게 되는 하나의 보편적 연결양식이라 할 수 있다. 이런 점에서 4차원 시공간 내에서 동역학적 변수들이 대상의 특성 m과 하나의 보편적 관계를 맺고 있는 다음과 같은 관계식에 주목할 필요가 있다[(3-27)식 참조].

$$p^2 - E^2/c^2 = -m^2c^2 \tag{5-19}$$

이미 보았듯이 (3차원) 운동량과 에너지 사이의 이 관계식은 4차원적 구조 안에서 운동량-에너지 벡터를 대상의 특성 m에 맞추어 정의하는 가운데 얻어진 가장 자연스런 결과이다. 한편 운동량과 에너지 사이의 관계를 규정하는 것은 그 푸리에 상반관계를 통해 위치와 시간 사이의 관계를 규정하는 것으로 연결되므로, 이는 곧 위치의 시간 의존성, 다시 말해 상태의 시간적 추이를 규정해주는 성격을 지닌다. 따라서 우리는 대상의 동역학적 거동을 서술하기 위해 시간에 따른 대상의 상태변화가 어떻게 이루어지는가를 찾아야 할 것인데, 이를 위해서는 이 상태변화 양상으로부터 추론될 고전적 물리량들(운동량과 에너지)이 (5-19)식을 만족해야 한다는 사실을 출발점으로 삼을 수 있다.

이제 이러한 방식으로 (5-19)식과 양자역학의 동역학 방정식을 연관시키기 위해 우리는 다음과 같은 하나의 대응원리correspondence principle를 작업가설로 설정한다. 즉 이 고전적 물리량들 사이의 관계는 이에 대응하는 양자역학적 물리량들의 기대치들 사이의 관계와 같다고 하는 가정이다. 여기서 유의할 점은 (5-19)식을 도출하는 과정에서 4차원 운동량 벡터를 단순히 "4차원 속도 벡터에 질량 m을 곱한 것"으로 정의하지 않았다는 사실이다. 만일 그렇게 정의한다면 질량이 0인 대상의 경우에는 운동량 벡터 자체가 정의될 수 없다는 어려움이 생긴다. 대신에 우리는 (3-14)식 형태로 4차원 운동량 벡터를 도입한 후, 이것이 (3-15)식의 관계를 만족시키도록 정의했다. 이렇게 함으로써 질량 m이 0인 경우에도 운동량 벡터가 정의될 수 있으며, 질량이 0이 아닌 경우에는 4차원 운동량 벡터가 "4차원 속도 벡터에 질량 m을 곱한 것"과 일치함을 보일 수 있다[(3-16)식 참조].

이제 우리는 양자역학의 적용 대상을 빛과 같이 질량이 0인 경우와 전자 등 여타 물질 입자와 같이 질량이 0이 아닌 경우로 구분하여, 그 각각에 적용되는 동역학 방정식을 구해보기로 한다.

※ 질량 없는 대상의 동역학 방정식

질량을 가지지 않은 대상, 즉 $m=0$인 경우, (5-19)식은 $E^2-c^2p^2=0$이 되며, 따라서 에너지 E의 값은 아래의 관계를 만족한다.

$$E^2 = c^2 p^2 \qquad (5\text{-}20)$$

이 관계식에서 우리는 고전역학적 물리량 p와 E를 대응원리에 따라 여기에 해당하는 양자역학적 물리량 $\hbar k$와 $\hbar\omega$의 기대치로 대치하면

$$\hbar^2 < \hat{\omega}^2 >= c^2\hbar^2 < \hat{k}^2 > \qquad (5\text{-}21)$$

과 같은 관계식을 얻는다. 여기에 다시 (5-13)식과 (5-14)식으로 주어진 방식으로 기대치들의 표현을 대입하면 다음과 같아진다.

$$\int \Psi^*(x,t)\left(-\hbar^2\frac{\partial^2}{\partial t^2}\right)\Psi(x,t)dx = \int \Psi^*(x,t)\left(-c^2\hbar^2\frac{\partial^2}{\partial x^2}\right)\Psi(x,t)dx \qquad (5\text{-}22)$$

이 관계식이 성립하기 위해서는 양변의 피적분 함수들이 서로 같아야 하는데, 이는 곧 상태함수 $\Psi(x,t)$가 다음과 같은 방정식을 만족해야 함을 의미한다.

$$\frac{\partial^2}{\partial t^2}\Psi(x,t) = c^2\frac{\partial^2}{\partial x^2}\Psi(x,t) \qquad (5\text{-}23)$$

이것이 바로 정지질량이 없는 존재물에 적용되는 양자역학의 동역학 방정식이다. 이 방정식은 우리가 이미 (2-48)식에서 보았던 파동방정식의 형태를 지니며, 이 편미분 방정식을 만족하는 함수의 가장 일반적 형태는

$$\Psi(x,t) = \sum_n \Phi_n e^{i(k_n x - \omega_n t)} \qquad (5\text{-}24)$$

로 표현될 수 있다. 다만 2.3절에서 논의했듯이 이것이 지정된 방정식의 해가 되기 위해서는 그 안의 가능한 모든 공간진동수 k_n과 이에 대응하는

시간진동수 ω_n 사이에 다음과 같은 조건이 만족되어야 한다.

$$\omega_n^2 = c^2 k_n^2 \tag{5-25}$$

일단 이 조건만 성립하면, 각 항의 계수 Φ_n이 어떤 값이 되더라도 (5-24)식의 함수 $\Psi(x,t)$는 적법한 해가 된다.[46] 이것이 말해주는 것은 이러한 조건 아래 다양한 파장 $\lambda_n = 2\pi/k_n$을 지닌 평면파 $e^{i(k_n x - \omega_n t)}$들의 임의의 결합이 모두 가능한 상태로서의 자격을 가진다는 것이다. 그러니까 (5-24)식은 여러 가지 색깔파장을 지닌 빛들의 묶음이라고 할 수 있다. 실제로 계수의 집합 $\{\Phi_n : n = 1, 2, ...\}$이 어떤 값을 가지느냐에 따라 그 구성의 내용이 결정된다. 여기서 한 가지 특기할 점은 각 파동의 파형이 진행하는 속도의 크기 v_n은 (5-25)식으로부터

$$v_n = \frac{\lambda_n}{T_n} = \left|\frac{\omega_n}{k_n}\right| = c \tag{5-26}$$

가 되므로 이 파동들의 파형은 모두 그 파장에 무관하게 일정한 값 c로만 진행함을 알 수 있다. 따라서 (5-24)식으로 표현된 임의의 파동 또한 그 모양에 뒤틀림이 없이 일정한 속도 c로 진행하게 된다.[47] 이미 앞에서 강조한 바와 같이 이 보편상수 c는 시간과 공간 변수의 단위를 조정하는 과정에서 도입된 것인데, 여기서 보는 것처럼 정지질량이 없는 모든 존재물, 특히 그 대표적 사례인 빛이 c에 해당하는 속도로만 진행함이 입증되었기에 이제 상수 c를 '빛의 속도'라고 부를 타당성을 얻은 셈이다.

그런데 흥미롭게도 (5-23)식으로 표시된 양자역학의 동역학 방정식과 (5-24)식, (5-25)식으로 표현된 빛의 양자역학적 상태함수 속에는 상대성

이론의 보편상수 c는 명시적으로 드러나 있으나, 정작 양자역학의 보편상수 $\hbar$는 눈에 띄지 않는다. 그러나 이 상태함수의 내용을 들여다보면 그 속에 이미 양자역학적 의미의 운동량과 에너지가 각각 k_n과 ω_n의 형태로 들어있음을 알 수 있다. 실제로 (5-25)식이 말해주는 것은 이 대상의 에너지 ω_n은 반드시 운동량 k_n과 $\omega_n^2 = c^2k_n^2$의 관계를 맺어야 한다는 사실이다. 오히려 이 상태함수가 고전적 운동량 $p(\equiv \hbar k)$와 고전적 에너지 $E(\equiv \hbar\omega)$를 명시적으로 담지 않고 k_n과 ω_n만을 담고 있다는 점이 바로 양자역학적 성격을 드러내는 것이라고 말할 수도 있다.

※ 질량 있는 대상의 동역학 방정식

이번에는 질량 m이 0이 아닌 일반적인 물질 입자의 경우를 생각하자. 그리고 논의를 일반화하기 위해 이 대상은 주변으로부터 보존력 형태의 힘을 받으며, 그 힘의 효과가 이것의 실효질량 $m(x)$ 안에 반영되어 있다고 생각하자. 이럴 경우 이 대상의 특성은 질량 $m(x)$ 안에 모두 반영되어 있으며, 이것이 함축하는 에너지는 제3장에서 논의한 바와 같이 [(3-22)식 참조]

$$m(x)c^2 = mc^2 + V(x) \tag{5-27}$$

로 나타낼 수 있다. 이러한 대상의 양자역학적 상태가 만족해야 할 운동방정식을 찾기 위해 이번에도 (5-19)식을 바탕으로 하여 위에 수행한 것과 흡사한 논의를 전개할 수 있다. 이 경우 (5-19)식은

$$p^2 - E^2/c^2 = -m(x)^2c^2 \tag{5-28}$$

형태로 적을 수 있고, 이는 다시 다음과 같이 고쳐 쓸 수 있다.

$$-E^2 + c^2p^2 + (m(x)c^2)^2 = 0 \tag{5-29}$$

이 식의 마지막 항에 (5-27)식을 대입하고, $mc^2 \gg V(x)$의 근사를 사용하면

$$(m(x)c^2)^2 = (mc^2 + V(x))^2 \simeq m^2c^4 + 2mc^2V(x)$$

의 관계를 얻으며, 이를 (5-29)식에 넣으면 다음과 같은 결과를 얻는다.

$$-E^2 + c^2p^2 + m^2c^4 + 2mc^2V(x) = 0 \tag{5-30}$$

여기서도 앞서 질량이 없는 대상의 경우에 했던 대로 이 식을 상태 $\bar{\Psi}(x,t)$에 대한 기대치로 보고 (5-13)식과 (5-14)식, 그리고 (5-12)식의 표현을 여기에 대입하면 다음과 같은 표현을 얻는다.

$$\int \bar{\Psi}^*(x,t)\left(\hbar^2\frac{\partial^2}{\partial t^2} - \hbar^2c^2\frac{\partial^2}{\partial x^2} + m^2c^4 + 2mc^2V(x)\right)\bar{\Psi}(x,t)dx = 0$$

여기서 0이 아닌 함수 $\bar{\Psi}^*(x,t)$에 대해 우변이 항상 0이기 위해서는 피적분 함수의 나머지 부분이 0이 되어야 한다. 이는 곧 상태함수 $\bar{\Psi}(x,t)$가 다음과 같은 관계식을 만족시켜야 함을 의미한다.

$$(\hbar^2\frac{\partial^2}{\partial t^2} - \hbar^2c^2\frac{\partial^2}{\partial x^2} + m^2c^4 + 2mc^2V(x))\bar{\Psi}(x,t) = 0 \tag{5-31}$$

여기서 문제를 좀 더 단순화시키기 위해 함수 $\bar{\Psi}(x,t)$를 다음과 같이 치환해 보자.

$$\bar{\Psi}(x,t) = \Psi(x,t)e^{-imc^2t/\hbar} \tag{5-32}$$

이 경우 위의 첫 항은 다음과 같이 된다.

$$\hbar^2\frac{\partial^2}{\partial t^2}(\Psi e^{-imc^2t/\hbar}) = (\hbar^2\frac{\partial^2\Psi}{\partial t^2} - 2imc^2\hbar\frac{\partial\Psi}{\partial t} - m^2c^4\Psi)e^{-imc^2t/\hbar}$$

이제 첫 항과 나머지 항들을 모두 (5-31)식에 대입하면

$$\hbar^2\frac{\partial^2\Psi}{\partial t^2} - 2imc^2\hbar\frac{\partial\Psi}{\partial t} - \hbar^2c^2\frac{\partial^2\Psi}{\partial x^2} + 2mc^2V(x)\Psi = 0$$

이 되며, 다시 양변을 $2mc^2$으로 나누면 다음과 같이 된다.

$$i\hbar\frac{\partial\Psi}{\partial t} = -\frac{\hbar^2}{2m}\frac{\partial^2\Psi}{\partial x^2} + \frac{\hbar^2}{2mc^2}\frac{\partial^2\Psi}{\partial t^2} + V(x)\Psi \tag{5-33}$$

이 식의 우변 첫째 항과 둘째 항은 각각 공간적 변위에 따른 상태변화 양상과 시간적 변위에 따른 상태변화 양상을 나타낸다. 만일 상태변화의 시공간 의존성이 일상적 속도 v의 범위 내에서 일어난다면 대략 $\frac{\partial^2\Psi}{\partial x^2} \approx \frac{1}{v^2}\frac{\partial^2\Psi}{\partial t^2}$의 관계가 성립해야 할 것이다. 그런데 우변의 둘째 항은 $\frac{1}{c^2}\frac{\partial^2\Psi}{\partial t^2} = (\frac{v^2}{c^2})\frac{1}{v^2}\frac{\partial^2\Psi}{\partial t^2} \approx (\frac{v^2}{c^2})\frac{\partial^2\Psi}{\partial x^2}$로 근사될 것이므로 우변의 첫째 항에 비해 v^2/c^2의 비율로 그 기여가 작을 것으로 예상된다. 그러므로 $v^2 \ll c^2$의 관계가 예상되는 비상대론적 영역에서는 이 둘째 항이 무시될 것이며, 따라서 상태 $\Psi(x,t)$가 만족해야 할 식은 다음과 같다.

$$i\hbar\frac{\partial}{\partial t}\Psi(x,t) = -\frac{\hbar^2}{2m}\frac{\partial^2}{\partial x^2}\Psi(x,t) + V(x)\Psi(x,t) \tag{5-34}$$

이것이 바로 유명한 슈뢰딩거 방정식인데, 이것은 질량 m을 지닌

대상이 비상대론적 영역에서 만족해야 할 양자역학적 동역학 방정식에 해당한다. 엄격히 말하면 이 대상의 상태함수는 (5-32)식에 주어진 대로

$$\bar{\Psi}(x,t) = \Psi(x,t)e^{-imc^2t/\hbar}$$

가 되어야 하나 연산자 $\hat{A}$로 주어진 임의의 물리량에 대한 기대치는 항상

$$\int \bar{\Psi}^*(x,t)\hat{A}\bar{\Psi}(x,t)dx = \int \Psi^*(x,t)\hat{A}\Psi(x,t)dx$$

로 주어지므로 실질적으로 상태함수는 $\bar{\Psi}(x,t)$ 대신 $\Psi(x,t)$를 사용해도 무방하다. 앞서 지적했듯이 이같이 $\Psi(x,t)$를 사용한다는 것은 $mc^2 \equiv 0$이 되도록 에너지의 기준점을 옮긴 상황에서의 서술이라고 할 수 있다.

5.3 자유입자의 동역학

※ 자유입자의 동역학 방정식

이제 하나의 특별한 경우, 대상 입자가 주위로부터 아무 힘도 받지 않는 자유입자의 경우를 생각해보자. 이것은 대상의 질량 m이 위치에 무관하다는 것 즉 위의 관계식에서 $V(x)=0$인 경우를 의미한다. 따라서 이 경우 슈뢰딩거 방정식은 다음과 같이 단순화된다.

$$i\hbar\frac{\partial}{\partial t}\Psi(x,t) = -\frac{\hbar^2}{2m}\frac{\partial^2}{\partial x^2}\Psi(x,t) \tag{5-35}$$

이제 이를 만족하는 가장 일반적인 해를 다음과 같은 형태로 적어볼 수 있다.

$$\Psi(x,t) = \sum_n \Phi_n e^{i(k_n x - \omega_n t)} \tag{5-36}$$

이것은 평면파들의 일차적 결합의 형태를 취하는데, 다만 여기서의 k_n과 ω_n 곧 운동량과 에너지는 다음과 같은 조건을 만족해야 한다.

$$\hbar\omega_n = \frac{\hbar^2 k_n^2}{2m} \tag{5-37}$$

이것은 고전역학에서의 운동에너지 표현에 해당하는데, 양자역학에서도 힘을 받지 않는 대상의 경우 그것이 가질 수 있는 에너지는 오직 운동에너지 뿐 임을 말해준다. 질량을 가지되 힘을 받지 않는 대상이 가지게 되는 이러한 양자역학적 상태함수 즉 (5-36)식, (5-37)식을 질량을 아예 가지지 않는 대상 예컨대 빛이 가지게 되는 양자역학적 상태함수인 (5-24)식, (5-25)식과 견주어보면 흥미롭다. 이들은 모두 평면파들의 선형 결합 형태의 상태함수를 가지지만 그 파들의 공간진동수 k와 시간진동수 ω 사이의 관계가 서로 다르다는 것을 알 수 있다. 이러한 관계 특히 ω의 k 의존성을 나타내는 함수 $\omega(k)$를 분산관계dispersion relation라 부르는데, 이는 바로 그 평면파가 나타내는 운동량과 에너지 사이의 관계를 나타내는 것으로, 빛과 물질입자가 모두 파동성을 가졌으나 이들이 나타내는 에너지-운동량 관계 즉 분산관계dispersion relation에서 차이가 난다. 한편 우리가 곧 보이겠지만 이러한 분산관계는 이들이 지닌 속도를 결정해주는 것이어서 빛과 물질입자가 같은 평면파들로 표현되지만 이들이 서로 다른 속도를 가지게 되는 것은 이러한 분산관계의 차이를 통해 설명된다.

※ 파동묶음과 그룹속도

위에서 본 바와 같이 빛과 자유입자의 양자역학적 상태가 모두 파동성을 나타낸다는 점이 드러났으나 엄격히 말하면 이들의 상태함수가 이러한 파동들의 가능한 결합 형태를 가진다고 해야 옳다. 특히 이들이 놓일 위치 공간상에 특정한 제약이 없는 한 이 파동들이 취하게 될 가능한 파장에 해당하는 k_n의 값에 아무런 제약이 없다. 우리는 위에서 (5-23)식과 (5-35)식으로 주어진 동역학 방정식들의 해를 (5-24)식과 (5-36)식에서처럼 불연속적인 k_n $(n=1,2,...)$값에 해당하는 항들의 결합으로 표현했으나, 이러한 k_n의 값들은 무한히 촘촘하게 하여 실제 k공간을 점유하는 연속 변수 k로 바꾸어도 아무 상관이 없다. 단지 정수 n에 관한 총합 $\sum_n$을 k공간에서의 적분으로 바꾸어 쓰기만 하면 된다. 이렇게 할 경우 이 두 상태는

$$\Psi(x,t) = \frac{1}{\sqrt{2\pi}}\int \Phi(k)e^{i(kx-\omega t)}dk \tag{5-38}$$

로 주어지는데, 이것이 형태상으로는 (4-8)식으로 주어진 푸리에 역-변환의 모습을 지닌다. 오직 (4-8)식에서와 달리 여기에는 시간 의존성을 지닌 ωt가 첨부되어 있으나 여기서 ω는 k의 함수로 일의적으로 결정되기에 이에 관한 별도의 적분은 요구되지 않는다.

앞에서 이미 언급했듯이 ω와 k의 함수관계 즉 분산관계로 불리는 함수 $\omega(k)$는 이 대상이 무엇이냐에 따라 달라지는데, 대상이 빛일 경우

$$\omega = ck \quad (\text{더 엄격히는 } \omega^2 = c^2k^2) \tag{5-39}$$

로 주어지고, 대상이 자유입자일 경우

$$\hbar\omega = \frac{\hbar^2 k^2}{2m} \tag{5-40}$$

로 주어진다. 이를 조금 달리 말한다면 (5-39)식 혹은 (5-40)식의 조건을 만족하는 k공간의 함수 $\Phi(k)$가 바로 이들 대상의 상태를 표현해준다는 이야기이기도 하다.

우리는 이러한 상태함수를 보고 이것이 파동적 성격을 보인다는 말을 이해하게 되었는데, 사실은 같은 상태함수를 보고 이것이 입자적 성격을 가진다는 말도 할 수 있다. 예를 들어 (5-38)식에서 각각의 k에 대한 상대적 비중을 나타내는 $\Phi(k)$의 값들이 적절한 방식으로 분포된다면, 좌변의 함수 $\Psi(x,t)$는 특별한 한 x값을 중심으로 좁게 분포된 채로 시간에 따라 변해나갈 수 있다. 이렇게 될 경우, 이 함수는 x값을 중심에 둔 한 입자의 움직임을 나타낸다고 말할 수 있다. 일반적으로 푸리에 변환의 성격상 $\Phi(k)$가 좁은 k 영역에 집중될수록 $\Psi(x)$는 상대적으로 넓은 x 영역으로 퍼지고, 반대로 $\Phi(k)$가 넓은 k 영역으로 퍼지면 $\Psi(x)$는 좁은 x 영역으로 집중된다. 그래서 어느 쪽을 더 넓히고 좁히느냐에 따라 파동적 성격이 더 두드러지기도 하고 입자적 성격이 더 두드러지기도 한다.

이러한 것 가운데 특히 우리의 관심을 끄는 것은 양 쪽의 성격이 적절히 절충되어 파동적 성격을 유지하면서도 전체적으로는 한 무더기가 되어 집중된 공간을 점유하며 움직여가는 경우이다. 이러한 것을 파동묶음wave

〈그림 5-1〉 파동과 파동묶음의 운동

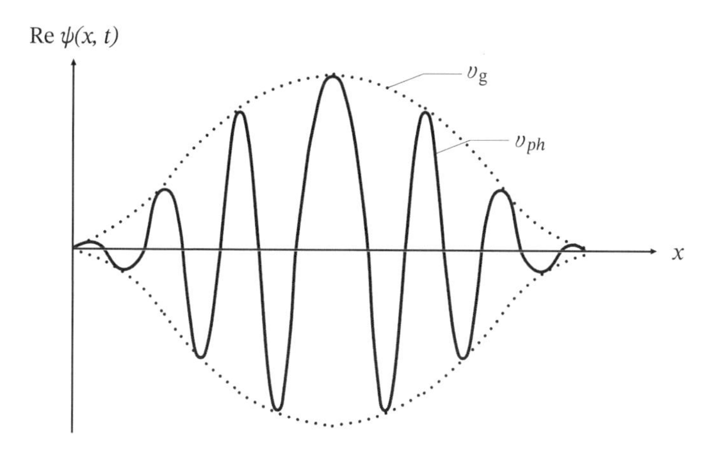

packet 또는 파속波束이라 하는데, 그 전형적인 모습을 〈그림 5-1〉에 제시했다. 실제로 위치와 운동량을 모두 나타내는 고전역학적 운동에 가장 가까운 양자역학적 서술이 파동묶음의 운동이라 할 수 있다. 여기서 유의할 점은 하나의 파동묶음 안에는 여러 개의 파들이 한 무더기로 뭉쳐 있지만 이것은 여러 입자들의 무더기가 아니라 한 입자의 상태가 이러한 모습을 지닌다는 사실이다. 그래서 한 파동묶음 안에는 운동량을 비교적 잘 나타내는 중심 k값이 두드러지며 동시에 위치를 비교적 잘 나타내는 진폭의 중심 위치 또한 두드러지는 모습을 보인다.

이제 이러한 파동묶음의 운동을 서술하기 위해 $\Phi(k)$의 값이 특정한 k_0에서 최대치를 가지며 이를 중심으로 한 좁은 영역 $\Delta k=k-k_0$이외에서는 그 값이 0에 가까운 함수 $g(k-k_0)$형태를 지녔다고 하자. 그리고 위에서 보았듯이 ω의 k 의존성은 대상의 특성에 따라 달라지기에, 여기서는 이를 단순히 함수 $\omega(k)$로 표기하기로 한다. 이제 $(k-k_0)$가 좁은 영역이라고 가정하고 함수 $\omega(k)$를 k_0를 중심으로 테일러 전개하여 그 1차 근사를 취하면 다음과 같다.

$$\omega(k) = \omega(k_0) + (k - k_0)\left[\frac{d\omega(k)}{dk}\right]_{k=k_0} + \ldots \qquad (5\text{-}41)$$

우리가 이제 (5-38)식으로 표시된 상태함수에 $\Phi(x)=g(k-k_0)$와 (5-41)식으로 표현된 $\omega(k)$를 대입하면 상태함수가 다음과 같은 파동묶음 형태로 표현된다.

$$\Psi(x,t) = \left[\frac{1}{\sqrt{2\pi}}\int g(k-k_0)e^{i(k-k_0)(x-v_g t)}dk\right]e^{ik_0(x-v_{ph}t)} \qquad (5\text{-}42)$$

여기서 큰 괄호 속에 들어있는 부분은 평면파 $e^{ik_0(x-v_{ph}t)}$의 진폭에 해당하는 양인데, 이 진폭 자체가 다시 속도 v_g로 이동해가고 있음을 보여준다. 그리고 이 안에 있는 위상속도phase velocity v_{ph}와 그룹속도group velocity v_g는 각각

$$v_{ph} = \frac{\omega(k_0)}{k_0}, \quad v_g = \left[\frac{d\omega(k)}{dk}\right]_{k=k_0} \qquad (5\text{-}43)$$

으로 정의된 양이다. (5-42)식으로 표현된 파동묶음이 말해주는 것은 이 대상 입자가 근사적인 운동량 $\hbar k_0$을 지니고 괄호

$$\left[\frac{1}{\sqrt{2\pi}}\int g(k-k_0)e^{i(k-k_0)(x-v_g t)}dk\right]$$

로 표시된 진폭의 중심에 위치하면서 속도 v_g로 움직이고 있음을 나타낸다.

여기서 위상속도 v_{ph}는 주된 평면파 $e^{ik_0(x-v_{ph}t)}$의 파형이 움직이는 속도로 실제 관측되는 대상은 아니다.

자유입자의 경우를 보면 함수 $\omega(k)$가 $\omega(k)=\frac{\hbar k^2}{2m}$의 관계를 만족하므로 위상속도와 그룹속도는 각각 다음과 같이 된다.

$$v_{ph}=\frac{\hbar k_0}{2m}=\frac{p_0}{2m},\ v_g=\frac{\hbar k_0}{m}=\frac{p_0}{m} \tag{5-44}$$

여기서 p_0는 고전적 운동량 $\hbar k_0$을 말하는데, 위의 둘째 식이 보여주듯이 파동묶음의 그룹속도 v_g가 바로 고전적 입자의 속도에 해당하며, 위상속도 v_{ph}는 오히려 그것의 반값에 해당한다. 한편 빛을 비롯한 질량 없는 입자의 경우에는 $\omega(k)=ck$이므로 위상속도가 $v_{ph}=c$일 뿐 아니라 그룹속도 또한 $v_g=c$임을 보여준다. 즉 이 경우 에너지시간진동수는 파장공간진동수에 의존하지만 속도는 에너지나 파장에 무관하게 항상 일정한 값 c를 가지게 됨을 말해준다.

다시 한 번 요약하면 질량 없는 입자와 질량이 있는 자유입자는 모두 동일한 형태의 상태함수 즉 임의로운 파장을 지닌 평면파들의 임의로운 결합 형태를 지니고 있으나, 이 파동들의 분산관계 $\omega(k)$는 각각 $\omega(k)=ck$와 $\omega(k)=\frac{\hbar k^2}{2m}$으로 서로 다르며, 따라서 이들이 파동묶음 형태의 상태를 이룰 때 그것의 속도는 질량 없는 입자의 경우 무조건 상수 c가 되고, 질량이 있는 자유입자의 경우에는 고전적 입자가 움직이는 속도와 같게 된다.

한편 이들의 상태함수를 구성하는 평면파들이 어떤 비율로 구성될 것인가 하는 점은 이들이 실제 발생하고 경과해 온 과정에 의해 결정된다. 예컨대 같은 광원에서 나온 빛이라 하더라도 특정된 파장의 빛만 통과시키는 장치를 거쳐 나온 빛은 특정 k값을 지닌 평면파에 가까울 것이고, 또 도중에 차단장치를 두어 이 빛을 차단했다가 짧은 시간동안만 통과시키면 비교적 작은 공간을 점유하는 파동묶음 형태를 이루며 진행하게 된다. 실제로 우리가 빛의 속도를 잰다고 하는 것은 이 파동묶음의 속도 즉 그룹속도를 재는 것인데, 그 값이 위에서 우리가 보았듯이 이른바 광속도 c에 해당하는 것이다.

질량을 지닌 자유입자의 경우에도 상황은 비슷하다. 예를 들어 특정 금속에 자극을 주어 전자들이 튀어나오게 한 후 특별한 속도운동량를 지닌 것만 골라내는 장치를 통과시키면 이것 또한 특정 k값을 지닌 평면파에 가까울 것이고, 또 차단장치를 두어 이 흐름을 차단했다가 짧은 시간동안만 통과시키면 작은 공간을 점유하는 파동묶음의 형태 곧 고전적 입자에 가까운 모습으로 진행해 나갈 것이다. 이때 이것이 지닌 속도가 바로 $\hbar k_0/m$이 되지만, 이 안에는 이 k_0값을 중심으로 한 여러 k값들을 지닌 평면파들이 함께 있어서 그 합성된 결과가 작은 공간을 점유하는 파동묶음을 이루고 있음에 유의해야 한다.

5.4 1차원 고리 모형과 스핀

※ 1차원 고리 모양의 공간 안에 놓인 입자

지금까지 살펴본 빛이나 자유입자의 경우 대상 입자가 놓이는 공간

〈그림 5-2〉 1차원 고리 위에 놓인 입자

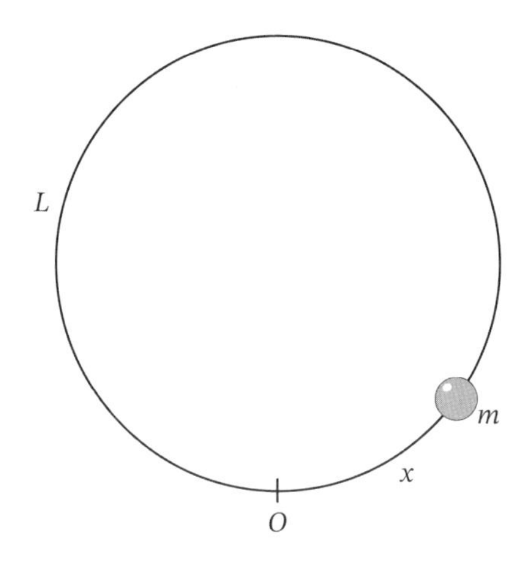

영역에 아무런 제약이 없었으며 그러한 경우 상태함수가 취할 가능한 운동량의 값에도 아무 제약이 없었다. 즉 공간변수 x영역에 특별한 제약이 없는 한, 가능한 운동량의 값 k_n도 아무런 제약을 받지 않는다. 그러나 공간변수 영역에 제약이 있는 경우에는 사정이 달라진다.

이제 하나의 예로서 〈그림 5-2〉에 보인 것과 같은 1차원 고리 모양의 공간에 놓인 입자의 경우를 생각하자. 이것은 둘레의 길이가 L인 고리 모양의 궤적을 따라 움직이는 자유입자의 사례이다. 이때 이 입자가 점유할 수 있는 영역은 $x=0$에서 $x=L$까지 이며 따라서 이 영역을 넘어서는 변수 예컨대 $x+L$은 실제 x와 같은 위치에 해당하므로 상태함수 $\Psi(x,t)$는 다음과 같은 조건을 만족해야 한다.

$$\Psi(x,t) = \Psi(x+L,t) \tag{5-45}$$

이 조건을 k공간의 함수로 표현된

$$\Psi(x,t) = \sum_n \Phi_n e^{i(k_n x - \omega_n t)} \tag{5-46}$$

에 적용시키면, 여기서의 k_n의 값은 조건

$$k_n(x+L) = k_n x + 2\pi n \quad (n = 0, \pm 1, \pm 2, \cdots)$$

을 만족해야 하며, 이에 따라 허용되는 k_n의 값들, 따라서 운동량의 값들은 다음과 같이 된다.

$$k_n = \frac{2\pi}{L}n,\ p_n = \hbar k_n = \frac{2\pi\hbar}{L}n = \frac{h}{L}n \quad (n = 0, \pm 1, \pm 2, \cdots) \tag{5-47}$$

그리고 만일 이 대상이 질량 m을 지닌 자유입자라면, (5-40)식으로 주어진 분산관계에 따라 이것이 지닐 가능한 에너지 또한 다음과 같은 특정한 값들로 제한된다.

$$E_n = \hbar\omega_n = \frac{\hbar^2 k_n^2}{2m} = \frac{h^2}{2mL^2}n^2 \quad (n = 0, \pm 1, \pm 2, \cdots) \tag{5-48}$$

여기서 보다시피 길이 L이 무한대가 되면 k는 사실상 연속치를 가지게 되나, L이 작아질수록 허용되는 k값들 사이의 간격 $2\pi/L$이 커져서 운동량 그리고 에너지 값들은 띄엄띄엄 떨어진 값들만을 가지게 된다. 이러한 성질이 '양자역학量子力學, quantum mechanics'이란 명칭을 보편화시키는 데 크게 기여했으나[48], 이것은 사실상 공간과 그 상반공간의 관계가 가지는 일반적 성질이며, 따라서 양자역학의 가장 본질적 특성이 바로 공간과 상반공간 사이의 이러한 상반관계에 연유함을 말해준다.

우리는 또한 이 문제를 조금 다른 시각에서 살펴볼 수도 있다. 즉 물체의 위치 x를 고리 중심을 기준으로 한 각 θ로 나타낼 수 있으며, 이 경우 이들 사이에는 $x=R\theta$의 관계가 성립한다. 여기서 R은 고리의 반경이며, 둘레의 길이 L과는 $L=2\pi R$의 관계를 가진다. 한편 운동량 $\hbar k$에 반경 R을 곱한 것을 각운동량이라 하는데, 그것은 θ의 상반 변수를 l이라 할 때, $\hbar l$에 해당하는 값이다. 따라서 허용되는 k 값과 l값 사이에는 $k=l/R$의 관계가 성립한다. 이제 이들의 값을 (5-46)식에 넣으면 상태함수는 다음과 같이 표현된다.

$$\Psi(\theta, t) = \sum_n \Phi_n e^{i(l_n\theta - \omega_n t)} \tag{5-49}$$

여기에 조건

$$\Psi(\theta, t) = \Psi(\theta + 2\pi, t)$$

를 적용시키면

$$l_n(\theta + 2\pi) = l_n\theta + 2\pi n \quad (n = 0, \pm 1, \pm 2, \cdots)$$

이 되어야 하며, 이는 곧

$$l_n = n \quad (n = 0, \pm 1, \pm 2, \cdots) \tag{5-50}$$

임을 의미한다. 실제 각 θ에 대응하는 정준 운동량[(2-36)식 참조]은 각운동량이며 이 경우 그 값은 $\hbar l$로 표현되므로 허용되는 각운동량은 상수 $\hbar$의 정수배가 된다는 것을 말해준다. 다시 말해 공간이 고리형 대칭성을 가짐으로써 공간 변수를 그 중심에 대한 각도로 취할 경우, 그 상반공간은 각운동량 공간이 되며, 그것이 취할 값들은 (상수 $\hbar$를 고려하지 않을 경우) 단순히 정수 값들만 임을 말해준다.

※ 스핀과 개별상태 교환

고전역학에서는 전혀 알려지지 않았던 것으로 양자역학과 더불어 새롭게 발견된 매우 중요하면서도 흥미로운 물리량으로 스핀spin 이라는 것이 있다. 이것의 기원을 정확히 밝히기는 어렵지만, '상태 교환 공간'이라 부를만한 일종의 내부 공간의 성격과 관련된 것으로 생각해볼 수 있다. 또한 양자역학에서는 고전역학에는 없었던 "동일입자identical particle"라는 독특한 개념을 상정할 필요가 있다. 예를 들어 두 개의 전자는 그 특성에 있어서 아무런 차이가 없기에 이들을 구분해 확인할 어떤 방법도 찾을 수 없다. 만일 N개의 전자들을 서술 대상으로 삼는다면 이를 나타낼 상태 Ψ에는 개개의 전자에 해당하는 개별 변수를 도입해야 하지만, 이를 도입하기 위해 활용한 가상적 순위 이외에 더 이상 이들을 구분해 구체적 대상에 연결할 방법은 없다.

이제 각각 운동량 $p_1, p_2, \ldots, p_N$에 있는 N개의 동일입자계가 있다고 하자. 이 경우 이 입자계 전체의 상태를

$$|p_1, p_2, \ldots, p_N >$$

로 나타낼 수 있다. 이렇게 할 때 우리는 이 각 전자의 정체성에 대해

오직 그 배열의 순위만으로 이를 지칭할 수 있을 뿐이다. 예를 들어 상태 $|p_1, p_2, \dots, p_N>$는 첫 입자가 개별상태 p_1에, 둘째 입자가 개별상태 p_2에 있다는 것 등으로 첫 입자, 둘째 입자 등을 구분해 호칭할 수 있다. 이렇게 할 경우 상태 $|p_2, p_1, \dots, p_N>$는 첫 입자가 개별상태 p_2에, 둘째 입자가 개별상태 p_1에 있다는 것을 의미한다. 그러므로 만일 개별상태 p_1과 개별상태 p_2가 서로 자리를 바꾸어 전체 상태 $|p_1, p_2, \dots, p_N>$가 $|p_2, p_1, \dots, p_N>$로 되었다면, 이는 첫째 입자와 둘째 입자가 서로 그 상태를 교환했다는 것을 의미한다.

여기서 제기되는 흥미로운 질문은 이렇게 될 경우 이 두 개의 상태 곧 $|p_1, p_2, \dots, p_N>$와 $|p_2, p_1, \dots, p_N>$는 서로 같은 상태냐 혹은 다른 상태냐 하는 점이다. 그 대답은 입자계의 종류에 따라 다르다는 것이다. 즉 이처럼 두 입자가 그 상태를 교환할 경우, 그 대상계가 보손boson 이라는 종류의 입자계라면 그 전체 상태가

$$|p_2, p_1, \dots, p_N> = |p_1, p_2, \dots, p_N> \quad (5\text{-}51)$$

로 되어 아무런 변화도 가져오지 않는 반면, 페르미온fermion 이라는 종류의 입자계라면

$$|p_2, p_1, \dots, p_N> = -|p_1, p_2, \dots, p_N> \quad (5\text{-}52)$$

로 되어 그 전체 상태의 부호가 바뀌게 된다.

이러한 상황을 이해하기 위해 이 대상계 내에 (각도角度 성격을 지닌) 변수 θ로 서술되는 '내부 공간'이 있어서 이 대상계의 상태가 $\Psi e^{is\theta}$ 형태로

표현된다고 해보자. 여기서 Ψ는 이 내부 공간을 고려하지 않았을 경우의 상태를 말한다. 그리고 이제 이 내부 변수 θ로 서술되는 공간은 "상태교환 공간"으로서 개별 입자들의 상태가 서로 자리바꿈하는 상황을 나타내는 것으로 보자. 좀 더 구체적으로 어떤 한 쌍의 개별 상태들 예컨대 p_1과 p_2가 서로 자리를 바꿀 때마다 θ가 2π씩 증가하는 것으로 규정하자.

이렇게 할 경우 θ가 4π 증가하면 다시 제자리로 돌아오므로 이 상태함수는 $\Psi e^{is\theta}=\Psi e^{is(\theta+4\pi)}$에 해당하는 경계조건을 가지게 되며 이를 만족하는 '각운동량' s의 값은

$$s_n = \frac{1}{2}(0, 1, 2, \ldots) \tag{5-53}$$

이 된다. 이렇게 할 때 S_n은 두 종류로 나뉘게 된다. 첫째는

$$s_n = 0, 1, 2, \ldots \tag{5-54}$$

처럼 s_n이 정수인 경우로서 $\Psi e^{is(\theta+2\pi)}=\Psi e^{is\theta}$가 되어 θ값이 2π만큼 증가함에 대해, 즉 한 쌍의 개별상태들의 자리바꿈에 대해 전체 상태의 부호가 바뀌지 않는다. 그리고 둘째로는

$$s_n = 1/2, 3/2, \ldots \tag{5-55}$$

처럼 s_n이 반정수인 경우로서 $\Psi e^{is(\theta+2\pi)}=-\Psi e^{is\theta}$가 되어 θ가 2π 증가하면, 즉 개별상태 한 쌍이 자리를 바꾸면 전체 상태의 부호가 바뀌게 된다.

이렇게 도입된 각운동량 s를 우리는 "스핀spin 각운동량" 혹은 간단히 "스핀"이라 부른다. 그러니까 위에 말한 보손이라는 종류의 입자계는 그

스핀이 0, 1, 2,... 가운데 하나가 되는 종류의 입자계이며, 페르미온이라는 종류의 입자계는 그 스핀이 1/2, 3/2, 5/2,...가운데 하나가 되는 종류의 입자계라고 해석할 수 있다.

예를 들어 전자들은 그 스핀이 1/2인 페르미온 입자들이며, 따라서 상태 p_1과 상태 p_2가 자리를 바꿀 경우, 그 입자계의 상태가

$$|p_2, p_1, \ldots, p_N > = -|p_1, p_2, \ldots, p_N >$$

로 되어 부호가 바뀐다.

여기서 흥미로운 점은 페르미온의 경우, 만일 두 입자에 할당된 상태 p_1과 상태 p_2가 모두 p로서 서로 같다면 위의 식은

$$|p, p, \ldots, p_N > + |p, p, \ldots, p_N > = 2|p, p, \ldots, p_N > = 0$$

이 되어 상태 $|p, p, \ldots, p_N >$자체가 0이 된다. 그런데 상태 자체가 0이 된다는 것은 그러한 상태가 존재할 수 없다는 이야기이며, 따라서 페르미온 입자계에서는 두 개의 입자가 동일한 개별입자 상태를 점유할 수 없다는 결과가 된다. 이것은 특히 여러 전자를 지닌 원자 안에서 잘 드러나는 현상으로 "원자내의 어느 두 전자도 동일한 (개별) 상태를 점유할 수 없다"고 하는 이른바 "파울리의 배타원리Pauli exclusion principle"에 해당한다.

자연계에는 보손에 해당하는 입자로 질량이 0이며 스핀이 1인 광자photon가 있으며, 질량이 있는 π-중간자meson는 스핀이 0인 보손에 해당하고, 또 중양성자deuteron나 ρ, ω 등 벡터 중간자는 스핀이 1인

보손에 해당한다. 반면 페르미온에 속하는 입자로는 전자, 양성자, 중성자, 중성미자 등이 모두 스핀 1/2인 입자들이며, Δ입자 등 스핀 3/2인 입자들도 적지 않다. 또한 양성자, 중성자 등 무거운 입자들을 구성하는 쿼크quark 입자들도 스핀이 1/2인 것으로 알려지고 있다.[49]

※ 개별상태 교환과 연산자 교환관계

여기서 흥미로운 점은 이러한 개별상태 교환과 연산자의 교환관계를 연계시킬 수 있다는 사실이다. 우리가 앞으로 좀 더 자세히 논의하겠지만 이른바 생성연산자creation operator와 소멸연산자destruction operator를 통해 양자역학적 연산을 훨씬 더 편리하게 수행할 수 있는데, 그렇게 하기 위해 요청되는 것이 이른바 연산자 교환관계commutation relation를 설정하는 일이다. 여기서는 위에 논의한 개별상태 교환 논의를 통해 연산자의 교환관계가 어떻게 도출되는지를 보이고자 한다.

우선 한 입자계의 일반적인 상태를 앞 절에서 활용한 바와 같이

$$|p_1, p_2, .. >$$

의 형태로 나타내기로 하자.[50] 여기서 입자의 정체성을 논한다면 오직 그 출현 순서에 따라 처음 출현한 입자가 첫자리를 점유하며 둘째로 출현한 입자가 둘째 자리를 점유하는 것으로 정한다. 예를 들어 생성연산자 $a_p^\dagger$의 경우

$$a_{p_1}^\dagger|0,0>=|p_1,0>, \ \ a_{p_2}^\dagger a_{p_1}^\dagger|0,0>=|p_1,p_2>$$

$$a^\dagger_{p_2}|0,0> = |p_2, 0>, \ a^\dagger_{p_1}a^\dagger_{p_2}|0,0> = |p_2, p_1>$$

등으로 쓸 수 있다.

보손의 경우에는 $|p_1, p_2> = |p_2, p_1>$이므로

$$(a^\dagger_{p_1}a^\dagger_{p_2} - a^\dagger_{p_2}a^\dagger_{p_1})|0,0> = 0$$

가 되어 교환자commutator를

$$[a^\dagger_{p_1}, a^\dagger_{p_2}] \equiv a^\dagger_{p_1}a^\dagger_{p_2} - a^\dagger_{p_2}a^\dagger_{p_1}$$

로 정의할 경우

$$[a^\dagger_{p_1}, a^\dagger_{p_2}] = 0 \tag{5-56}$$

의 관계를 얻는다.

반면 페르미온의 경우에는 $|p_1, p_2> = -|p_2, p_1>$이므로

$$(a^\dagger_{p_1}a^\dagger_{p_2} + a^\dagger_{p_2}a^\dagger_{p_1})|0,0> = 0$$

가 되어 반대교환자anti-commutator를

$$\{a^\dagger_{p_1}, a^\dagger_{p_2}\} \equiv a^\dagger_{p_1}a^\dagger_{p_2} + a^\dagger_{p_2}a^\dagger_{p_1}$$

로 정의할 경우

$$\{a^\dagger_{p_1}, a^\dagger_{p_2}\} = 0 \tag{5-57}$$

의 관계를 얻는다.

마찬가지 논의를 소멸연산자 a_p 등의 교환관계에도 적용할 수 있으며, 일반적으로 생성연산자와 소멸연산자의 교환관계는 보손과 페르미온에 대해 각각 다음과 같이 주어진다.

$$[a_i, a_j^\dagger] = \delta_{ij} \text{ (보손의 경우)}$$

$$\{a_i, a_j^\dagger\} = \delta_{ij} \text{ (페르미온의 경우)}$$

제6장 양자역학이 말해주는 것들

How to
Understand
Quantum Mechanics

Ontological Revolution
brought by
Quantum Mechanics

6.1 양자역학이 풀어주는 전형적 문제들

※ 슈뢰딩거 방정식과 정상상태

우리는 앞에서 질량 m을 가지며 퍼텐셜 에너지 $V(x)$에 해당하는 힘을 받고 있는 대상의 상태 $\Psi(x,t)$가 만족해야 할 일반적인 조건이 (5-34)식으로 주어진 슈뢰딩거 방정식 곧

$$i\hbar\frac{\partial}{\partial t}\Psi(x,t)=-\frac{\hbar^2}{2m}\frac{\partial^2}{\partial x^2}\Psi(x,t)+V(x)\Psi(x,t) \tag{6-1}$$

의 수학적 해解가 되어야 함을 밝혔다. 그러나 실제로 이 방정식을 풀어 이 대상이 지닐 상태함수 $\Psi(x,t)$를 찾아내기 위해서는 우선 이 대상이 실제 받고 있는 힘 곧 퍼텐셜 에너지 $V(x)$의 구체적 모습을 알아야 한다.

자연계의 물체들은 다양한 형태의 힘을 받고 있지만 그 중 많은 것들은 자신이 놓인 평형 위치로부터 벗어나는 정도에 비례하여 되돌아오게 만들려는 복원력 형태의 힘을 받게 되는데, 그 대표적 사례가 우리가 2.2절에서 보았던 조화진자용수철에 매달린 물체이다. 우리는 이미 이러한 힘을 받는 대상이 어떠한 운동을 하게 되는지에 관한 고전역학적 서술에 대해 2.1절 〈사례 2〉에서 상세히 살펴보았는데, 바로 이러한 대상에 대한 양자역학적

서술은 어떻게 되는지에 대해 알아봄으로써 이 두 서술이 서로 어떻게 다른가를 구체적으로 확인할 수 있다.

그리고 고전역학에서 해명한 놀라운 대표적 사례가 태양 주변에서 회전하는 행성들의 운동이라고 한다면, 이에 버금가는 양자역학에서의 중요한 사례가 원자핵 주변에서 이를 둘러싸고 있는 전자들의 운동이라 할 수 있다. 사실 대상의 규모로 보면 하나는 천문학적 규모의 크기를 가진 대상이며, 다른 하나는 너무도 작아 아무리 좋은 현미경으로도 감별할 수 없는 대상이지만 이들 사이의 공통점 하나는 그 받고 있는 힘이 중심으로부터의 거리 제곱에 역-비례하는 형태를 지녔다는 점이다. 그렇기에 만일 고전역학이 그 대상의 규모에 무관하게 적용되는 보편 이론이라면 당연히 원자핵 주변의 전자들에 대해서도 행성의 운동과 같은 방식으로 설명되어야 할 것이지만, 그렇지 못했기에 새로운 동역학인 양자역학이 요청되었던 것이다. 그런데 이 새로운 동역학 곧 양자역학은 이를 성공적으로 서술해내었을 뿐 아니라 그 과정에서 종래에는 알지 못했던 새로운 많은 사실들을 밝혀내었다. 이것은 단순히 개별 원자들의 성격을 해명하는 데 그치는 것이 아니라 모든 물질세계가 원자들의 짜임으로 구성되어 있기에 결국은 물질세계의 다양한 성격을 그 바탕으로부터 이해하는 새로운 앎의 장을 열어놓은 것이라 할 수 있다. 이런 점에서 20세기 이후의 놀라운 기술문명이 바로 원자현상에 대한 이러한 이해에서 비롯했다고 해도 지나친 말이 아니다.

이번 제6장 특히 6.1절에서는 양자역학이 설명해주는 대표적인 두 문제 즉 조화진자의 운동과 원자를 구성하는 전자의 운동에 대해 되도록 상세히 논의하려 한다. 그러나 그 구체적 논의에 앞서 퍼텐셜 에너지 $V(x)$형태의 주변 영향을 받는 대상 곧 위치만에 의존하는 힘을 받는 대상의 경우, 슈뢰딩거 방정식을 두 개의 부분 곧 시간에 의존하는 부분과 시간에 무관한 부분으로 나눌 수 있음을 보이기로 한다. 이렇게 할 경우 우리가 일단 시간에 무관한 부분에 대한 해를 구하기만 하면 나머지 시간 의존성에 대한 것은 거의 자동적으로 얻어지기에 논의에 대한 편의성을 기할 수 있다.

먼저 (6-1)식을 만족할 함수 $\Psi(x,t)$를 다음과 같이 위치만에 의존하는 부분 $\psi(x)$와 시간만에 의존하는 부분 $f(t)$의 곱셈 형태로 놓아보자.

$$\Psi(x,t) = \psi(x)f(t) \tag{6-2}$$

이것을 (6-1)식에 대입하고 양변을 $\psi(x)\,f(t)$로 나누면 다음의 결과를 얻는다.

$$i\hbar\frac{1}{f(t)}\frac{df(t)}{dt} = \frac{1}{\psi(x)}[-\frac{\hbar^2}{2m}\frac{d^2}{dx^2}\psi(x) + V(x)\psi(x)] \tag{6-3}$$

여기서 우리가 주목할 점은 좌변은 변수 t만의 함수이고 우변은 모두 변수 x만의 함수라는 사실이다. 이렇게 된 두 함수가 어떤 t값을 가지든 어떤 x값을 가지든 항상 위의 등식을 만족하기 위해서는 이 양변의 값이 어떤 상수 E로 서로 같아야 한다. 이렇게 놓을 경우 우리는 다음과 같이 시간 변수만 지닌 방정식과 위치 변수만 지닌 방정식, 이렇게 두 개의 독자적 방정식을 얻게 된다.

$$i\hbar\frac{df(t)}{dt} = Ef(t) \tag{6-4}$$

$$-\frac{\hbar^2}{2m}\frac{d^2}{dx^2}\psi(x) + V(x)\psi(x) = E\psi(x) \tag{6-5}$$

여기서 앞의 식 곧 (6-4)식은 m이나 $V(x)$ 등 계의 특성에 무관하며 이를 만족하는 해 $f(t)$는 다음과 같이 됨을 곧 알 수 있다.

$$f(t) = e^{-iEt/\hbar} = e^{-i\omega t} \tag{6-6}$$

한편 뒤의 식 곧 (6-5)식은 흔히 "시간-독립 슈뢰딩거 방정식"이라고 하는데, 이를 만족하는 함수 $\psi(x)$는 m과 $V(x)$ 등 계의 특성에 따라 달라진다. 뿐만 아니라 임의의 E값에 대해 이 방정식을 만족하는 해 $\psi(x)$가 존재하라는 보장도 없다. 일반적으로 일련의 특정한 E값들에 대해서만 이 방정식을 만족하는 해가 존재하게 되는데, 그럴 경우 이러한 E값들을 이 방정식의 고유 값이라 하며 여기에 대응하는 해 $\psi(x)$를 고유함수라 부른다. 이제 이러한 고유 값들과 여기에 대응하는 고유함수들을 각각

$$E_n \ (n = 1, 2, \ldots), \ \psi_n(x) \ (n = 1, 2, \ldots)$$

로 표기하면, (6-2)식으로 표현된 형태의 해는 다음과 같이 쓸 수 있다.

$$\Psi_n(x, t) = \psi_n(x)e^{-iE_nt/\hbar} \ (n = 1, 2, \ldots) \tag{6-7}$$

여기서 말하는 상수 E는 본래 (6-3)식이 성립되도록 하기 위해 도입된 값이지만, (6-5)식의 형태로 보나 (6-6)식에 나오는 시간진동수 ω와의 관계로 볼 때, 에너지에 해당하는 값임이 분명하다. 따라서 (6-7)식으로

표현된 상태 $\Psi_n(x,t)$는 특정한 에너지 $E_n = \hbar\omega_n$을 가지는 상태함수에 해당한다. 그리고 이러한 상태들의 위치 표출 확률은

$$|\Psi_n(x,t)|^2 = |\psi_n(x)e^{-iE_nt/\hbar}|^2 = |\psi_n(x)|^2 \tag{6-8}$$

이 되어 시간에 무관함을 알 수 있다. 이러한 점에서 이러한 상태 $\Psi_n(x,t)$을 정상상태 stationary state 라 부른다.

이로써 우리는 하나하나의 정상상태들이 모두 슈뢰딩거 방정식 (6-1)의 가능한 해임을 보였고, 따라서 이것들은 우리의 대상이 놓일 수 있는 가능한 상태들임을 알았다. 그러나 우리는 다시 이들의 임의의 결합인

$$\Psi(x,t) = \sum_n c_n\psi_n(x)e^{-iE_nt/\hbar} \tag{6-9}$$

또한 슈뢰딩거 방정식을 만족하는 가능한 상태일 뿐 아니라 가장 일반적 형태의 상태임을 알 수 있다. 여기서 c_n $(n = 1, 2, \ldots)$은 규격화 조건을 만족하는 임의의 상수이다. 물론 정상상태들의 결합으로 표현된 이러한 일반적 상태는 특정한 에너지를 가졌다고 할 수 없고 따라서 그 자체로 정상상태는 아니다.

우리가 일단 슈뢰딩거 방정식의 해를 이와 같은 형태로 정리해 놓고 나면, 그 나머지 문제는 (6-5)식 곧 시간-독립 슈뢰딩거 방정식을 만족하는 에너지 E_n과 공간 상태함수 $\psi_n(x)$을 구하는 문제로 귀착된다. 그리고 이러한 것들의 구체적 내용은 대상의 특성 즉 질량 m과 퍼텐셜 에너지 $V(x)$에 따라 달라진다.

※ 조화진자의 양자역학적 상태: 해석학적 접근

조화진자에 대한 슈뢰딩거 방정식은 비교적 간단하지만 이것을 푸는 과정은 다소 번거로워 여기서는 간단히 그 개요만 서술하기로 한다.[51] 이미 고전역학에서 소개한 바와 같이 조화진자라 함은 평형 위치로부터 거리 x만큼 벗어날 때 힘 $-Kx$를 받아 운동하는 물체를 의미한다. 이 힘을 퍼텐셜 에너지 형태로 표현하면 $V(x) = \frac{Kx^2}{2} = \frac{1}{2}m\omega^2 x^2$이 되며, 이를 시간-독립 슈뢰딩거 방정식인 (6-5)식에 넣으면

$$-\frac{\hbar^2}{2m}\frac{d^2}{dx^2}\psi(x) + \frac{1}{2}m\omega^2 x^2 \psi(x) = E\psi(x) \tag{6-10}$$

이 된다. 여기서의 ω는 $\omega^2 \equiv \frac{K}{m}$로 정의된 양으로 고전역학적 운동의 시간진동수에 해당하는 것이기는 하나 (6-6)식에 보인 바와 같은 양자역학적 에너지와 직결되는 양이 아님에 유의해야 한다. 여기서 다시 거리의 단위를 지닌 상수 $x_0 \equiv \sqrt{\hbar/(m\omega)}$를 정의하고 단위를 지니지 않는 상수 $\epsilon \equiv 2E/(\hbar\omega)$와 변수 $y \equiv x/x_0$를 도입하여 이 방정식을 조금 정리하면 단위를 지니지 않은 양들로 표현된 다음과 같은 관계식을 얻는다.

$$\frac{d^2}{dy^2}\psi(y) + (\epsilon - y^2)\psi(y) = 0 \tag{6-11}$$

이 방정식의 해를 구하기 위해 다시

$$\psi(y) = H(y)e^{-y^2/2} \tag{6-12}$$

로 놓고 이를 (6-11)식에 대입하면 함수 $H(y)$가 만족할 다음과 같은 미분방정식을 얻는다.

$$\frac{d^2}{dy^2}H(y) - 2y\frac{d}{dy}H(y) + (\epsilon - 1)H(y) = 0 \tag{6-13}$$

이것은 에르미트Hermite 방정식이라 하여 수학계에서는 이미 오래 전부터 잘 알려진 미분방정식이다. 이것을 만족하는 해를 구하기 위해서는 함수 $H(y)$를 일단 다음과 같은 멱급수로 전개한다.

$$H(y) = \sum_{k=0}^{\infty} a_k y^k \tag{6-14}$$

이것을 (6-13)식에 넣어 지정된 미분을 수행하면 다음과 같은 결과가 얻어진다.

$$\sum_{k=0}^{\infty}(k+2)(k+1)a_{k+2}y^k - 2\sum_{k=1}^{\infty} k a_k y^k + (\epsilon - 1)\sum_{k=0}^{\infty} a_k y^k = 0 \tag{6-15}$$

이 식은 항등식이어서 각각의 y^k 항의 계수들이 모두 0이 되어야 성립하는 식이다. 이처럼 각 y^k 항의 계수를 0으로 놓으면 계수들 사이에 다음과 같은 연이음 공식recursion formula이 성립한다.

$$a_{(k+2)} = \frac{2k + 1 - \epsilon}{(k+1)(k+2)} a_k \quad (k \geq 0) \tag{6-16}$$

이처럼 모든 $a_k (k \geq 2)$를 a_0와 a_1과 연결시켜 (6-14)식에 넣으면 함수 $H(y)$는 임의 상수 a_0와 a_1을 포함한 y의 멱급수로 나타낼 수 있다. 그러나 이렇게 표현된 함수 $H(y)$는 y값이 커지는 경우 무한히 커질 수도 있으므로 상태함수 $\psi(y) = H(y)e^{-y^2/2}$가 유한한 값이 되도록 하기 위해서는 특별한 k값 즉 $k=n$에서 (6-16)식의 좌변이 0이 되어 더 이상 높은 y^k 항이 나타나지 않게 해야 한다. 이를 위한 조건은

$$a_{n+2} = \frac{2n+1-\epsilon}{(n+1)(n+2)} a_n = 0$$

즉 에너지에 관련된 파라미터 ϵ이 다음과 같은 특별한 값들을 가지면 된다.

$$\epsilon_n \equiv \frac{2E_n}{\hbar\omega} = 2n+1 \quad (n = 0, 1, 2, \dots) \qquad \text{(6-17)}$$

이 경우 (6-13)식은

$$\frac{d^2}{dy^2}H(y) - 2y\frac{d}{dy}H(y) + 2nH(y) = 0 \qquad \text{(6-18)}$$

이 되며 이것을 만족하는 미분방정식의 해는 n차 다항식 $H_n(y)$가 되는데, 이를 에르미트 다항식이라 부른다.

이제 정리하자면 조화진자의 양자역학적 상태는 그 에너지가

$$E_n = (n + \frac{1}{2})\hbar\omega \quad (n = 0, 1, 2, \dots) \qquad \text{(6-19)}$$

일 때에 가능하고 이에 대응하는 상태함수는

$$\psi_n(x) = \frac{1}{\sqrt{\sqrt{\pi}2^n n!\, x_0}} e^{-x^2/2x_0^2} H_n(\frac{x}{x_0}) \qquad \text{(6-20)}$$

의 모습을 지니는데, 여기서 몇몇 낮은 차수의 에르미트 다항식 $H_n(y)$을 제시하면 다음과 같다.

$$H_0(y) = 1 \quad H_1(y) = 2y$$

$$H_2(y) = 4y^2 - 2 \quad H_3(y) = 8y^3 - 12y$$

$$H_4(y) = 16y^4 - 48y^2 + 12 \quad H_5(y) = 32y^5 - 160y^3 + 120y$$

물론 위치와 시간의 함수로서의 정상상태는 (6-20)식을 (6-7)식에 넣은 결과가 될 것이며 가장 일반적인 상태는 다시 (6-9)식의 모습을 가지게 될 것이다.

※ 고전역학적 상태와의 비교

우리는 이제 이 결과를 2.2절 〈사례 2〉에서 고찰한 고전역학의 결과와 비교해볼 수 있다. 이것은 동일한 대상에 대해 활용한 동역학만 다르다는 점에서 고전역학과 양자역학의 차이를 확연히 보여주는 사례가 될 수 있다. 앞에서 고전역학으로 이 문제를 다룰 때에는 에너지를 특별히 언급하지 않았으나 이 대상계는 보존력을 받는 계이기에 그 에너지는 어느 지점에서나 동일하다. 한편 물체가 초기에 위치 A에 정지하고 있다고 보았으므로 그 지점의 퍼텐셜 에너지 $\frac{1}{2}KA^2$이 바로 전체 에너지 E와 같게 된다. 그런데 고전역학에서는 위치와 운동량이 독립적으로 주어지는 것이어서 물체가 어느 위치에서나 최소한 순간적으로 정지운동량=0할 수 있으므로 A값 자체에 아무런 제약이 없고 따라서 에너지 E로는 어떤 값이나 취할 수 있다.

그런데 양자역학에서는 위에 보인대로 그 에너지가 아무 값이나 가질 수 있는 게 아니라 $E_n = (n + \frac{1}{2})\hbar\omega$로서 특정한 값 $\hbar\omega$만큼씩 떨어진 특별한 값들만 가지게 되어있다. 여기의 ω값은 $\sqrt{K/m}$으로 정의된 것이어서 같은 복원력 상수 K에 대해서도 질량 m이 커지면 그만큼 작아진다.

〈그림 6-1〉 조화진자의 양자역학적 상태들

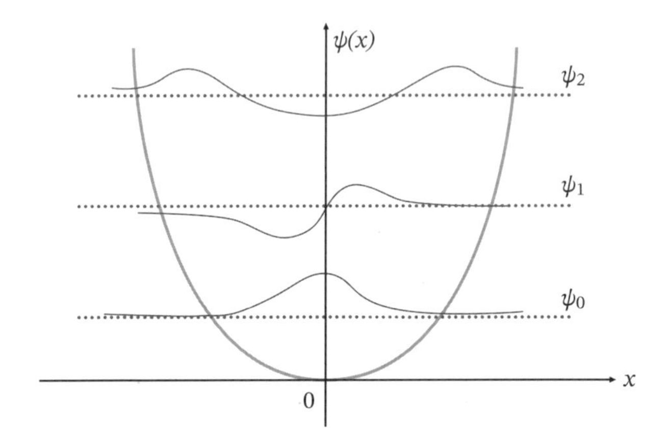

따라서 거시적 대상에 대해서는 $\hbar\omega$의 값이 매우 작아 에너지의 값 E_n은 실질적으로 연속함수로 보아도 무난하다. 그러나 질량이 매우 작은 원자 수준의 대상으로 가면 이 효과는 무시할 수 없을 정도로 커질 수 있다. 그리고 대상의 상태에 대해서는, 고전역학에서는 (2-12)식과 (2-13)식에서 보듯이 위치와 운동량이 시간의 함수로 명료하게 주어졌으나, 양자역학에서는 (6-20)식과 (6-7)식으로 표현된 가능한 정상상태들과 또 이들을 다시 (6-9)식에 대입한 가장 일반적인 "양자역학적 상태"들이 가능함을 말해준다. 앞서 자유입자에서 보았듯이 이러한 정상상태들이 특별한 방식으로 결합하여 파동묶음 형태를 이룬 것이 실제로 고전역학이 서술해주는 거시적 대상의 상태에 접근해간다고 말할 수 있다.

〈그림 6-1〉에는 가장 낮은 에너지 값 몇 개에 해당하는 양자역학적 상태들의 위치부분을 도시하였다. 여기서 보다시피 $n=0$인 경우에는 평형

점 x=0에서 가장 크고 이 점을 중심으로 급격히 감소해 $x = x_0 \equiv \sqrt{\hbar/m\omega}$ 근처에서 거의 0으로 수렴한다. 실제로 위치 x_0는

$$\frac{1}{2}m\omega^2 x_0^2 = \frac{1}{2}\hbar\omega \tag{6-21}$$

를 만족하도록 정의된 양이며, 이는 고전역학적인 퍼텐셜 에너지의 값이 양자역학적 최저 에너지 $\frac{1}{2}\hbar\omega$와 일치하는 지점 곧 이 에너지를 지닌 고전역학적 입자가 도달할 수 있는 한계 점의 위치를 나타내준다. 그러므로 이 위치에서의 상태함수 값이 0에 접근한다는 것은 이 상태가 고전적인 운동에 수렴하고 있다는 의미이기도 하다.

※ 조화진자의 양자역학적 상태: 연산자 교환관계 활용법

양자역학의 많은 문제들이 그렇지만, 특히 조화진자의 양자역학적 상태를 산출하는 방식에는 앞에 소개한 해석학적 방식 이외에 연산자들 사이의 교환관계를 활용하는 방식이 있다. 특히 연산자 교환관계의 활용방식은 통상적 양자역학뿐 아니라 양자마당이론에서도 널리 활용되는 것이어서 그 활용법을 익히는 것이 매우 유용하다.

이제 조화진자의 해밀토니안을 연산자 형태로

$$\hat{H} = \frac{\hat{p}^2}{2m} + \frac{1}{2}m\omega^2\hat{x}^2 \tag{6-22}$$

로 표기한다면, 우리가 풀어야 할 슈뢰딩거 방정식은

$$\hat{H}|\psi> = (\frac{\hat{p}^2}{2m} + \frac{1}{2}m\omega^2\hat{x}^2)|\psi> = E|\psi> \tag{6-23}$$

로 표현할 수 있다. 여기서 $|\psi>$는 그 정상상태를 나타내며, 여기서의 위치와 운동량 연산자들 사이에는

$$[\hat{x}, \hat{p}] = i\hbar$$

의 교환관계가 성립한다. 이제 단위를 갖지 않은 두 연산자

$$\hat{P} = \hat{p}/\sqrt{m\hbar\omega},\ \hat{Q} = \hat{x}\sqrt{m\omega/\hbar} \tag{6-24}$$

를 도입하면. (6-22)식의 해밀토니안은

$$\hat{H} = \frac{\hbar\omega}{2}(\hat{P}^2 + \hat{Q}^2) \tag{6-25}$$

로 표현되며 (6-24)식으로 도입된 새 연산자들은

$$[\hat{Q}, \hat{P}] = [\hat{x}, \hat{p}]/\hbar = i \tag{6-26}$$

의 교환관계를 만족한다.

다시 이들의 결합으로 구성된 두 연산자를 다음과 같이 도입하자.

$$\hat{a} = \frac{1}{\sqrt{2}}(\hat{Q} + i\hat{P}) \quad \hat{a}^\dagger = \frac{1}{\sqrt{2}}(\hat{Q} - i\hat{P}) \tag{6-27}$$

이렇게 할 경우

$$\hat{a}^\dagger\hat{a} = \frac{1}{2}(\hat{Q}^2 + \hat{P}^2) + \frac{i}{2}[\hat{Q}, \hat{P}] = \frac{1}{2}(\hat{Q}^2 + \hat{P}^2) - \frac{1}{2}$$

마찬가지로

$$\hat{a}\hat{a}^\dagger = \frac{1}{2}(\hat{Q}^2 + \hat{P}^2) + \frac{1}{2}$$

이 되어 이들 사이에는 다음과 같은 교환관계가 성립한다.

$$[\hat{a}, \hat{a}^\dagger] \equiv \hat{a}\hat{a}^\dagger - \hat{a}^\dagger\hat{a} = 1 \qquad (6\text{-}28)$$

한편 (6-25)식의 해밀토니안은

$$\hat{H} = \hbar\omega(\hat{a}^\dagger\hat{a} + \frac{1}{2}) = \hbar\omega(\hat{N} + \frac{1}{2}) \qquad (6\text{-}29)$$

로 쓸 수 있는데, 여기서 $\hat{N} = \hat{a}^\dagger\hat{a}$이며 이를 수number 연산자라 한다.

여기서 만일 상태 $|n>$가 수 연산자 $\hat{N}$의 고유함수로서, 즉 단순한 숫자 n에 대해

$$\hat{N}|n> = n|n> \qquad (6\text{-}30)$$

의 관계가 만족된다고 하면, 이것은 또한 해밀토니안 연산자에 대해

$$\hat{H}|n> = \hbar\omega(n + \frac{1}{2})|n> \qquad (6\text{-}31)$$

을 만족하게 되므로 $|n>$는 해밀토니안 $\hat{H}$의 고유함수 구실도 한다.

이제 연산자 $\hat{N}$의 고유치 n이 정수正數가 됨을 보이기 위해 상태 $\hat{a}^\dagger|n>$에 연산자 $\hat{N}$을 적용시켜보자.

$$\hat{N}\hat{a}^\dagger|n> = \hat{a}^\dagger\hat{a}\hat{a}^\dagger|n> = \hat{a}^\dagger(1 + \hat{a}^\dagger\hat{a})|n> = (n+1)\hat{a}^\dagger|n>$$

즉 상태 $\hat{a}^\dagger|n>$은 고유치 $(n+1)$을 가지는 $\hat{N}$의 고유상태 $|n+1>$구실을

하며 이는 곧 $\hat{a}^\dagger|n>$가 $|n+1>$에 비례하는 것을 의미한다. 따라서 그 비례상수를 g로 놓고 이 g의 값을 얼마가 되어야 하는지 살펴보자. 여기서 기왕의 상태 $|n>$과 $|n+1>$은 $<n|n>=1$, $<n+1|n+1>=1$으로 모두 규격화 되었다고 가정한다. 이 경우

$$|\hat{a}^\dagger|n>|^2 = <n|\hat{a}\hat{a}^\dagger|n> = |g|^2 <n+1|n+1> = |g|^2$$

이 되며, 한편 (6-28)식의 교환관계에 의해

$$|\hat{a}^\dagger|n>|^2 = <n|\hat{a}\hat{a}^\dagger|n> = <n|(\hat{a}^\dagger\hat{a}+1)|n> = <n|(\hat{N}+1)|n> = n+1$$

이 되므로 $g=\sqrt{n+1}$의 결과를 얻는다. 따라서 다음 관계가 성립한다.

$$\hat{a}^\dagger|n> = \sqrt{n+1}|n+1> \quad (6\text{-}32)$$

여기서 보다시피 연산자 $\hat{a}^\dagger$은 고유치 n의 값을 1만큼 올려주는 역할을 하고 있으므로 이를 올림연산자raising operator 혹은 생성연산자라 부른다.

마찬가지로 상태 $\hat{a}|n>$에 연산자 $\hat{N}$을 적용시켜보면

$$\hat{N}\hat{a}|n> = \hat{a}^\dagger\hat{a}\hat{a}|n> = (\hat{a}\hat{a}^\dagger - 1)\hat{a}|n> = (n-1)\hat{a}|n>$$

즉 $\hat{a}|n>$은 고유치 $(n-1)$을 가지는 $\hat{N}$의 고유상태 $|n-1>$구실을 한다. 따라서 연산지 $\hat{a}$를 내림 연산자lowering operator혹은 소멸연산자라 하며, 여기서도 $\hat{a}|n> = g|n-1>$로 놓아 비례상수 g를 구해보면 $g=\sqrt{n}$의 결과를 얻는다. 따라서 우리는 다음과 같이 쓸 수 있다.

$$\hat{a}|n>=\sqrt{n}|n-1> \tag{6-33}$$

특히 n=0인 경우 즉 $|0>$의 경우를 바닥상태라 부르며, 이 경우에는 (6-33)식에 의해

$$\hat{a}|0>=0 \tag{6-34}$$

의 관계가 성립한다. 따라서

$$\hat{H}|0>=\frac{1}{2}\hbar\omega|0> \tag{6-35}$$

즉 바닥상태의 에너지는 $\frac{1}{2}\hbar\omega$이 됨을 알 수 있다.

한편 관계식 $\hat{a}^{\dagger}|n>=\sqrt{n+1}|n+1>$을 모든 n에 대해 순차적으로 적용해 나가면 모든 정수 n에 대해

$$|n>=\frac{(\hat{a}^{\dagger})^{n}}{\sqrt{n!}}|0> \tag{6-36}$$

의 결과를 얻는다. 이와 함께

$$\hat{H}|n>=\hbar\omega(\hat{N}+\frac{1}{2})|n>=\hbar\omega(n+\frac{1}{2})|n> \tag{6-37}$$

즉 에너지 E_n은

$$E_n=\hbar\omega(n+\frac{1}{2}) \quad (n=0,1,2,\dots) \tag{6-38}$$

이 된다. 이 에너지는 우리가 앞에서 해석학적 접근을 통해 얻은 결과와 일치한다.

한편 우리가 여기서 n번째 에너지에 대응하는 정상상태를 $|n>$형태로 얻었지만 이것을 위치의 함수로 표현하기 위해서는 약간의 작업을 더 해야 한다. 이를 위해 $|0>=\psi_0(x)$로 놓고 (6-27)식과 (6-24)식을 통해 $\hat{a}$를

$$\hat{a}=\sqrt{\frac{m\omega}{2\hbar}}(\hat{x}+\frac{i\hat{p}}{m\omega}) \tag{6-39}$$

로 표현하자. 이들을 (6-34)식에 넣고, $\hat{x}=x$, $\hat{p}=-i\hbar\frac{d}{dx}$[제5장 (5-9)식 참조]로 표현하면 $\psi_0(x)$가 만족할 다음과 같은 관계식을 얻는다.

$$x\psi_0(x)+\frac{\hbar}{m\omega}\frac{d}{dx}\psi_0(x)=0 \tag{6-40}$$

이 방정식을 만족하는 규격화된 해가 다음과 같음을 곧 확인할 수 있다.

$$\psi_0(x)=\frac{1}{\sqrt{\sqrt{\pi}x_0}}e^{-x^2/2x_0^2} \tag{6-41}$$

여기서 $x_0\equiv\sqrt{\hbar/(m\omega)}$이며, 규격화 조건은

$$\int\psi_0^*(x)\psi_0(x)dx=1$$

이다. 다음에 $\psi_n(x)$ $(n\geq 1)$을 구하기 위해서는

$$\hat{a}^\dagger=\sqrt{\frac{m\omega}{2\hbar}}(\hat{x}-\frac{i\hat{p}}{m\omega}) \tag{6-42}$$

으로 놓고 (6-32)식의 $|n>$에 $|0>=\psi_0(x)$를 넣으면

$$x\psi_0(x)-\frac{\hbar}{m\omega}\frac{d}{dx}\psi_0(x)=\psi_1(x) \tag{6-43}$$

이 되어 $\psi_1(x)$이 구해진다. 마찬가지로 (6-32)식에 $|n> = \psi_n(x)$를 넣으면

$$x\psi_n(x) - \frac{\hbar}{m\omega}\frac{d}{dx}\psi_n(x) = \sqrt{n+1}\psi_{n+1}(x) \tag{6-44}$$

의 관계를 통해 $\psi_{n+1}(x)$이 얻어지므로 결국 모든 n에 대한 상태함수를 구할 수 있다. 이렇게 얻어진 상태함수 $\psi_n(x)$은 앞의 (6-20)식으로 표현된 결과와 일치한다.

이렇게 하여 우리는 조화진자의 문제를 푸는 두 가지 다른 방법을 소개했다. 여기서 보다시피 생성 및 소멸연산자를 사용하는 방법이 매우 편리하여 비교적 널리 사용되고 있다. 이는 특히 뒤에 소개할 '입자사슬모형' 그리고 양자마당이론에서 적극적으로 활용되고 있다(제7장 참조).

※ 수소 원자에 적용된 슈뢰딩거 방정식

우리가 앞서 언급한 바와 같이 원자세계의 바른 서술과 해명이 양자역학의 가장 큰 성과라 할 수 있으며, 이를 말해주는 대표적 사례가 원자들 가운데서도 가장 단순한 수소 원자의 양자역학적 서술이다. 이 문제는 앞서 소개한 조화진자와 함께 대형 컴퓨터를 활용한 수치 계산에 의존하지 않고 정확한 수학적 해를 얻을 수 있는 몇 안 되는 현실적 대상이다. 그러나 조화진자와 마찬가지로 수소 원자의 경우에도 양자역학적 상태를 도출하기 위해 다소 번거로운 절차를 거치지 않을 수 없다. 따라서 여기서는 그 과정의 주요 부분만 설명하고 일부 번거로운 부분에 대해서는 그 결과만을 소개하는 방식을 취하기로 한다.

우선 수소 원자는 하나의 양성자proton로 된 원자핵과 그 주변을 둘

러싸는 전자로 구성되며 이들 사이에는 이들 간의 거리 r만에 의존하는 퍼텐셜 에너지 $V(r) = -\frac{e^2}{r}$이 작동된다. 여기서 e는 전자가 지닌 전하의 값 곧 전하량이다. 지금까지 우리는 편의상 1차원 단일 입자만을 대상으로 삼아왔으나 여기서는 3차원 위치 공간 안에 놓인 두 개의 입자를 대상으로 하게 된다. 따라서 이 대상이 놓일 수 있는 정상상태를 $\Psi(\vec{r_p}, \vec{r_e})$라고 하면 이것은 다음과 같은 시간-독립 슈뢰딩거 방정식을 만족하게 된다.

$$\left[-\frac{\hbar^2}{2m_p}\nabla_p^2 - \frac{\hbar^2}{2m_e}\nabla_e^2 - \frac{e^2}{r}\right]\Psi(\vec{r}_p, \vec{r}_e) = E\Psi(\vec{r}_p, \vec{r}_e) \tag{6-45}$$

여기서 아래 첨자 p와 e는 각각 양성자와 전자를 가리키며 $\nabla^2 \equiv \partial^2/\partial x^2 + \partial^2/\partial y^2 + \partial^2/\partial z^2$은 3차원 미분기호로서 라플라시안Laplacian 이라 부른다.

여기서 문제를 복잡하게 하는 것은 이 두 입자간의 상호작용이 이들 두 입자의 좌표에 의존한다는 점이며 따라서 이들을 분리시켜 문제를 풀기가 어렵다. 사실 이 점은 고전역학에서도 마찬가지인데, 여기에 대한 해결책은 이미 오래 전부터 알려져 온 좌표전환 방식이다. 즉 이들의 좌표를 질량 중심의 좌표 $\vec{R}$과 상대 위치의 좌표 $\vec{r}$로 다음과 같이 전환 하자는 것이다.

$$\vec{R} = \frac{m_p r_p + m_e r_e}{m_p + m_e}, \quad \vec{r} = \vec{r}_e - \vec{r}_p \tag{6-46}$$

이와 함께 전체 질량 M과 환원질량reduced mass m을 각각 다음과 같이 정의한다.

$$M = m_p + m_e, \quad m = \frac{m_p m_e}{m_p + m_e} \tag{6-47}$$

이렇게 할 때 우리가 풀어야 할 방정식 (6-45)는 다음과 같이 된다.

$$\left[-\frac{\hbar^2}{2M}\nabla_R^2-\frac{\hbar^2}{2m}\nabla_r^2-\frac{e^2}{r}\right]\Psi(\vec{R},\vec{r})=E\Psi(\vec{R},\vec{r}) \tag{6-48}$$

이렇게 되면 상호작용이 하나의 좌표 r만에 관계되므로 문제를 서로 독립된 두 개로 분리시킬 수 있다. 이제 $\Psi(\vec{R},\vec{r})=\Phi(\vec{R})\psi(\vec{r})$로 놓고 이를 윗 식에 대입한 후 양변을 $\Phi(\vec{R})\psi(\vec{r})$로 나누면 다음과 같은 결과를 얻는다.

$$\left[-\frac{\hbar^2}{2M}\frac{1}{\Phi(\vec{R})}\nabla_R^2\Phi(\vec{R})\right]+\left[-\frac{\hbar^2}{2m}\frac{1}{\psi(\vec{r})}\nabla_r^2\psi(\vec{r})-\frac{e^2}{r}\right]=E \tag{6-49}$$

윗 식의 첫째 괄호 속과 둘째 괄호 속은 각각 서로 독립된 변수들의 함수이어서 이 둘이 합쳐 위와 같은 항등식이 성립하기 위해서는 이 각각이 어떤 상수 E_R과 E_r이 되어야 한다. 따라서 우리는 다음과 같이 분리된 두 개의 방정식을 얻게 된다.

$$-\frac{\hbar^2}{2M}\nabla_R^2\Phi(\vec{R})=E_R\Phi(\vec{R}) \tag{6-50}$$

$$-\frac{\hbar^2}{2m}\nabla_r^2\psi(\vec{r})-\frac{e^2}{r}\psi(\vec{r})=E_r\psi(\vec{r}) \tag{6-51}$$

여기서 $E_R+E_r=E$ 즉 전체 계의 에너지는 두 상수 E_R과 E_r의 합과 같다. 위의 (6-50)식이 보여주는 것은 원자핵과 전자를 합한 전체 원자의 양자역학적 상태는 질량 M을 지닌 자유입자의 상태에 해당한다는 것이다. 그리고 둘째 식 곧 (6-51)식은 원자핵이 한 위치 곧 원점에 고정되어 있다는 가정 아래 전자가 움직이는 상황의 양자역학적 상태를 말해주고 있다. 그런데 이들은 지금까지 우리가 보아왔던 문제들과는 달리 3차원 공간상의 문제이므로 조금 더 복잡한 절차가 요구된다.

우선 (6-50)식은 직교좌표계 (x,y,z)에서 세 개의 직교축 방향으로 각각 1차원 문제로 환원되므로 비교적 간단하나, (6-51)식의 경우에는 그 좌표계를 다시 원점으로부터의 거리 r과 원점을 중심으로 한 방향을 제시할 두 개의 각 θ와 ϕ로 구성된 다음과 같은 구면좌표계로 전환시켜 푸는 것이 편리하다.

$$x = r\sin\theta\cos\phi$$
$$y = r\sin\theta\sin\phi$$
$$z = r\cos\phi$$

그렇게 하면 이 문제를 거리 r에만 관계되는 방정식과 구면 대칭을 지닌 공간 변수들만에 관여하는 방정식으로 분리시켜 처리할 수 있다. 그러나 이 과정은 다소 번잡한 수학적 기교를 요구하는 것이기에, 여기서 그 결과들만 간단히 소개한다. 즉 (6-51)식을 만족할 에너지 E_r이 가질 수 있는 가능한 값들은

$$E_n = -\frac{me^4}{2\hbar^2}\frac{1}{n^2} = -13.6 \text{ eV } (\frac{1}{n^2}) \ (n = 1, 2, 3\ldots) \quad (6\text{-}52)$$

로 나타나며[52], 이에 대응하는 상태함수 $\psi(\vec{r})$들은 다음과 같이 표현된다.

$$\psi_{nlm}(\vec{r}) = R_{nl}(r)Y_{lm}(\theta, \phi) \quad (6\text{-}53)$$

여기서 n은 에너지를 구분해주는 수치로 주 양자수principal quantum number라 불리며 l과 m은 각각 운동량의 크기와 방향을 구분해주는 수치들로서

$$l = 0, 1, 2, \dots n-1, \;\; m = 0, \pm 1, \pm 2, \dots \pm l \qquad (6\text{-}54)$$

의 값을 가진다. 따라서 주어진 n값에 대해 서로 다른 l 값이 n개가 있으며, 또 같은 l 에 대해 서로 다른 m값이 $2l+1$개가 있다. 예를 들어 $n=2$의 경우, 가능한 l과 m의 값은 $(l, m) = (0,0), (1,-1), (1,0), (1,1)$의 네 가지이다. (실제로 각 네 가지 상태는 스핀 값 ±1/2을 가질 수 있으므로 가능한 상태의 수는 8이 된다.) 이들은 모두 n값이 같으므로 에너지는 같으나 l이나 m값이 다르므로 서로 다른 상태들에 해당한다.

이제 (6-53)식에 도입된 지름radial 함수 $R_{nl}(r)$ 몇몇을 아래에 제시하였다.

$$R_{10}(r) = 2a_0^{-3/2}e^{-r/a_0} \qquad (6\text{-}55)$$

$$R_{20}(r) = \frac{1}{\sqrt{2a_0^3}}(1 - \frac{r}{2a_0})e^{-r/2a_0}$$

$$R_{21}(r) = \frac{1}{\sqrt{6a_0^3}}\frac{r}{2a_0}e^{-r/2a_0}$$

$$R_{30}(r) = \frac{2}{3\sqrt{3a_0^3}}(1 - \frac{2r}{3a_0} + \frac{2r^2}{27a_0^2})e^{-r/3a_0}$$

$$R_{31}(r) = \frac{8}{9\sqrt{6a_0^3}}(1 - \frac{r}{6a_0})(\frac{r}{3a_0})e^{-r/3a_0}$$

$$R_{32}(r) = \frac{4}{9\sqrt{30a_0^3}}(\frac{r}{3a_0})^2e^{-r/3a_0}$$

여기서 $a_0 = \frac{\hbar^2}{me^2}$으로 보어 반경이라 부른다. 그리고 (6-53)식에 들어가는 또 다른 함수 $Y_{lm}(\theta,\phi)$는 흔히 구면 조화함수spherical harmonics라 불리는데, 이것을 각각 구면좌표 (θ,ϕ)와 직교좌표 (x,y,z)로 표현한 내용을 적어보면 다음과 같다.

$$
\begin{aligned}
Y_{00} &= \frac{1}{\sqrt{4\pi}} \qquad (6\text{-}56)\\
Y_{10} &= \sqrt{\frac{3}{4\pi}}\cos\theta = \sqrt{\frac{3}{4\pi}}\frac{z}{r}\\
Y_{1\pm1} &= \mp\sqrt{\frac{3}{8\pi}}e^{\pm i\phi}\sin\theta = \mp\sqrt{\frac{3}{4\pi}}\frac{x \pm iy}{r}\\
Y_{20} &= \sqrt{\frac{5}{16\pi}}(3\cos^2\theta - 1) = \sqrt{\frac{5}{16\pi}}\frac{3z^2 - r^2}{r^2}\\
Y_{2\pm1} &= \mp\sqrt{\frac{15}{8\pi}}e^{\pm i\phi}\sin\theta\cos\theta = \mp\sqrt{\frac{15}{8\pi}}\frac{(x \pm iy)z}{r^2}\\
Y_{2\pm2} &= \sqrt{\frac{15}{32\pi}}e^{\pm 2i\phi}\sin^2\theta = \sqrt{\frac{15}{32\pi}}\frac{x^2 - y^2 \pm 2ixy}{r^2}
\end{aligned}
$$

여기서 함수 $R_{nl}(r)$은 전자의 존재 성향이 원자핵으로부터의 거리 r에 따라 어떻게 달라지는가를 보여주며 $Y_{lm}(\theta,\phi)$은 그것이 3차원 공간상의 방향에 따라 어떻게 분포되는가를 보여준다. 〈그림 6-2〉에는 가장 낮은 에너지 값 몇 개에 해당하는 $R_{nl}(r)$의 함수 꼴을 도시하였다. 이것을 통해 각 양자역학 상태에 따라 전자가 원자핵에 접근하는 정도가 어떻게 달라지는가를 가늠할 수 있다.

수소 이외의 원자들의 경우에는 그 안에 전자가 최소한 2개 이상 들어있으므로 전자들 사이의 상호작용으로 인해 문제가 매우 복잡해진다. 한 전자의

〈그림 6-2〉 수소 원자 상태의 거리 의존성

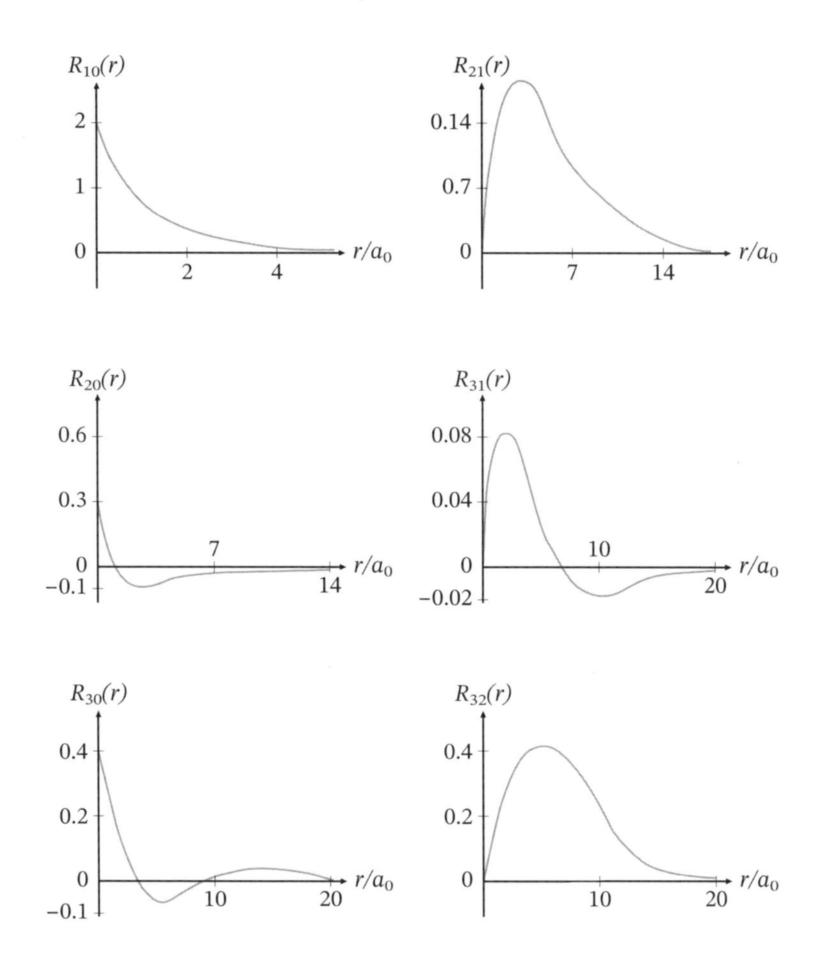

상태를 알기 위해서는 다른 전자들의 위치가 먼저 정해져야 그들이 미치는 힘퍼텐셜 에너지을 알게 되겠는데, 그 전자들의 상태 또한 아직 계산되지 않았기에 힘을 계산할 수 없고 따라서 해당 전자의 상태를 계산할 방정식을 정확히 세울 수가 없다. 이런 이유로 먼저 전자들의 상태를 적절히 추정하여

계산 한 후 이렇게 얻어진 상태가 처음 추정했던 상태와 일치할 때까지 이런 과정을 반복해 계산할 수밖에 없다. 결국 여러 전자를 지닌 대상계의 양자역학적 상태를 알아내는 작업은 근사적인 계산에 머무를 수밖에 없다. 그렇기는 하나 요즘 컴퓨터의 도움을 받아 비교적 복잡한 원자, 분자, 그리고 반도체를 비롯한 각종 결정체의 양자역학적 상태를 비교적 만족스런 근사 범위 내에서 계산하고 있다.

결과적으로 수소 이외의 원자들에 대한 양자역학적 상태는 수소 원자와 상당히 닮은 모습도 있지만 적지 않은 차이점도 보인다. 예를 들어 같은 주양자수 n에 해당하는 상태들 가운데도 에너지가 서로 다른 것이 나타나며, 이들이 주변 원자들과 결합해 분자를 이루거나 수많은 원자들이 모여 아예 거시적인 결정체를 이루는 경우에는 상태함수와 그 에너지 분포가 수소 원자의 경우와는 크게 달라진다. 수없이 많은 물질이 다양하게 서로 다른 성질들을 나타내는 것은 결국 이를 구성하는 전자들의 양자역학적 상태가 그만큼 서로 다르다는 데에 기인한다고 할 수 있다.

※ 실제 전자는 어느 양자역학 상태에 있는가?

우리가 여기서 보았듯이 양자역학은 대상이 놓일 수 있는 가능한 상태들이 무엇인가 하는 것만 알려줄 뿐, 대상이 실제로 이들 가운데 어느 상태에 있는지를 말해주지는 않는다. 이 점은 고전역학에서도 마찬가지다. 그렇기에 적어도 초기 상태를 측정을 통해 알아낼 수 있어야 이후 대상이 점유할 상태에 대해 의미 있는 이야기를 할 수 있다. 그런데 원자 규모의 대상계에 대해 이론적으로는 물론 상태 측정 가능성을 전제하지만, 실제로는 아주 특별한 경우를 제외하고 초기 상태를 측정한다는 것 자체가 가능하지 않다.

그렇기에 우리가 아무리 가능한 상태들에 대해 계산을 잘 해 놓더라도 대상계가 그 가운데 어디 있을지 알 수 없는 한 그 계산은 한갓 무용지물이 되고 말 것이다. 그런데 여기에 우리를 도와줄 구원 투수가 등장한다. 그것이 바로 통계역학이다. 이 통계역학을 활용함으로써 예컨대 수소 원자 내의 전자가 실제로 어느 상태에 있는지에 대해 아주 높은 정확도를 가지고 추정할 수 있다.

이제 이 원자가 절대온도 T에 해당하는 온도를 지닌 용기 속에 들어있다고 하자. 그리고 이 용기 안에 들어있는 물질의 내부에너지를 U, 그 엔트로피를 S라 하자. 일반적으로 한 계의 엔트로피는 그것이 지닌 내부에너지 U의 함수이다. 그런데 만일 이 원자가 E_i라는 에너지 상태를 점유하게 되면 이 용기 안의 나머지 모든 물질의 에너지 값은 $U-E_i$가 될 것이며, 따라서 에너지의 함수로서의 엔트로피 값은 $S(U-E_i)$가 될 것이다. 그런데 이 용기가 담고 있는 전체 에너지 U에 비해 이 원자가 점유한 에너지 E_i는 월등히 작을 것이므로, 이를 다음과 같이 테일러 전개를 할 수 있다.

$$S(U - E_i) = S(U) + (dS/dU)(-E_i) + \cdots \qquad (6\text{-}57)$$

그런데 절대온도 T는 본래 $(dS/dU)^{-1}$, 즉 에너지에 대한 엔트로피 변화율의 역수로 정의된다. 따라서 $S(U - E_i) = S(U) - E_i/T$가 된다. 한편 엔트로피 S는 접근가능상태accessible state의 수, 곧 주어진 거시상태에 해당하는 미시상태의 수 W에 대해 $S=k\log W$(여기서 k는 볼츠만 상수)로 정의된 양이므로

이를 W에 대해 풀어보면 $W=e^{S/k}$ 이며, 여기에 위의 S표현을 대입하면

$$W(U-E_i)=e^{\frac{S(U)}{k}-\frac{E_i}{kT}} \tag{6-58}$$

와 같은 결과를 얻는다. 계가 각 접근가능상태에 있을 확률은 모두 같다고 여기면[53] 원자가 어떤 에너지를 가지게 될 확률은 그 상태에 대응하는 계 전체의 접근가능상태의 수에 비례할 것이다. 따라서 원자가 에너지 E_i의 상태에 있을 확률 $p(E_i)$는 $W(U-E_i)$에 비례하므로 에너지가 각각 E_i와 E_j인 두 상태에 있을 확률 $p(E_i)$와 $p(E_j)$의 비는

$$\frac{P(E_i)}{P(E_j)}=\frac{W(U-E_i)}{W(U-E_j)}=e^{-\frac{E_j-E_i}{kT}} \tag{6-59}$$

가 될 것이다. 이제 E_i와 E_j에 해당하는 값으로 (6-52)식으로 주어진 수소 원자의 가장 낮은 두 에너지 $E_1=-13.6$ eV, $E_2=-3.4$ eV를 넣고 kT의 값으로 상온에 해당하는 (1/40)eV를 대입하면

$$\frac{P(E_i)}{P(E_j)}=e^{-408}\approx 6.4\times 10^{-178}$$

이 되어 거의 0에 가깝다. 이는 곧 상온에서 수소 원자내의 전자는 가장 낮은 에너지를 가지는 상태에 있을 확률이 나머지 다른 상태에 있을 확률에 비해 결정적으로 크므로 바닥 에너지 상태에 있다고 보아도 된다는 점을 말해준다. 이처럼 우리는 아무 측정을 하지 않고 오직 주변의 온도 하나 읽음으로써 실제로 원자내의 전자가 어느 상태에 있는지를 아주 높은 확률로 가늠할 수 있게 된다. 이는 곧 양자역학을 통해 가능한 상태들만 산출해내기만 하더라도 주변의 온도 등을 활용한 통계역학적

방식을 통해 물리적 대상계에 대해 의미 있는 여러 성질들을 추정해낼 수 있음을 말해준다.

6.2 양자역학이 설명해주는 실험 사례들

※ 겹실틈 실험

우리는 이 책의 서두에서 우리 일상적 상식으로는 도저히 받아들이기 어려운 현상 곧 겹실틈 실험에 대한 이야기를 했다. 이 현상이 특히 곤혹스런 이유는 실험 도중 대상 입자가 어느 실틈을 통해 지나갔는지를 추가적으로 관측하기만 하면 실험의 결과 자체가 근본적으로 달라진다는 사실이다. 그래서 이를 설명하기 위해 수많은 서로 다른 '해석'들이 등장했음을 말했고, 그 가운데 어느 것이 가장 적절할지를 판단하기 위해 양자역학에 대한 바른 이해가 요청됨을 말했다.

이제 우리가 양자역학의 커다란 줄거리를 대략 살폈기에 이러한 이해를 바탕으로 이 현상이 어떻게 설명될 수 있는지에 대해 생각해보자. 실험 장치는 이미 소개했듯이 비교적 단순하다. 먼저 토마스 영이 했던 것처럼 단색광의 빛을 쪼여 실험을 수행한 사례를 기준으로 장치를 설명하면, 〈그림 6-3〉에 보인 것처럼 제일 왼쪽에 광원입자 방출기 a가 있어서 특정한 파장 λ를 지닌 빛이 방출되고, 이 빛이 가운데 있는 통과 스크린에 도달한다. 통과 스크린에는 이와 거의 같은 높이에 두 개의 실틈 b와 c가 아주 가까이 (대략 파장 λ규모의 거리에서 크게 벗어나지 않는 거리) 서로 떨어져

〈그림 6-3〉 겹실틈 실험 I

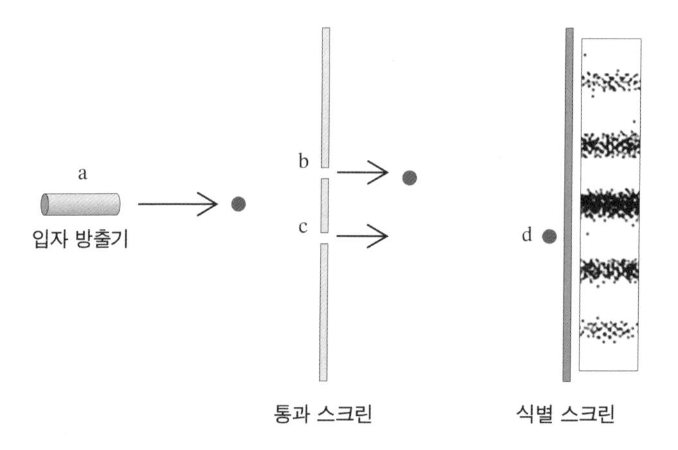

있어서 입사된 빛의 파동이 대략 반반으로 나뉘어 이들을 통과한다. 이러한 빛이 오른쪽 식별 스크린에 있는 어느 지점 d에 도달하여 흡수될 수 있는데, 이때 슬릿 b와 c로부터의 거리 차이에 따라 보강 간섭을 일으킬 수도 있고 소멸 간섭을 일으킬 수도 있다. 즉 거리의 차이 bd−cd가 0이거나 혹은 빛의 파장 λ의 정수배가 되면 보강 간섭이 되어 그 지점에 도달할 빛의 세기가 최대로 될 것이고, 이것이 $\lambda/2$의 홀수배가 되면 소멸 간섭이 되어 그 지점에 도달할 빛의 세기가 0이 될 것이다. 그리고 식별 스크린에서 흡수될 확률이 여기 도달할 빛의 세기에 비례할 것이므로 빛의 흡수 패턴이 스크린 상의 위치에 따라 여러 개의 띠무늬로 나타날 것이다.

실제로 1801년 토마스 영이 수행한 실험에서 이것이 확인됨으로써 "빛의 정체가 입자가 아닌 파동이라"고 하는 이른바 빛의 파동설이 확고한 지지를 받은 계기가 되었다. 그런데 우리의 주된 관심사는 이 실험이 빛뿐 아니라 물질 입자들에 대해서도 수행된다는 사실이다. 이것은 작게는 단일 전자에서부터 크게는 810개의 원자로 구성된 분자에 대해서도 수행되었다.[54] 이미 말했듯이 많은 사람들은 이를 물질의 파동성이라 하며, 빛이나 마찬가지로 물질도 입자성과 더불어 파동성을 지닌다고 하는 이른바 '이중성' 논지를 펴고 있다. 그러나 우리가 양자역학을 엄격히 적용해보면 이것은 빛이나 물질의 정체正體가 무엇이냐 하는 문제가 아니고, 이들의 '상태함수'가 나타내는 성질 그 이상도 이하도 아님을 알 수 있다.

이 점을 이해하기 위해 이 실험의 결과를 우리가 지금까지 논의한 양자역학을 통해 해석해 보자. 우리는 앞에서 [(5-24)식, (5-36)식] 빛과 자유입자의 상태함수들이 모두 파동을 나타내는 함수들의 결합 즉

$$\Psi(x,t) = \sum_n \Phi_n e^{i(k_n x - \omega_n t)}$$

으로 나타낼 수 있음을 보았다. 따라서 방출기 a를 통해 특정 파장 λ를 지닌 빛이 입사한다는 것은 특정 공간진동수 $k = 2\pi/\lambda$을 지닌 '상태'로 빛 그리고 자유입자가 들어온다는 의미가 된다. 우리는 편의상 x 방향 곧 수평방향의 상태함수만을 생각했지만 대상 존재물은 수직 방향의 성분도 약간 가지게 되며, 이로 인해 파 $e^{i(kx-\omega t)}$는 수직방향으로도 여러 가닥 나뉘면서 진행한다. 그러다가 통과 스크린을 만나면 스크린 벽의 물질이 '사건유발 능력'을 가진 변별체 역할을 하면서 여러 위치에서 '사건' 또는 '빈-사건'을 일으키게 된다. 많은 경우 '사건'을 일으켜 해당 위치에서 흡수되지만, 두 실틈 이외의 모든 벽면에서 '빈-사건'을 일으키는 경우도 생길 수 있고, 이렇게 될 경우 상태함수는 거의 같은 세기를 지닌 두

가닥만 남아 두개의 실틈을 통과하게 된다. 이들은 다시 마지막 식별 스크린을 향해 진행하면서 역시 수직방향으로도 각각 여러 가닥으로 나누어진다. 그리고 마지막 스크린에 닿을 무렵 서로 다른 실틈을 통해온 성분들끼리 중첩이 되면서 보강 또는 소멸 간섭을 일으키고 그렇게 형성된 세기의 제곱에 비례해 그 지점에서의 '사건야기' 확률이 결정된다. 이런 실험을 여러 번 반복하면 감광 스크린 판 각 지점에서 흡수될 확률에 비례하는 패턴이 나타날 것이고, 이것이 바로 실험 결과 나타난 패턴이다. 그러므로 우리가 스크린의 감광판에서 보는 패턴은 빛 혹은 자유입자의 '파동성'에 기인하는 것이 아니라 이것이 가진 '상태함수'의 성격에 기인하는 것일 뿐이다.

다음에는 이 대상들의 이른바 '입자성' 관련 부분을 보자. 〈그림 6-4〉에 보인 것과 같이 겹실틈 중 하나 예컨대 실틈 c 바로 뒤쪽에 변별체 e를 부착했다고 생각하자. 변별체 e의 기능은 슬릿 c를 통과하는 '상태' 성분에 대해 '사건' 혹은 '빈-사건'을 일으키는 것인데, '사건'일 경우 이를 흡수해버리느냐 혹은 거의 해치지 않고 통과시키느냐에 따라 두 가지 종류의 변별체가 있다. '이를 흡수해버리는 종류의 변별체를 e_A라 하고 거의 해치지 않고 통과시키는 종류의 변별체를 e_B라 부르기로 하자. 먼저 변별체 e_A를 설치한 경우는 단순히 실틈 c를 막아버린 것과 다를 것이 없다. 이 경우에는 스크린을 통과해 나간 존재자의 '상태함수'는 오직 한 가닥뿐이어서 자신이 수직 방향으로 퍼져간 범위에서만 마지막 스크린에 흔적을 남길 것이다. 이렇게 여러 번 같은 실험을 반복하면 그 결과 스크린 상의 패턴으로 나타날 것인데, 이 경우 어느 실틈을 막느냐에 따라 스크린 상의 두 줄

〈그림 6-4〉 겹실틈 실험 II

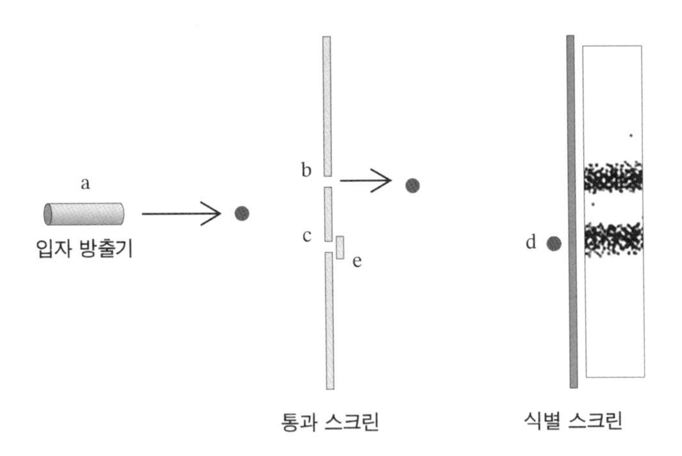

가운데 어느 하나가 보일 것이다. 이러한 결과 또한 대상의 입자성이나 파동성에 무관하게 상태함수의 성격이 보여준 정직한 결과일 뿐이다.

그런데 정말 흥미로운 상황은 변별체 e_B를 부착했을 경우에 나타난다. 이 경우 e_B는 확실히 '사건' 또는 '빈-사건'을 일으켰으면서도 대상에 더 이상 개입하지 않는다. 단지 '사건'일 경우 대상의 전체 상태를 실틈 c를 통과한 성분만으로 전환시키고, '빈-사건'일 경우에는 전체 상태를 실틈 b를 통과한 성분만으로 전환시킨다. 이런 실험을 반복할 경우 스크린상의 패턴은 아래 위 두 줄이 나타나는 모습이 될 것이다. 이것이 바로 우리가 "본다."고 하는 말에 가장 가까운 상황인데, 이것 또한 상태함수에 '측정의 공리'(4.2절 참조)를 정직하게 적용시킨 것 이외에 다른 무엇이 아니다. 이 상황은 심지어 변별체 e_B를 어느 누가 관측을 했느냐 안 했느냐

와도 상관이 없는 일이다. 그런데 '측정의 공리'를 제대로 이해하지 않은 사람의 눈에는 마치도 누군가가 보고 있으면 대상은 입자처럼 행동(어느 한 실틈만을 통과)하고 누군가가 보지 않으면 대상은 파동처럼 행동(두 실틈을 동시에 통과)하는 것으로 보일 수도 있다.

그렇다면 대상 존재물의 '정체성'에 대한 양자역학의 정확한 입장은 무엇인가? 이는 양자역학 뿐 아니라 고전역학을 포함한 모든 동역학에서 대상 존재물은 그것의 '특성' 곧 이것이 가진 질량 $m(x)$[이것이 내재적으로 함축하고 있는 퍼텐셜 에너지 $V(x)$포함]만으로 그 정체성이 규정된다.[55] 단지 이것은 주변의 여건에 따라 서로 다른 '상태'들을 가지게 되는데, 그것의 설정 및 해석 방식은 앞에서 논의한 '양자역학의 존재론'이 제공해 준다. 양자역학의 이러한 존재론이 우리의 기존 관념과는 크게 다른 것이 사실이지만, 우리는 되도록 양자역학의 널리 입증된 이론체계를 수용하는 쪽으로 우리의 존재론을 넓혀야 할 것이지, 기존의 존재론에 맞추어 양자역학을 도출 혹은 해석하려 하면 엄청난 어려움이 따른다는 것을 이 실험이 잘 보여주고 있다.

이 실험에 대한 바른 해석은 지금 설명한 것으로 충분하지만, 우리가 '서설'에서 소개한 바와 같이 특히 실험 도중에 추가적 관측을 하느냐 아니냐에 따라 결과가 달라진다는 점에 대해 다양한 의견들이 있어왔기에 이들을 여기서 잠깐 되돌아보고 어째서 그런 생각들을 하게 되는지를 정리하고 넘어가는 것이 좋을 듯하다.

첫째로 물리적 현상이 인간의 개입에 따라 달라진다는, 인간의 개입이 배제된 객관적 현상은 없다는, 해석에 대해 생각해보자. 이것은 변별체

e_B를 인간이 설치했기에 인간의 개입에 따라 달라진다는 점에서는 맞는 말이다. 그러나 이 점은 모든 실험에 대해 다 해당하는 말이기에 특별한 의미가 없다. 이 주장이 의미를 가지려면, 우리가 의도적으로 설치하지 않고 주변에 우연히 먼지 같은 것이 있어서 변별체 e_B 역할을 했어도 인간이 개입하지 않았기에 달라지지 않는다는 주장을 해야 하는데, 이것은 옳지 않은 주장이다. 더구나 의식 자체가 영향을 미친다든가 "파동을 보고자 하면 파동이 보이고 입자를 보고자 하면 입자가 보인다."는 주장들은 전혀 설 자리가 없다.

둘째로 관측을 정보의 흐름이라고 보아 관측과정을 통해 인간에게 도달하는 정보가 영향을 미친다는 해석을 생각해보자. 물론 정보가 인간에 도달해야 관측이 되는 것은 사실이다. 그러나 사건에 의해 상태가 전환되는 것은 변별체와 대상 사이의 관계에서 나오는 것일 뿐 그 정보가 궁극적으로 인간에게 전달되느냐 하는 점과는 무관하다. 따라서 이 해석 또한 우리 관점에서는 적절하지 않은 것으로 판정된다.

셋째로 관측 장치가 필연적으로 대상에 영향을 미치기 때문이라는 해석은 피해갈 수 없다. 이 실험의 경우 변별체와의 조우는 필연적으로 대상의 상태를 전환시키기 때문이다. 그러나 변별체 이외의 다른 부분이 여기에 영향을 미친다고 하는 것은 적절하지 않으며 더구나 측정 장치 전체가 이런 역할을 한다고 보는 것은 매우 무리한 주장에 해당한다.

마지막으로 대상 자체가 본질적으로 서로 모순되는 양면성을 지니고 있어서 어느 한 면을 보면 다른 면은 보이지 않게 된다는 해석에 대해 생각해보자. 우리가 이미 "서설"에서 간단히 언급했듯이 변별체 e_B 의 위치를 뒤로 옮겨 식별 스크린 앞으로 가져가면 전혀 반대의 결과가 나오며 또 그 두 스크린의 중간 위치에 놓으면 두 가지 효과가 섞여 나올 것임을 예상할 수 있다. 그러므로 "불가피하게 파동만 보이는 상황을 만들거나 입자만 보이는 상황을 만들게 된다."는 주장은 전혀 타당치 않다.

이렇게 볼 때 현재 양자역학의 해석을 둘러싼 많은 해석들은 양자역학의 존재론적 성격과 인식주체에 대한 메타적 성찰이 없이 현상 구제의 방편만을 찾다가 자신들의 주관적 기호에 맞는 어떤 주장들을 임의로 내세워본 결과들이 아닌가 하는 의혹을 준다.

※ '상호작용-결여' 측정 실험

양자역학의 이러한 특성이 잘 나타나는 또 하나의 사례로서 이른바 '상호작용-결여 측정interaction-free measurements'이라는 것이 있다. 이것 또한 그 장치는 비교적 단순하다.[56] 〈그림 6-5〉에 보인 것처럼 레이저 광원 L에서 나온 빛이 반투막半透膜, 은으로 도금한 얇은 막으로 여기에 빛이 닿으면 절반은 반사하고 절반은 통과시킨다 S_1을 만나 절반은 반사해 거울 A쪽을 향하고 절반은 투과해 거울 B쪽을 향한다. 이는 곧 빛의 상태함수가 이 지점에서 u와 v 두 성분으로 갈라짐을 의미하며 이때 투과한 성분은 투과과정에서 90^o에 해당하는 위상의 변화를 겪는다. 이들 성분은 거울 A와 B에서 각각 반사하여 또 하나의 반투막 S_2를 만난다. 여기서 다시 이들은 각각 절반씩 나누어져 일부는 검출기 c로 들어가고 일부는 검출기 d로 들어간다. 검출기 d로 들어간 성분들을 보면, 이 가운데 거울 A를 거쳐 간 성분은 매번 반사만 했으므로 위상의 변화가 없었고, 거울 B를 거쳐

〈그림 6-5〉 상호작용-결여 측정 I

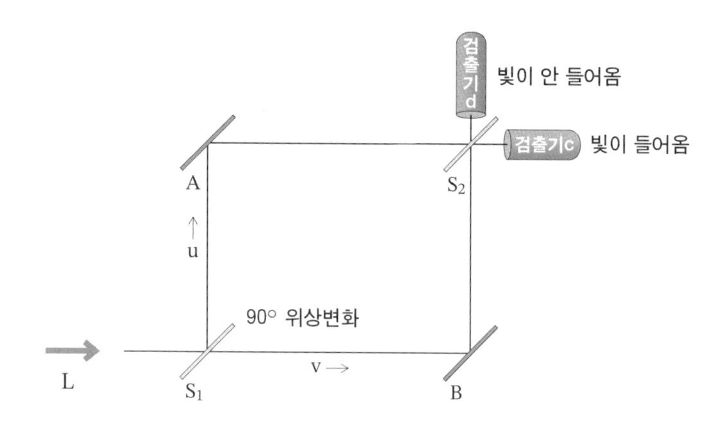

간 성분은 반투막을 두 번 투과했으므로 도합 180°의 위상 변화를 겪었다. 따라서 이 둘은 다시 만나면서 소멸 간섭을 일으켜 검출기 d에는 아무런 빛도 검출되지 않는다. 반면, 검출기 c로 들어간 성분들은 각각 한 번씩 반투막을 통과했으므로 서로 간의 위상 차이는 없으며, 따라서 보강 간섭을 일으켜 출발점에서의 상태를 회복하게 되고, 따라서 이 빛은 검출기 c에서 온전히 검출된다.

여기까지는 아무 것도 이상할 게 없다. 그런데 〈그림 6-6〉에 보인 것처럼 거울 B 쪽 경로 위에 폭탄 하나를 놓을 때 흥미로운 일이 발생한다. 이 폭탄은 여기에 빛이 닿기만 하면 반드시 폭발하는 성격을 가졌다. 이렇게 폭탄을 설치하고 다시 레이저 빛을 입사시키면 어떻게 될까? 성분 u와 v가 각각 같은 세기로 갈라졌다면 이들이 지닌 계수의 제곱 $|c_u|^2$과 $|c_v|^2$은

〈그림 6-6〉 상호작용-결여 측정 II

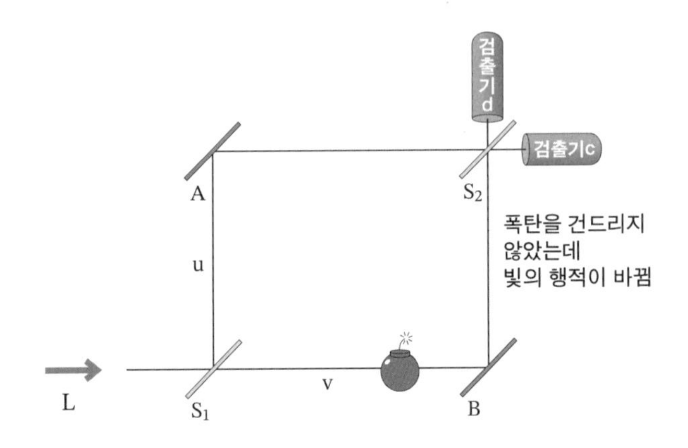

각각 1/2일 것이므로 성분 v의 경로 상에 있는 폭탄은 빛 입자가 하나 입사될 때마다 확률 1/2로 폭발하게 된다. (여기서 폭탄은 약한 폭죽 정도로 치명적 손상을 주지 않는다고 가정하자) 그런데 정말 재미있는 현상은 이 폭탄이 폭발하지 않는 경우에 일어난다. 폭탄이 폭발하지 않았다는 것은 빛이 폭탄을 건드리지 않았다는 것이고 이는 다시 폭탄이 빛에 아무 영향도 주지 않았다고 보아야 옳을 듯한데, 사실은 그렇지 않다는 것이다. 즉 우리의 일상적 관점으로 보면 빛이 폭탄에 영향을 주지 않은 것으로 보아 폭탄 또한 빛의 경로에 영향을 주지 않았어야 하고 따라서 이 경우 검출기 d에 빛이 검출되지 말아야 하나, 실험 결과는 검출기 d에 빛이 검출된다는 사실이다. 결국 빛과 폭탄은 상호작용을 하지 않았는데 빛의 경로는 변했다는 것이다. 그래서 이 논문의 저자들은 이를 '상호작용-결여'

측정이라 부르고 있다.

그러나 우리가 앞에 제시한 측정의 공리를 여기에 적용해보면 전혀 놀라울 것이 없다. 즉 $|c_v|^2$이 1/2이라는 것은 확률이 1/2로 '사건'(이 경우에는 폭발)을 발생시키며 동시에 $|c_v|^2$을 1로 , 그리고 $|c_u|^2$을 0로 전환시킨다는 것이다. 따라서 빛은 폭탄에서 흡수되고 더 이상 아무 검출기에도 검출되지 않는다. 그러나 이 폭탄은 동시에 확률 $1 - |c_v|^2 = 1/2$로 '빈-사건'을 일으키면서 $|c_v|^2$을 0으로, 그리고 $|c_u|^2$을 1로 전환시킨다. 따라서 B 경로의 성분 v는 사라지고 A 경로의 성분 u가 $|c_u|^2 = 1$이 되어 홀로 반투막 S_2에 도달하고 거기서 반반으로 갈라져 양쪽 검출기에 도달한다. 사실은 폭탄 대신 그 자리에 어떠한 장애물을 갖다 놓아도 결과는 마찬가지다. 이는 측정의 공리를 이해한 사람에게는 너무도 당연한 결과이나, 이를 이해하지 못한 사람들에게는 몹시 이상하게 보일 수 있다.

※ 양자지우개 실험

양자지우개 실험은 겹실틈 실험을 얽힘 상태에 있는 한 쌍의 광자에 대해 수행한 것이라 할 수 있다.[57] 그 중요한 얼개는 〈그림 6-7〉에 나타나 있다. 여기서는 광자를 겹실틈(〈그림6-7〉에 보인 A와 B)으로 통과시켜 두 개의 성분으로 나눈 후 이들 각각을 다시 두 개의 낮은 에너지 광자들로 분해시키는 특별한 물질을 통과시켜 얽힘 상태에 있는 광자 쌍들을 만들어 내게 된다. 여기서 얽힘 상태에 있는 광자란 이미 두 개의 서로 다른 광자들(광자 쌍)로 갈라진 이 광자 쌍이 여전히 하나의 양자역학적 상태로 서로 엮여있는 상황을 말한다.

〈그림 6-7〉 양자지우개 실험

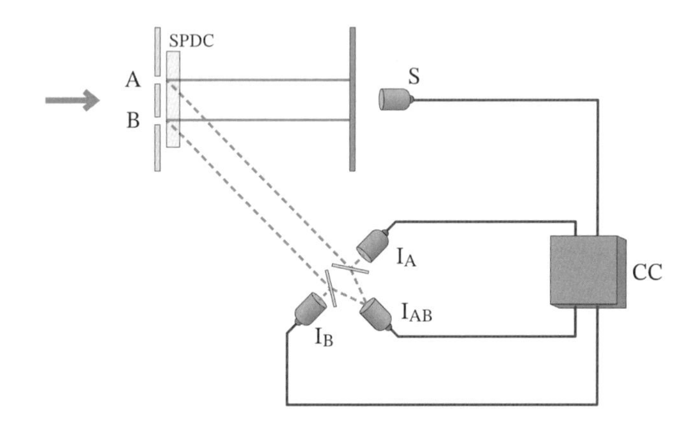

이처럼 하나의 광자를 갈라 하나의 광자 쌍으로 전환하기 위해서는 흔히 비선형결정인 $LiIO_3$가 사용되는데 이 작용을 전문 용어로는 자발적 매개변수 하향변환spontaneous parametric down conversion; SPDC이라 한다. 이때 입사 광자로 파장 351nm의 자외선을 사용하면 이는 파장 633nm의 광자와 파장 789nm의 광자로 나누어진다. 〈그림 6-7〉 에 표시한 것처럼 이렇게 나누어진 광자 한쪽을 흔히 신호signal 광자(S), 다른 한쪽을 게으름idler 광자(I)라 부른다.

〈그림 6-7〉에서 보다시피 신호 광자는 두 실틈을 통해 나온 후 다른 변별체를 거치지 않고 바로 신호탐지기 S에 도달하며, 게으름 광자는 (실틈 A를 통해 나온 성분만 관측하는) 탐지기 I_A와 (실틈 B를 통해 나온 성분만 관측하는) 탐지기 I_B, 그리고 (이 두 성분이 다시 모인 것을 관측하는) 탐지기

I_{AB}들 가운데 어느 하나에 도달하도록 설정되어 있다. 그리고 이 모든 탐지기들은 신호와 게으름 광자가 과연 하나의 광자에서 갈려 나온 것인지 판정하는 일치판정기coincident counter CC에 연결되어 있다. 이 장치에는 또한 탐지기 I_A와 탐지가 I_{AB}로 들어가는 경로를 가르는 반투막이 있고, 또 탐지기 I_B와 탐지기 I_{AB}로 들어가는 경로를 가르는 또 하나의 반투막이 있어서, 탐지기 I_A에는 실틈 A를 통한 성분만, 탐지기 I_B에는 실틈 B를 통한 성분만, 그리고 탐지기 I_{AB}에는 실틈 A와 B를 거쳐 다시 합류된 성분이 각각 구분되어 탐지된다.

따라서 이 장치는 이 탐지기들 사이의 경로를 선택적으로 열고 닫음으로써 겹실틈 실험을 다양하게 수행하는 아주 효과적인 장치라 할 수 있다. 이제 이 모든 경로를 열어 놓고 관측을 수행한 후 탐지기 S에 나타나는 신호 광자의 관측 자료 가운데 어느 것이 각각 I_A와 I_B, 그리고 I_{AB}에 관측된 게으름 광자에 해당하는지 일치판정기를 통해 확인할 수 있다.

이러한 방식으로 탐지기 S에 나타나는 신호 광자의 관측 자료와 이것과 일치하는 게으름 광자의 관측치들 사이의 상관관계를 분석해보면, I_A와 I_B에 해당하는 관측치들은 간섭무늬가 없는 형태로 분포되고 I_{AB}에 해당하는 관측치들의 분포 양상에는 간섭무늬가 나타난다. 이것은 충분히 예상되었던 사실이다. 탐지기 I_A와 I_B에 기록이 남는다는 것은 게으름 광자가 어느 실틈을 통과했는지 보여주는 '사건'에 해당하며, 따라서 이 광자에 해당하는 신호 광자의 상태 또한 이 '사건'과 함께 해당 실틈만을 통과한 상태로 전환되었기에 다른 성분과의 간섭을 일으킬 수 없게 된다. 반면, 탐지기 I_{AB}에 기록을 남긴 게으름 광자는 실틈 A를 거쳐 나온 성분과 실틈 B를 거쳐 나온 성분 모두를 가지고 있는 광자이고 이에 대응하는 신호 광자 또한 이 두 성분을 모두 가지므로 당연히 간섭을 일으키고 간섭무늬가 나타나게 된다.

그런데 흥미로운 점은 게으름 광자 쪽의 관측 장치의 앞부분을 길게 늘어트려 S에서 관측이 먼저 이루어지고 게으름 쪽 관측이 늦게 이루어져도 이러한 결과에는 차이가 없다는 점이다. 이것은 마치도 신호 광자의 행위가 아직 관측도 되지 않은 게으름 광자의 측정 결과를 미리 알고 이에 맞추어 이루어지는 것처럼 보인다. 그러나 이를 해석할 때에 유의해야 할 점은 빛을 통해 대상을 관측하는 경우 관측 지점의 상황을 사건으로 해석하는 것이 아니라 '보이는 지점'의 상황을 '사건'으로 보아야 한다는 점이다. 빛을 통해 본다는 것은 사건과 관측 사이에 '인과적 일의성causal unity'을 전제하는 것이며, 따라서 관측지점이 아니라 인과적으로 추정되는 최초의 상황을 사건으로 보는 것이 옳다.[58] 예를 들어 6천만 년 전 마젤란 성운의 외계 천체에서 초신성이 폭발했는데, 그 빛의 영상이 오늘 지구에 최초로 도달했다 하더라도, 그 사건은 6천만 년 전에 마젤란 성운에서 발생한 것이지 오늘 지구에서 발생한 것이 아니다. 물론 이때 '인과적 일의성'이 전제되지 않는다면 이런 말을 할 수 없다. 예컨대 탐지기 I_{AB}에 도달하는 광자가 일으키는 사건은 광자가 실틈 A 혹은 B를 통해 나온 사건과 '인과적 일의성'을 맺고 있지 않으므로 그 이전의 어느 사건으로 끌어올릴 수가 없다.

이 실험 논문에 대해 연구자들이 "지연된 선택 양자지우개A delayed choice quantum eraser"라는 제호를 붙인 이유는 양자역학을 해석하는 이른바 '표준 관점'과 무관하지 않다. 이 관점은 기본적으로 광자가 파동과 입자의 두 성질을 가지고 있는데, 어느 성질을 발현할 것인가 하는 것은 주어진 실험 상황에 맞추어 '선택choice하게' 된다는 것이다. 이 실험에서 애초에 두 개의 반투막 대신에 두 개의 거울을 놓았더라면 "어느-실틈 which-slit"을 통과했는가에 관한 '정보'를 제공하는 실험이었고, 게으름 광자, 그리고 이에 대응하는 신호 광자는 이에 맞추어 입자성을 선택해 행동한 것으로 본다. 그런데 이 거울들을 반투막들로 바꾸어 놓게 되면, 여전히 일부 광자는 "어느-실틈" 측정 상황에 맞는 선택을 하고 있음에 반해 이 반투막들을 투과해 나온 광자는 기왕에 선택한 결정을 '지워버리고 erase' 새로운 상황에 맞도록 다시 결정하게 된다는 것이다. 아니면 이 광자들이 입자로 행동할 것인가 혹은 파동으로 행동할 것인가 하는 '선택'을 끝까지 '늦추었다가delayed' 반투막을 통과한 이후에야 결정한다고 보자는 것이다. 그러나 이 한 가지 현상을 설명하기 위해 다분히 의인적擬人的으로 보이는 '선택'이라든가 '지연'이라든가 심지어 '지우개'라는 용어까지 동원한 것은 아직까지도 '표준 관점'이 널리 통용되고 있음을 말해준다.

※ 안개상자에 보이는 입자의 운동 궤도

양자역학 출현 초기에 큰 관심을 끌었던 문제 하나는 전자를 비롯한 입자들이 과연 3차원 공간 안에서 운동 궤도를 가지느냐 하는 점이었다. 이것에 대한 부정적인 관점은 당연히 원자 내의 전자들에 대해 고전적인 운동 궤도를 부여할 수 없다는 점이었으며, 반대로 긍정적인 관점은 흔히 '안개상자'로 대표되는 매질 안에 큰 에너지로 투사된 전자 혹은 여타의 입자들이 분명한 궤도 흔적을 남기면서 운동을 하고 있다는 점이다.

오늘의 관점에서 보자면 자유 공간에 투사된 전자나 원자 내부에 들어있는 전자 모두 그 운동이 양자역학적 상태함수로 서술되며 이 상태함수의 모양 또한 아주 정교하게 산출된다. 그리고 특히 이렇게 산출된 자유공간에서의 파동묶음은 근사적으로 고전적 입자의 운동과 유사한 측면을 가진다. 그러나 고전적 입자의 운동과 달라지는 점은 고전적 입자에 대해서는 적어도 근사적으로 그 위치를 하나하나의 점들을 이어나가는 궤적으로 볼 수 있음에 반해 양자역학 상태함수의 값은 설혹 어느 한 시점에 한 좁은 공간에 집중되어 있었다 하더라도 짧은 시간 안에 전체 공간으로 퍼져나가기에 날카로운 궤적을 생각하기가 매우 어렵다는 사실이다.

이제 비교적 큰 운동량을 지니고 y방향으로 진행하는 입자가 있다고 하자. 이것이 하나의 점으로 근사되기 위해서는 이것의 상태함수는 x와 z방향으로 좁은 영역에 밀집되어야 한다. 이것은 어떤 초기 조건에 의해 가능하겠으나 이를 위해서는 x와 z방향으로의 서로 다른 많은 운동량 성분들이 특별한 방식으로 결합하여 잠정적으로 그러한 상태함수를 이루어야 한다. 그러다가 이를 가능케 한 외부 조건을 제거하고 이 대상을 자유 공간 안에 놓아두면 x와 z방향의 운동량 성분들은 모두 서로 다른 속도로 뿔뿔이 흩어지게 되어 x와 z방향으로의 밀집도는 저절로 줄어들고 대상 입자의 상태는 x와 z방향으로 점점 넓게 퍼져나간다. 따라서 양자역학에 따르면 자유공간내의 입자가 지닐 상태는 하나의 좁은 영역만을 거쳐나가는 고전역학적인 궤적을 따르기가 무척 어렵다.

그럼에도 불구하고 안개상자와 같은 매질 안에서는 비교적 선명한 운동

흔적을 남기는 이른바 '고전적 행위'를 보이고 있기에 이에 대한 설명이 요구되고 있다. 이를 위해 이른바 "결-풀림decoherence 이론"이라 하여 별도의 가설들이 제기되기도 하는데, 우리가 앞에 제시한 '측정의 공리'를 적용하면 이 문제는 아주 쉽게 해결된다.

이제 안개상자 안으로 투사된 한 입자의 경우를 생각하자. 이 경우 주변의 안개입자들은 모두 이 입자에 대한 위치 변별체 역할을 한다. 사실상 안개상자 안에서 궤적이 보이는 것은 이 입자의 사건야기 성향에 의해 변별체들 위에 사건이 발생하고 그것이 빛의 형태로 우리 눈이나 사진 건판에 감지되기 때문이다. 그런데 이것은 오직 입자가 지닌 양자역학적 상태함수 가운데 특정의 위치 성분(x 또는 y성분) 이 그 위치에 놓인 변별체와 '실질적' 사건을 일으켰기 때문에 나타나는 현상이다. 그러나 이것보다 훨씬 더 많은 수의 다른 위치 성분들이 지속적으로 변별체와 조우하면서 '사건'이 아닌 '빈-사건'을 일으키게 되며, 그렇게 됨으로써 해당 성분은 소멸되고 대신 기왕에 높은 확률을 지닌 주궤도 성분의 크기를 오히려 키워주게 된다.

예를 들어 위치 x_j에 해당하는 상태 성분을 $c_j\psi_j(x, y)$라 할 때, $|c_j|^2$이 1/2에 비해 충분히 작다고 하면 이는 사건을 일으킬 확률 $|c_j|^2$보다 빈-사건을 일으킬 확률 $(1 - |c_j|^2)$이 훨씬 더 커서 변별체와의 조우 때마다 실제로 빈-사건을 일으키면서 자신은 소멸되고 다른 위치의 성분 $c_i(i \neq j)$의 값들만 키워주는 효과를 가진다. 그러므로 많은 변별체들과 수시로 조우하게 될 경우 대상계의 상태에서 $|c_j|^2$ 값이 작은 것일수록 빨리 소멸되고 이 값이 큰 것일수록 더욱 보강되어 실질적으로 $|c_j|^2$ 값이 가장 큰 중심부

몇몇 성분들만이 남게 된다.

그렇기에 완전히 비어있는 공간 안에서는 슈뢰딩거 방정식에 의해 대상입자의 상태가 주변으로 퍼져나가는 경향이 있는 반면, 안개상자에서와 같이 실질적인 변별체들이 빽빽이 퍼져있는 공간에서는 $|c_j|^2$의 값이 작은 주변 위치의 성분들이 소멸되면서 오히려 중심 위치로 모여드는 효과가 있다. 이는 물론 안개상자 내의 물 분자들과 같은 변별체들의 밀도가 얼마나 크냐에 따라 다르겠지만, 어떤 적절한 밀도에서는 이 두 가지 효과가 상쇄되어 대상물의 운동은 실질적으로 고전적 궤적을 그리게 된다.

제7장 양자마당이론

How to
Understand
Quantum Mechanics

Ontological Revolution
brought by
Quantum Mechanics

7.1 양자마당이란 무엇인가?

※ 양자마당이론의 존재론

우리는 앞에서 고전 존재론과 함께 고전역학을 간략히 살펴보고 다시 고전 존재론에 대한 몇 가지 획기적 수정 혹은 확장을 통해 양자역학을 담을 새 존재론을 마련했다. 그런데 이제 마지막으로 우주의 기본 구성요소인 기본입자들을 서술할 가장 근본적 이론인 양자마당이론에 접하면서 다음과 같은 물음을 던져볼 수 있다. 즉 양자마당이론을 이해하기 위해서는 기왕의 양자역학적 존재론만으로 충분한가, 아니면 어떤 새로운 존재론이 더 부가되어야 하는가 하는 물음이다.

여기에 대해 우리가 대답할 수 있는 것은, 그 존재론과 방법론에서 근본적 차이가 있는 것은 아니지만, 그 다루고자 하는 대상의 특성 규정에 있어서 한 차원의 도약이 필요하다는 것이다. 즉 대상의 특성 규정 안에 "마당"이라 불릴 새로운 존재론적 바탕 틀을 수용해야 한다는 것이다. 공간의 각 위치 x에 마당 변수 $\phi(x)$로 서술되는 또 하나의 '공간'을 부여하게 되는데, 이러한 구조를 떠받치고 있는 새로운 존재론적 바탕 틀이 바로 넓은 의미의 '마당'이다.

우선 양자역학과 양자마당이론이 지닌 공통점부터 살피자면 각각이 서술의 주제로 삼고 있는 대상에 대해 그 특성을 먼저 규정한 후 그것의 가능한 상태를 서술함에 있어서 양자역학이 채택하고 있는 새 존재론에 바탕을 둔다는 점이다. 그렇기에 양자마당이론에서는 양자역학에서 이미 도입한 방법론적 기교, 예컨대 생성연산자와 소멸연산자의 정의와 활용 방식 등을 그대로 채용하고 있다. 그러한 점에서 양자마당이론은 근본적으로 양자역학의 틀을 벗어나는 것이 아니다. 그러나 다루는 대상을 보는 관점에 있어서 현격한 차이가 나타난다. 양자마당이론에서는 통상적 양자역학에서 대상으로 삼는, 예건대 "특정의 질량을 지니고 특정의 힘을 받고 있는 한 입자"를 기본적으로 주어진 것으로 보는 대신 이러한 입자가 출몰할 수 있는 무대가 따로 있는 것으로 보아 그 무대에 해당하는 바탕틀 자체를 대상으로 삼게 된다. 요약하자면, 양자역학에서는 그 서술의 대상을 특정의 질량을 가지며 특정의 힘을 받고 있는 한 존재자로 보고 그것의 상태가 우리에게 이미 익숙한 (위치) 공간상의 함수로 나타난다고 하는 입장을 취함에 비해, 양자마당이론에서는 (위치) 공간의 모든 점에서 '마당 변수'로 서술되는 새로운 공간이 열린다고 보고 이러한 다분히 추상적이고 중층적인 공간에서 서술되는 존재자를 상정하여 이를 대상으로 삼는다. 그리고 여기에 양자역학을 적용하여 그 가능한 상태들을 예컨대 에너지 고유상태 형식으로 구할 때, 바닥상태에서 벗어나 들뜬 상태에 놓이게 되는 '들뜸의 단위량' 하나하나가 바로 기왕에 생각하던 '입자'에 해당하는 것으로 해석한다.

하나의 보편이론으로서 동역학은 우주를 구성하고 있는 다양한 대상들이 공유하고 있는 몇몇 보편적 '특성'을 추려내고 이러한 '특성'을 지닌 대상들이 가질 수 있는 '상태'를 서술해냄으로써 자연 그 자체의 근원적 성격과 운행원리를 찾자고 하는 시도라 할 수 있다. 이러한 상황에서 고전역학은 인간의 신체규모에 가까운 것들을 중심으로 일부 천체 규모의 것들을 아우르는 대상의 운동에 대해 성공적 서술을 해내었으며, 양자역학은 새로운 방법을 써서 특히 이러한 물질세계를 이루는 원자단위의 구성요소들을 대상으로 하여 이들이 어떻게 물질세계의 여러 현상들에 관여하는지에 대해 깊은 이해에 도달했다고 할 수 있다. 이것에 비해 양자마당이론은 가장 기본적인 구성요소인 기본입자들과 그들의 생성과 소멸을 포함한 상호작용을 더 큰 무대 위에서 다루게 되는데 이를 위해 상대성이론과 양자역학이 가감 없이 활용되고 있다. '특성'과 '상태'를 취하는 방식을 기준으로 이들 셋을 비교한다면, 고전역학과 양자역학 사이에는 대상의 '특성' 규정에서 큰 차이가 없는 반면 그 '상태'의 서술에서 근본적 차이가 있고, 양자역학과 양자마당이론에서는 그 '상태'의 서술 방식에서 근본적 차이가 없는 반면 그 특성의 규정에 현격한 차이가 나타나는 것으로 본다.

이러한 점에서 우리가 이미 상대성이론과 양자역학을 담아내기 위해 설정한 존재론 자체는 양자마당이론에서도 그대로 유효하다. 반면에 알려진 입자 자체를 최종의 존재 단위로 보지 않고 그 생성과 소멸을 효율적으로 기술하기 위해서 입자가 그 안에서 '도출'될 더 기본적인 존재자를 설정하는 상황에 마주치게 된다. 이렇게 채택된 것이 바로 '마당field' 개념이다. 물론 전기마당, 자기마당 등 이미 19세기부터 마당이라 불린 개념은 있었지만, 이것이 입자를 빚어낸다는 관념은 매우 새로운 것이며, 또 다양한 성격의 입자들을 담아내기 위해서는 이 관념의 틀이 종래의 마당 개념을 포함하면서도 훨씬 정교한 구조적 성격을 지니게 되므로 이러한 마당의 구조 자체가 깊은 통찰과 탐구의 대상이 되고 있다.

서술의 대상을 보는 이러한 현격한 차이로 인해 특히 초보자로서는 양자마당이론을 조망하기에 적지 않은 어려움이 있다. 그러나 다행스럽게도 이런 추상적 양자마당이 아닌 우리에게 비교적 친숙한 물질 체계의 일부분이면서 그 성격이 양자마당이론과 유사하게 취급될 수 있는 사례가 있어서 적어도 양자마당이론에 나오는 절차적 과정을 숙달하는 데에 도움을 받을 수 있다. 이것이 바로 2.3절에 나오는 1차원 입자 사슬의 사례이다. 2.3절에서는 이것의 고전역학적 서술만 다루었지만 여기서 다시 이것을 양자역학적으로 다루면서 그 전반적인 사고의 틀이 어떻게 양자마당이론과 연결될 수 있는지를 살펴나가기로 한다.

※ 입자 사슬 모형

이미 2.3절에서 소개했듯이 이 모형 체계는 각각 질량 m을 지닌 N개의 입자가 힘의 상수 K를 지닌 용수철로 서로 연결된 외줄 사슬에 해당한다. 서로 간에 거리 a만큼씩 떨어져 있는 이 입자들의 평형 위치는 $R_j = ja \quad (j = 1, 2, \ldots)$이며, 각각의 입자는 이 평형점을 기준으로 변위 x_j, 운동량 p_j에 해당하는 운동을 할 수 있다. (〈그림 2-2〉 참조)

지금 대상계의 특성을 (2-43)식에서와 같이 해밀토니안으로 표현하고, 이를 연산자 형식으로 적어보면 다음과 같다.

$$\hat{H} = \sum_j [\frac{\hat{p}_j^2}{2m} + \frac{1}{2}K(\hat{x}_{j+1} - \hat{x}_j)^2] \quad (7\text{-}1)$$

이 표현에서 보는 바와 같이 상호작용 항들이 이웃 입자들의 변위들을 서로 연결하고 있어서 이를 통해 양자역학적 상태를 직접 산출하기에 어려움이 있다. 그러나 이 대상계의 변수들을 아래에서 보이는 바와 같이 특별한 변환을 통해 새로운 변수들로 치환하면 이 체계를 형식상 (서로 간에 상호작용이 없는) 독립된 조화진자들의 체계로 바꾸어 놓을 수 있다.

이제 위치 변수 x_j와 운동량 변수 p_j에 대해 다음과 같은 띄엄띄엄 형태의 푸리에 변환을 수행하자.

$$x_j = \frac{1}{\sqrt{N}}\sum_k \bar{x}_k e^{ikja}$$
$$p_j = \frac{1}{\sqrt{N}}\sum_k \bar{p}_k e^{ikja} \quad (7\text{-}2)$$

이렇게 할 경우 그 역 변환은 다음과 같다.

$$\bar{x}_k = \frac{1}{\sqrt{N}}\sum_j x_j e^{-ikja}$$
$$\bar{p}_k = \frac{1}{\sqrt{N}}\sum_j p_j e^{-ikja} \quad (7\text{-}3)$$

이 문제를 쉽게 처리하기 위해 위치 j와 위치 $j+\mathrm{N}$이 대등하다고 하는 경계조건을 부과해보자.[59] 엄격히 말해서 이 조건은 사슬의 양쪽 끝이 서로 연결되어 커다란 동그라미 모양의 고리를 이룬다는 뜻이다. 그러나 충분히 긴 사슬이라면 ($N \gg 1$) 실제로 고리를 이루지 않아도 경계에 나타나는 약간의 차이는 일반적으로 전체 사슬의 상태에 거의 영향을 미치지 않는다. 따라서 이러한 경계조건을 통해 얻은 결과가 사실상 실제 상황과

별로 다르지 않으리라 기대할 수 있다. 이렇게 할 경우

$$e^{ikja} = e^{ik(j+N)a}$$

의 관계가 성립하며 따라서 k의 값은 $2\pi/Na$의 정수배만을 취하게 된다.[(2-53)식, (5-47)식 참조]. 한편 이 경계조건으로 인해

$$\sum_{j=1}^{N} e^{ikja} = N\delta_{k,0} \tag{7-4}$$

라는 항등식이 성립한다. 이 관계를 활용할 경우, 기존 변수에 해당하는 연산자들의 교환관계(여기서는 편의상 각 변수에 해당하는 연산자 표식을 생략한다)

$$[x_j, p_{j'}] = i\hbar\delta_{j,j'} \tag{7-5}$$

로부터 다음과 같은 새 변수 연산자들 사이의 교환관계를 얻어낼 수 있다.

$$[\bar{x}_k, \bar{p}_k] = \frac{1}{N}\sum_j\sum_{j'} e^{-ikja}e^{-ik'j'a}[x_j, p_{j'}] = \frac{i\hbar}{N}\sum_j e^{-i(k+k')ja} = i\hbar\delta_{k,-k'}$$

이제 이러한 관계식들을 활용해 (7-1)식의 해밀토니안을 새 변수에 해당하는 연산자들로 표현해보자. 먼저 해밀토니안에 들어가는 첫째 항은

$$\sum_j p_j^2 = \sum_j \left(\frac{1}{\sqrt{N}}\sum_k \bar{p}_k e^{ikja}\right)\left(\frac{1}{\sqrt{N}}\sum_{k'} \bar{p}_{k'} e^{ik'ja}\right)$$
$$= \frac{1}{N}\sum_j\sum_k\sum_{k'} \bar{p}_k\bar{p}_{k'}e^{i(k+k')ja}$$

이 되며, 여기에 (7-5)식을 활용하면 다음의 관계를 얻는다.

$$\sum_j p_j^2 = \sum_k \bar{p}_k \bar{p}_{-k}$$

한편 해밀토니안에 들어가는 둘째 항은

$$\sum_j (x_{j+1} - x_j)^2 = \frac{1}{N} \sum_j \sum_k \sum_{k'} \bar{x}_k \bar{x}_{k'} e^{i(k+k')ja} (e^{ika} - 1)(e^{ik'a} - 1)$$
$$= \sum_{k'} \bar{x}_k \bar{x}_{-k} (4\sin^2 \frac{ka}{2})$$

이 되며, 따라서 해밀토니안은 다음과 같이 된다.

$$H = \sum_k [\frac{1}{2m} \bar{p}_k \bar{p}_{-k} + \frac{1}{2} m\omega_k^2 \bar{x}_k \bar{x}_{-k}] \quad (7\text{-}6)$$

여기서 ω_k는 다음과 같이 정의된 양이다.

$$\omega_k^2 = \frac{4K}{m} \sin^2 \frac{ka}{2} \quad (7\text{-}7)$$

이렇게 할 때, (7-6)식으로 표현된 해밀토니안은 서로 독립된 N개의 조화진자들이 단순히 모여만 있는 형태를 지닌다.

이제 이것의 양자역학적 해를 구하기 위해 앞서 6.1절의 〈조화진자의 양자역학적 상태: 연산자 교환관계 활용법〉 항에서 논의한 바와 같이 소멸 및 생성연산자를 다음과 같이 정의하자.

$$\hat{a}_k = \sqrt{\frac{m\omega_k}{2\hbar}} (\bar{x}_k + \frac{i}{m\omega_k} \bar{p}_k) \quad (7\text{-}8)$$
$$\hat{a}_k^\dagger = \sqrt{\frac{m\omega_k}{2\hbar}} (\bar{x}_{-k} - \frac{i}{m\omega_k} \bar{p}_{-k})$$

이러한 정의는 실제로 (6-27)식으로 도입된 소멸 및 생성연산자와 동일한 것이어서 그 성격 또한 동일하다. 예컨대 (7-8)식으로 도입된 연산자들은 이들의 기본 성격인 교환관계 (6-28)식을 만족하고 따라서 6.1절에서 확인한 소멸 및 생성연산자로서의 기능을 하게 된다. 이제 (7-8)식으로 주어진 변수들을 역으로 풀어

$$\bar{x}_k = \sqrt{\frac{\hbar}{2m\omega_k}}(\hat{a}_k + \hat{a}^\dagger_{-k}) \quad (7\text{-}9)$$

$$\bar{p}_k = -i\sqrt{\frac{m\hbar\omega_k}{2}}(\hat{a}_k - \hat{a}^\dagger_{-k})$$

의 관계를 얻은 후, 이 값들을 (7-6)식의 해밀토니안에 넣고, (6-28)식으로 주어진 연산자 교환법칙을 적용하면, 해밀토니안은 다음과 같이 표현된다.

$$\hat{H} = \sum_{k=1}^{N} \hbar\omega_k(\hat{a}^\dagger_k\hat{a}_k + \frac{1}{2}) = \sum_{k=1}^{N} \hbar\omega_k(\hat{N}_k + \frac{1}{2}) \quad (7\text{-}10)$$

여기서 $\hat{N}_k \equiv \hat{a}^\dagger_k\hat{a}_k$이며, 위의 식은 각각의 k-모드에 대해 (6-29)식으로 주어진 형태의 해밀토니안과 같은 꼴을 지닌다. 한편 (7-9)식을 (7-2)식에 넣으면 처음의 변위 변수를 다음의 생성 및 소멸연산자 꼴로 바꿀 수 있다.

$$x_j = \sqrt{\frac{\hbar}{m}}\sum_k \frac{1}{(2\omega_k N)^{1/2}}[\hat{a}_k e^{ikja} + \hat{a}^\dagger_k e^{-ikja}] \quad (7\text{-}11)$$

요약하면 이러한 변환에 의해 우리는 입자계의 에너지와 에너지 고유상태를 다음과 같이 간단한 형태로 얻어낸 셈이다.

$$\hat{H}|..n_k..>= \sum_k \hbar\omega_k(\hat{N}_k + \frac{1}{2})|..n_k..>= \sum_k \hbar\omega_k(n_k + \frac{1}{2})|..n_k..> \quad (7\text{-}12)$$

$$|..n_k..>= \prod_k \frac{(\hat{a}^\dagger)^{n_k}}{\sqrt{n_k!}}|..0..> \quad (7\text{-}13)$$

이제 이 결과가 말해주는 물리적 의미를 해석해보자. 하나의 k-모드를 기준으로 할 때, 이 대상계는 단위에너지 $\hbar\omega_k$의 정수正數 배 만큼씩 서로

다른 여러 가지의 에너지 값을 가질 수 있다. 이 상황에 대해 우리는 에너지 $\hbar\omega_k$를 지닌 가상 입자들을 상정하여 이 입자가 발생하면 그 만큼 에너지가 늘어나고 이 입자가 소멸하면 그 만큼 에너지가 줄어든다고 해석할 수도 있다. 특히 (7-13)식은 이러한 입자가 하나도 없는 진공상태, 곧 바닥상태에서 입자가 하나씩 생성되어 온 상태들의 모습을 보여준다. 이러한 가상 입자는 특히 결정을 이루는 고체에서 널리 상정되고 있으며, 이를 일러 소리알phonon이라고 한다. 일반적으로 양자역학에서는 바닥상태로부터 일정한 양만큼 높은 에너지를 가진 상태를 들뜬excited 상태라고 하는데, 그런 의미에서 소리알은 대상계의 에너지 '들뜸의 단위'라고 할 수 있다. 우리는 입자 사슬의 각 위치에 놓인 원자들의 양자역학적 운동 양상을 살피는 가운데, 이들이 가지게 될 에너지 상태가 뜻밖에도 각각의 k-모드에 대해 에너지 $\hbar\omega_k = \hbar\sqrt{\frac{4K}{m}}\sin\frac{ka}{2}$를 지닌 입자 곧 '소리알'이 생겨난 상태임을 알게 되었다. 그렇다면 기왕에 기본입자라고 알고 있던 것들도 사실은 그 바탕에 깔린 더 기본적인 무엇의 에너지 '들뜸의 단위'는 아닐까? 그렇게 보자는 것이 바로 양자마당이론의 입장이다.

사실 우리는 앞의 2.3절 〈마당 변수 정식화: 1차원 입자 사슬의 사례〉 항에서 이 입자사슬 체계를 일종의 '마당' 형식으로 바꿀 수 있음을 보았다. 이것은 물질의 원자구조를 미처 알지 못했던 상황에서 탄성체를 통한 에너지 전파를 고전역학적으로 서술하기 위해 활용되어 온 이미 오래된 관점인데, 흥미롭게도 양자마당이론에서 기본 입자들을 서술하기 위해 이 관점을 다시 택하게 된 것이다. 우리가 이미 보았듯이 2.3절에서는 고전적 입자사슬 모형을 마당이론의 용어를 동원하여 그 표현 방식만 바꾸었을 뿐 아직 양자역학을 동원하지는 않았으므로 이는 바로 고전마당이론에 해당한다.

그러므로 우리는 이제 여기에 양자역학을 동원함으로써 이를 양자마당이론으로 전환시킬 수 있다. 사실 우리는 마당이론의 용어를 사용하지 않았을 뿐 이미 이 입자사슬 모형에 양자역학을 동원해 소리알이라는 새로운 '입자적' 성격의 존재를 확인하였고, 그것이 지니는 에너지와 고유상태를 얻어내었다. 그러므로 우리가 이것을 양자마당이론으로 전환시키기 위해서는 위에서 이미 얻어낸 내용을 새로운 마당이론의 용어로 재구성해내는 것만으로 충분하다.

2.3절에서 보았듯이 변위 변수 x_i를 그 위치에서의 마당 변수 ϕ로 치환하면 (2-44)식과 (2-45)식의 라그랑지안과 해밀토니안을 얻게 되고, 마당 변수 ϕ에 대응하는 운동량 마당 변수 π는 (2-46)식으로 주어진다. 이제 여기에 양자역학을 도입하기 위해 우리가 취해야 할 출발점은 이 기본 변수들을 연산자 형식으로 바꾸고 그들 사이의 교환관계를 확립하는 작업이다. 이를 위해 (7-5)식에 해당하는 마당 변수들 사이의 교환관계를 다음과 같이 설정한다.

$$[\hat{\phi}(x,t), \hat{\pi}(y,t)] = i\delta(x-y) \tag{7-14}$$

한편 (7-7)식으로 주어진 ω_k^2에서 a를 0로 보내는 극한을 취하면

$$\omega_k^2 = \frac{4K}{m}\lim_{a\to 0}[\sin^2\frac{ka}{2}] = \frac{4K}{m}(\frac{ka}{2})^2 = \frac{\tau}{\rho}k^2$$

이 되어

$$\omega_k = \sqrt{\frac{\tau}{\rho}}k \qquad (7\text{-}15)$$

에 해당하는 분산관계를 얻는다.

이렇게 하면 (7-1)식에 주어진 해밀토니안은 다음과 같은 형태로 나타나게 된다.

$$\hat{H} = \int dk\hbar\omega_k\left(\hat{a}_k^{\dagger}\hat{a}_k + \frac{1}{2}\right) = \int dk\hbar\omega_k\left(\hat{N}_k + \frac{1}{2}\right) \qquad (7\text{-}16)$$

이에 대한 해석을 포함한 나머지 논의는 (7-10)식 이하에 제시한 것과 동일하다. 단지 불연속적인 k-모드가 연속적인 k값으로 바뀌고 이에 따라 분산관계 또한 (7-15)식으로 수정되었을 뿐이다.

여기서 (2-48)식에 주어진 이 마당에 대한 고전역학적 운동방정식과 관련하여 한 가지 주목할 점이 있다. (2-49)식에 보였듯이 그 운동방정식의 해는

$$\phi(x, t) = a_k e^{i(kx - \omega_k t)}$$

로 주어지는데, 이것이 지닌 시간진동수 ω_k가 만족하는 (2-50)식이 바로 (7-15)식에 주어진 분산관계에 해당한다는 사실이다. 이는 곧 탄성체 안에서 전파되는 특정 파장의 소리音波가 에너지 $\hbar\omega_k$를 지닌 소리알의 움직임에 해당하는 것임을 말해준다. '소리의 입자'라는 뜻으로 '소리알'이라는 이름을 얻게 된 것은 바로 여기에 연유한다.

※ 마당이론의 표기법

우리가 앞에서 소개한 4차원 벡터와 그것의 시공간적 변화율의 표현들은 양자마당이론에서 관례적으로 채용하고 있는 표현법과 약간의 차이가 있다. 따라서 앞으로 소개할 양자마당이론을 위해서는 일반적 관례를 따르는 것이 여러 모로 편리할 것이기에 여기서 이를 간략히 소개하기로 한다.

우리는 제3장 상대성이론을 논의하는 과정에서 시간과 에너지를 4차원 공간의 4째 성분으로 소개했으나, 요즈음 많은 문헌에서는 시간을 0번째 차원으로 보아 4차원 시공 벡터를

$$x = (t, \vec{x}) = (t, x, y, z)$$

의 형태로 나타내며 같은 내용을 또

$$x = (x^0, x^1, x^2, x^3)$$

로 표기하기는 것이 관례로 되었다. 여기서 4차원 벡터 x와 위치 공간의 한 성분 x를 같은 기호로 사용해 혼동의 여지가 있으나, 이는 맥락에 따라 구분되기를 희망하며 혹시 그렇지 못할 경우에는 그 차이를 명시적으로 언급하기로 한다. 마찬가지로 운동량도

$$p = (E, \vec{p}) = (E, p_x, p_y, p_z) = (p^0, p^1, p^2, p^3)$$

로 표기하며, 시공간 변수에 대한 미분 또한

$$\partial_\mu \equiv \frac{\partial}{\partial x^\mu} = (\frac{\partial}{\partial t}, \nabla) = (\frac{\partial}{\partial t}, \frac{\partial}{\partial x}, \frac{\partial}{\partial y}, \frac{\partial}{\partial z})$$

로 다양하게 표기한다. 또 벡터 a와 b 사이의 스칼라 곱 등도 다음과 같이 표기한다. 특히 시간과 공간 단위 사이에 나타나는 허수 단위 i를 피하기 위해 성분 표기 첨자를 위에 붙이기도 하고 아래 붙이기도 하는데, 이들 사이의 변환을 위해 계량텐서 metric tensor 라 부르는 행렬 $g_{\mu\nu}$를 아래와 같이 도입하기도 한다.

$$a \cdot b \equiv a^0 b^0 - \vec{a} \cdot \vec{b} = g_{\mu\nu} a^\mu b^\nu$$

$$g_{\mu\nu} = \begin{pmatrix} 1 & 0 & 0 & 0 \\ 0 & -1 & 0 & 0 \\ 0 & 0 & -1 & 0 \\ 0 & 0 & 0 & -1 \end{pmatrix}$$

$$a_\mu = g_{\mu\nu} a^\nu$$

$$a_0 = a^0, \ a_i = -a^i \ (i \neq 0)$$

$$x \cdot x = t^2 - (\vec{x})^2 = (x^0)^2 - (x^1)^2 - (x^2)^2 - (x^3)^2$$

$$p \cdot p = E^2 - (\vec{p})^2 = m^2$$

$$\partial^2 = \partial^\mu \partial_\mu = \frac{\partial^2}{\partial t^2} - \nabla^2 = \frac{\partial^2}{\partial t^2} - \frac{\partial^2}{\partial x^2} - \frac{\partial^2}{\partial y^2} - \frac{\partial^2}{\partial z^2}$$

$$\partial^2 \phi = \partial^\mu \partial_\mu \phi = \frac{\partial^2}{\partial t^2} \phi - \nabla^2 \phi$$

$$\partial_\mu x^\nu = \frac{\partial x^\nu}{\partial x_\mu} = \delta^\nu_\mu$$

이 모두는 통용되고 있는 규약이므로 더 이상의 설명 없이 본문에서 사용하기로 한다.

이와 함께 뒤에 나올 양자마당이론 논의에서는 역시 관례에 따라 $c = \hbar = 1$에 해당하는 자연단위 체계를 활용한다.

7.2 양자마당이론과 그 사례들

이러한 결과들을 발판으로 하여 우리는 이제 새로운 세계에 도전할 수 있게 되었다. 즉 라그랑지안이 입자사슬 모형과 닮은 모습을 가지면서도 그 내용은 전혀 다른 새로운 대상, 즉 기본입자들의 마당을 상정하고 이를 양자역학적 서술 방법을 통해 살펴나가자는 것이다.

여기서 우리가 택하는 존재론적 가정은 자연계에는 기본입자들을 담아낼 비교적 다양한 형태의 '마당'들이 있고, 이들은 모두 (위치) 공간상의 각 지점 x를 기점으로 새로운 '마당 변수' $\phi(x)$로 서술될 상층 공간을 이루고 있다는 것이다. 그러니까 우리가 서술할 대상의 특성 곧 그 라그랑지안 밀도는 이 마당 변수와 그 시공간적 변화율의 함수로 표현된다.

이를 앞서 소개한 '입자사슬 모형'과 비교하여 설명하면, '입자사슬이라는 틀'이 '마당'에 해당하는 것이고, 각 입자들의 평형위치 R_j가 공간상의 지점 x를 가리키며 각 평형위치에서의 변위 x_i가 마당 변수 $\phi(x)$에 해당한다. 입자사슬을 물리적으로 성격지어 주는 것이 라그랑지안 밀도이듯이 이러한 마당도 라그랑지안 밀도로 성격이 규정된다. 일단 입자 계의 라그랑지안이 주어지면 고전역학 또는 양자역학을 활용해서 그 계의 동역학적 거동을 서술하듯이, 마당 계의 라그랑지안 밀도가 주어지면 고전마당이론 또는 양자마당이론을 활용해서 그 동역학적 거동이 서술된다. 흥미롭게도 간단한 입자사슬 모형이 그 동역학적 행위자로 예상치 못했던 소리알이라는 새 입자를 드러낸 반면, 일반적인 양자마당이론에서는 그 동역학적 행위자로 이미 우리에게 친숙한 각종 기본입자를 드러내 준다. 한편 입자사슬 모형에서는 그 출발점에 해당하는 라그랑지안을 기존의 관념에 따라 얻어낼 수 있었음에 비해 일반적인 양자마당과 그 라그랑지안 밀도는 기존 관념에서는 그 단서조차 찾기 어려운 순수한 지적 구조물인 경우가 많다.[60]

양자마당은 일반적으로 입자사슬 모형과는 비교할 수 없는 구조적 다양성과 정교성을 지니고 있다. 예컨대 마당 변수 $\phi(x)$만 해도 단순한 실수 곧 스칼라뿐 아니라 복소수, 벡터, 또는 텐서 등 다양하며, 이는 곧 각 지점 x를 기점으로 열리게 되는 새 공간의 구조가 그만큼 다양함을 말해주고 있다. 그 외에도 서로 다른 입자들에 대응하는 마당 변수들 사이의 상호작용과 대칭성 관계 등 고려해야 하는 상황이 적지 않다. 따라서 이를 활용해 기본입자 세계에 나타나는 현상을 어느 정도 의미 있게 서술하는 단계까지 이르려면 적지 않은 지적 노고가 소요된다. 그렇기에 이 책에서는 많은 것을 대부분 생략하고 가장 간단한 한 두 사례에 대해 양자역학이 어떻게 적용되고 있는가 하는 점만 제시하고자 한다.

이러한 양자역학의 적용에서 중요한 점은 기존의 위치 공간과 운동량 공간 사이에서뿐 아니라 새로 열린 공간에서 마당 변수 $\phi(t,x)$와 그에 대응 하는 운동량변수 $\pi(t,x)$ 사이에도 푸리에 상반관계가 성립한다는 점이며, 이는 구체적 연산과정에서 이들을 나타내는 연산자들 사이의 교환관계(페르미온 마당의 경우에는 반대교환관계)를 통해 반영된다는 사실이다. 이를 두고 기존의 문헌에서는 흔히 제2양자화second quantization라 하여 또 하나의 양자가설로 취급하고 있으나, 우리의 관점에서는 이 또한 존재론이 말해주는 공간의 기본적 이중구조에 해당하는 것으로 본다.

※ 단순 스칼라 마당

이제 양자마당의 가장 간단한 사례 하나를 생각해보자. 이것은 다음과 같은 라그랑지안 밀도로 표현되는 하나의 가상 마당이다.

$$\mathcal{L} = \frac{1}{2}[\partial_\mu \phi(x)]^2 - \frac{1}{2}m^2[\phi(x)]^2 \tag{7-21}$$

여기서 변수 ϕ는 상위 공간에 놓이는 스칼라양으로서 실수 값을 가지며, 다른 어느 것과의 상호작용도 포함하고 있지 않으므로 이러한 마당을 질량 m을 지닌 자유 스칼라 마당이라 한다. 이 라그랑지안 밀도의 첫 항을 풀어서 다시 쓰면

$$\mathcal{L} = \frac{1}{2}(\partial_0 \phi)^2 - \frac{1}{2}(\nabla\phi)^2 - \frac{1}{2}m^2\phi^2 \tag{7-22}$$

이 되며, 변수 $\phi(x)$에 대응하는 정준 운동량 $\pi(x)$는 다음과 같이 정의된다.

$$\pi(x) \equiv \frac{\partial \mathcal{L}}{\partial(\partial_0 \phi)} = \partial_0 \phi \tag{7-23}$$

한편 이에 해당하는 해밀토니안 밀도는 다음과 같다.

$$\mathcal{H} = \pi(x)\partial_0\phi - \mathcal{L} = \frac{1}{2}(\partial_0 \phi)^2 + \frac{1}{2}(\nabla\phi)^2 + \frac{1}{2}m^2\phi^2 \tag{7-24}$$

이제 여기에 양자역학을 적용해보자. 마당의 상층 공간을 서술 영역으로 하는 마당 변수 $\phi(x)$와 마당 운동량변수 $\pi(x)$는 푸리에 상반관계를 가지므로 이들에 해당하는 연산자들, 즉 $\hat{\phi}(x)$와 $\hat{\pi}(x)$사이에는 다음과 같은 교환관계가 만족된다.

$$[\hat{\phi}(t,\vec{x}), \hat{\pi}(t,\vec{y})] = i\delta^3(\vec{x}-\vec{y}) \tag{7-25}$$

여기서 δ-함수 내의 서로 다른 위치 벡터 $\vec{x}$와 $\vec{y}$가 말해주는 것은 위치 공간의 서로 다른 지점에 딸린 마당연산자들은 서로 교환된다는 것 즉 서로 독립적이라는 것을 의미한다. 그리고 이것 이외의 다른 모든 마당연산자들 사이에는 다음과 같은 교환관계가 성립한다.

$$[\hat{\phi}(t,\vec{x}), \hat{\phi}(t,\vec{y})] = [\hat{\pi}(t,\vec{x}), \hat{\pi}(t,\vec{y})] = 0 \tag{7-26}$$

이제 이러한 연산자들을 통해 예컨대 해밀토니안 밀도를 표현하고 이에 부합하는 상태함수를 구하면 양자역학적 절차는 기본적으로 끝나게 된다. 그런데 우리가 이미 조화진자의 서술이나 입자사슬 모형에서 보았듯이 이들 연산자를 생성 및 소멸연산자로 전환해서 서술하는 것이 매우 유용하다. 이것을 위해서는 7.1절 〈입자 사슬 모형〉 항의 (7-1)식에서 (7-11)식에 이르는 과정을 되풀이할 수 있겠으나 여기서는 그 결과로 얻어진 (7-11)식을 원용해서 마당연산자 $\hat{\phi}(x)$를 일단 생성연산자 $\hat{a}_p^\dagger \equiv \hat{a}^\dagger(\vec{p})$와 소멸연산자 $\hat{a}_p \equiv \hat{a}(\vec{p})$로 나타내고 이를 통해 해밀토니안 연산자를 찾아가는 방식을 취하기로 한다. 먼저 (7-11)식에 해당하는 $\hat{\phi}(x)$의 표현을 적어보면 다음과 같다.

$$\hat{\phi}(x) = \int \frac{d^3p}{(2\pi)^{3/2}\sqrt{2\omega_p}}[\hat{a}_p e^{-ip\cdot x} + \hat{a}_p^\dagger e^{ip\cdot x}] \tag{7-27}$$

여기서 $\omega_p \equiv (\vec{p}^2 + m^2)^{1/2}$이다. 이를 통해 우리는 다음의 표현을 쉽게 얻어낼 수 있다.

$$\partial_0 \hat{\phi}(x) = \int \frac{d^3 p}{(2\pi)^{3/2}\sqrt{2\omega_p}}(-i\omega_p)[\hat{a}_p e^{-ip\cdot x} + \hat{a}_p^\dagger e^{ip\cdot x}] \tag{7-28}$$

$$\nabla \hat{\phi}(x) = \int \frac{d^3 p}{(2\pi)^{3/2}\sqrt{2\omega_p}}(i\vec{p})[\hat{a}_p e^{-ip\cdot x} + \hat{a}_p^\dagger e^{ip\cdot x}] \tag{7-29}$$

이 세 식을 해밀토니안 밀도의 표현인 (7-24)식에 넣어 해밀토니안을 표현하면

$$\hat{H} = \frac{1}{2}\int d^3 p\omega_p[\hat{a}_p\hat{a}_p^\dagger + \hat{a}_p^\dagger\hat{a}_p] \tag{7-30}$$

가 되며, 여기에 다시 (6-28)식로 표현된 교환관계를 적용하면, 이를 다음과 같이 고쳐 쓸 수 있다.

$$\hat{H} = \int d^3 p\omega_p\left[\hat{a}_p^\dagger\hat{a}_p + \frac{1}{2}\right] \tag{7-31}$$

여기서 마지막 항은 모든 $\vec{p}$ 값에 대해 $\frac{1}{2}\omega_p$씩 기여하므로 $\vec{p}$ 공간에 제한이 없을 경우 무한대가 될 것이나, 이것은 실제 상태들의 차이에 무관한 상수이므로 현상 서술에는 기여하지 않는다. 한편 생성연산자와 소멸연산자가 곱의 형태로 서로 붙어있는 경우 특정 상태를 점유하는 입자의 수를 분명히 하기 위해 생성연산자가 항상 좌측에 오도록 재배치할 필요가 있는데, 이렇게 할 경우에도 상수항이 따라 나와 위와 같은 상황을 초래하게 된다. 그러나 이것 역시 상수항의 차이에만 해당하므로 실질적으로는 에너지 단위의 원점을 조정했다는 것 이상의 의미가 없다. 일반적으로 주어진 연산자 무리에 대해 상수항을 무시하고 이러한 재배치를 수행하는 작업을 "정상 순위배열normal ordering"이라 부르며, 지정된 연산자 무리

$[\cdots]$ 앞에 $N[\cdots]$ 형태로 표시한다. 예컨대 $N[aa^\dagger] = a^\dagger a$, $N[a^\dagger a] = a^\dagger a$ 등이 이에 해당한다. 위에 표현한 해밀토니안 $\hat{H}$에 이를 적용할 경우,

$$N[\hat{H}] = \frac{1}{2}\int d^3p\omega_p N[\hat{a}_p\hat{a}_p^\dagger + \hat{a}_p^\dagger\hat{a}_p] = \int d^3p\omega_p\hat{a}_p^\dagger\hat{a}_p = \int d^3p\omega_p\hat{n}_p \quad (7\text{-}32)$$

로 쓸 수 있다.

이 해밀토니안에 해당하는 에너지 고유상태는 (7-13)식에서 보았듯이

$$|..n_p..>= \prod_p \frac{(\hat{a}^\dagger)^{n_p}}{\sqrt{n_p!}}|..0..> \quad (7\text{-}33)$$

으로 쓸 수 있으며, 그 에너지는 다음의 관계식으로 주어진다.

$$N[\hat{H}]|..n_p..>= (\int d^3p\omega_p n_p)|..n_p..> \quad (7\text{-}34)$$

이는 곧 운동량을 나타내는 각각의 p-모드에 에너지 $\omega_p = (\vec{p}^2 + m^2)^{1/2}$ ($\hbar = 1$로 놓았음을 기억할 것)을 지닌 '입자'들이 n_p개씩 현존하는 상황임을 말해준다. 이 상황은 물론 이 마당이 지닌 가능한 정상상태를 말해주는 것이며, 이 상황은 주변의 여건 즉 다른 입자들과 상호작용에 따라 항상 변할 수 있다. 우리는 이 사례를 통해 '마당'이라는 대상의 양자역학적 상태와 그 안에 발현되는 에너지 들뜸 단위로서의 '입자'의 관계를 통해 이른바 기본입자의 가장 간단한 존재 양상을 살펴본 셈이다.

우리가 이제 입자사슬 모형에서 얻은 (7-10)식의 해밀토니안 표현과 양자마당이론에서 얻은 (7-31)식의 해밀토니안 표현을 비교해보자. 한쪽은 입자들의 진동 모드를 나타내는 소리알이 발생하고 있음을 말해주며 또 한쪽은 추상적인 마당의 틀에서 기본입자 자체가 발생하고 있음을

말해주고 있으나, 그 두 해밀토니안의 형태는 완전히 서로 같음을 알 수 있다. 이러한 유사점을 통해 우리는 이른바 '입자'라는 것이 무엇인지에 대한 구조적, 맥락적 이해에 도달하게 된다.

이러한 유사점에도 불구하고 이 두 종류의 입자 사이에는 중요한 한 가지 차이가 있음을 곧 알 수 있다. 이들이 지닌 에너지를 비교해 보면, 입자사슬 모형에서 얻은 소리알의 경우 에너지 $\omega_k = \sqrt{\frac{\tau}{\rho}}k$는 운동량 k에 비례함으로써 특히 작은 k 영역에서는 아주 작은 값에서 출발해 거의 모든 값을 연속적으로 가질 수 있음에 비해 양자마당 모형에서는 그 에너지가 $\omega_p = (\vec{p}^2 + m^2)^{1/2}$의 관계를 가지게 되어 이것의 가장 작은 값이 m(실제로는 mc^2)이 되는데, 대부분의 우리에게 친숙한 기본입자에서는 이 값이 매우 크다. 따라서 적어도 에너지에 관한 한, 소리알은 아주 쉽게 발생되고 소멸되는 성질을 가진 반면 대부분의 기본입자들은 만들어지기도 어렵거니와 소멸되기도 쉽지 않음을 알 수 있다. 이것이 바로 기본입자에 대해 "그것 자체로 존재하는 것"이란 통념을 가지게 해주는 사유이다. 그러나 양자마당이론의 관점에서 보면 이것은 이들 입자의 출몰을 가능케 하는 라그랑지안 속에 이에 해당하는 질량 항이 들어있기에 나타나는 현상이며, 입자에 따라서는 질량이 없거나 극히 작은 것도 가능하기에 모든 입자가 무제한의 수명을 가지는 것은 아니다.

한편 (7-22)식으로 주어진 라그랑지안 밀도에 최소작용의 원리를 적용하면 마당 변수 $\phi(x,t)$가 만족해야 하는 조건으로 다음의 방정식을 얻는다.

$$\left(\frac{\partial^2}{\partial t^2} - \nabla^2 + m^2\right)\phi(x,t) = 0 \qquad (7\text{-}35)$$

이를 클라인-고든Klein-Gordon 방정식이라 하며, 그 해는 $\omega^2 \equiv \vec{p}^2 + m^2$에 대해 다음과 같은 파동 형태로 주어진다.

$$\phi(x,t) = Ae^{-i(\omega t - \vec{p}\cdot x)} \tag{7-36}$$

여기서 $\phi(x,t) = \psi(x,t)e^{-imt}$로 놓고 5.2절 (5-32)식 이후에 취했던 과정을 따라 비상대론적 근사를 취하면, 다음과 같은 슈뢰딩거 방정식에 도달한다. (이 논의에서 $c = \hbar = 1$으로 놓았음)

$$i\frac{\partial}{\partial t}\psi(x,t) = -\frac{1}{2m}\nabla^2\psi(x,t) \tag{7-37}$$

이를 통해 우리는 일상적으로 안정된 입자들을 대상으로 한 보통의 양자역학에서 생각해온 상태와 양자마당이론에서 상태가 어떻게 연결되는지를 파악할 수 있다. 위에서 언급했지만 양자마당에서 들뜸 단위가 상대적으로 안정되어서 아예 존재하는 대상으로 보고 그것의 상태를 일상적 움직임 한도에서 서술한 것이 비상대론적 양자역학이 다루어왔던 내용이다.

※ 복소 스칼라 마당

위에서 살핀 단순 스칼라 마당은 실제로는 그 사례를 찾기 어려운 일종의 모형 마당이라 할 수 있다. 실제 입자들은 대부분 훨씬 복잡한 마당에서 출몰하므로 이보다는 복잡한 마당을 살펴볼 필요가 있다. 그래서 이번에는 조금 더 현실적 대상으로 마당 변수 $\psi(x)$와 $\psi^\dagger(x)$로 표현되는 복소複素 스칼라 마당을 생각해보자. 여기서 이들 복소 스칼라 마당은 실제로 독립적인 두 단순 스칼라 마당 $\phi_1(x)$와 $\phi_2(x)$의 다음과 같은 결합으로도 볼 수 있다.

$$\psi(x) = \frac{1}{\sqrt{2}}[\phi_1(x) + i\phi_2(x)] \tag{7-38}$$
$$\psi^\dagger(x) = \frac{1}{\sqrt{2}}[\phi_1(x) - i\phi_2(x)]$$

이제 이 복소 스칼라 마당을 규정하는 라그랑지안 밀도를 다음과 같이 설정하자.

$$\mathcal{L} = \partial^\mu \psi^\dagger(x) \partial_\mu \psi(x) - m^2 \psi^\dagger(x) \psi(x) \tag{7-39}$$

이렇게 설정된 복소 스칼라 마당은 실제로 입자-반입자 쌍을 나타내기에 적절하다.

이제 정준 운동량을 설정하는 일반적 방식에 따라 마당 변수 $\psi(x)$와 $\psi^\dagger(x)$에 각각 대응하는 운동량들을 다음과 같이 정의하자.

$$\pi_\psi = \frac{\partial \mathcal{L}}{\partial(\partial_0 \psi)} = \partial^0 \psi^\dagger, \quad \pi_{\psi^\dagger} = \frac{\partial \mathcal{L}}{\partial(\partial_0 \psi^\dagger)} = \partial^0 \psi \tag{7-40}$$

이렇게 하면 해밀토니안 밀도는 다음과 같이 표현된다.

$$\begin{aligned} \mathcal{H} &= \pi_\psi \partial_0 \psi(x) + \pi_{\psi^\dagger} \partial_0 \psi^\dagger(x) - \mathcal{L} \\ &= \partial_0 \psi^\dagger(x) \partial_0 \psi(x) + \nabla \psi^\dagger(x) \cdot \nabla \psi(x) + m^2 \psi^\dagger(x) \psi(x) \end{aligned} \tag{7-41}$$

여기에 양자역학을 적용한다는 것은 마당 변수와 그 해당 운동량변수가 푸리에 상반관계로 연결된다는 것을 의미하며, 다시 이에 해당하는 연산자들 사이에 다음과 같은 교환관계가 성립함을 의미한다.

$$[\hat{\psi}(\vec{x}), \hat{\pi}_\psi(\vec{y})] = [\hat{\psi}^\dagger(\vec{x}), \hat{\pi}_{\psi^\dagger}(\vec{y})] = i\delta^3(\vec{x} - \vec{y}) \tag{7-42}$$

다음에는 앞서 (7-26)식에서 표현했던 바와 같이 이들 연산자를 운동량 공간의 생성 및 소멸연산자 형태로 표현한다.

$$\hat{\psi}(x) = \int \frac{d^3 p}{(2\pi)^{3/2}\sqrt{2\omega_p}}[\hat{a}_p e^{-ip\cdot x} + \hat{b}_p^\dagger e^{ip\cdot x}] \qquad (7\text{-}43)$$

$$\hat{\psi}^\dagger(x) = \int \frac{d^3 p}{(2\pi)^{3/2}\sqrt{2\omega_p}}[\hat{a}_p^\dagger e^{ip\cdot x} + \hat{b}_p e^{-ip\cdot x}]$$

여기서도 ω_p는 $\omega_p \equiv (\vec{p}^2 + m^2)^{1/2}$로 정의된 양이다. 이렇게 도입된 $\hat{a}_p$와 $\hat{b}_p$ 등은 입자와 반입자의 생성과 소멸에 관련된 연산자이며, 이들 사이에는 다음과 같은 교환관계가 성립한다.

$$[\hat{a}_p, \hat{a}_q^\dagger] = [\hat{b}_p, \hat{b}_q^\dagger] = \delta^{(3)}(\vec{p} - \vec{q}) \qquad (7\text{-}44)$$

이러한 관계를 (7-41)으로 주어진 해밀토니안에 대입하고 정상 순위배열 N을 적용하면 다음과 같은 결과를 얻는다.

$$N[\hat{H}] = \int d^3 p\omega_p(\hat{a}_p^\dagger \hat{a}_p + \hat{b}_p^\dagger \hat{b}_p) = \int d^3 p\omega_p(\hat{n}_p^{(a)} + \hat{n}_p^{(b)}) \qquad (7\text{-}45)$$

해밀토니안을 이렇게 표현한 것은 앞의 (7-33)식에서 본 것과 같은 고유상태가 있음을 전제로 한 것이다. 이 해밀토니안은 같은 p-모드에서 같은 에너지 $\omega_p = (\vec{p}^2 + m^2)^{1/2}$를 지닌 a입자와 b입자가 각각 $n_p^{(a)}$개와 $n_p^{(b)}$개가 존재할 수 있음을 보여준다. 앞에서도 언급했듯이 이러한 에너지는 최소한 질량 m보다는 커야 하므로, 이러한 입자와 반입자가 쌍으로 출현하기 위해서는 최소한 $2mc^2$에 해당하는 에너지가 외부로부터 주어져야 함을 알 수 있다.

※ 상호작용을 지닌 마당의 사례

이제 더 현실적인 상황으로 하나의 복소 스칼라 마당 ψ와 실수 스칼라 마당 ϕ가 상호작용을 하는 경우를 생각해보자. 이 경우 가능한 라그랑지안 밀도는 다음과 같이 주어진다.

$$\mathcal{L} = \partial^{\mu}\psi^{\dagger}\partial_{\mu}\psi - m_{\psi}^{2}\psi^{\dagger}\psi + \frac{1}{2}(\partial_{\mu}\phi)^{2} - \frac{1}{2}m_{\phi}^{2}\phi^{2} - g\psi^{\dagger}\psi\phi \qquad (7\text{-}46)$$

우리는 앞에서 이미 이 두 종류의 마당에 대해 살펴보았고, 이번에는 이들 사이의 상호작용만 추가로 고려하면 된다. 이러한 경우 일단 상호작용이 없는 상황에 해당하는 상태들을 먼저 찾아내어 바탕에 깔고, 상호작용으로 인해 이들이 어떻게 변해나가는가 살피는 것이 일반적으로 활용되는 유용한 접근법이다. 이를 위해 우리는 앞서와 마찬가지로 마당 변수에 대응하는 연산자를 해당 입자에 대한 생성 및 소멸연산자 형태로 다음과 같이 치환한다.

$$\hat{\psi}(x) = \int \frac{d^{3}p}{(2\pi)^{3/2}\sqrt{2\omega_{p}^{\psi}}}[\hat{a}_{p}e^{-ip\cdot x} + \hat{b}_{p}^{\dagger}e^{ip\cdot x}] \qquad (7\text{-}47)$$

$$\hat{\psi}^{\dagger}(x) = \int \frac{d^{3}p}{(2\pi)^{3/2}\sqrt{2\omega_{p}^{\psi}}}[\hat{a}_{p}^{\dagger}e^{ip\cdot x} + \hat{b}_{p}e^{-ip\cdot x}]$$

$$\hat{\phi}(x) = \int \frac{d^{3}p}{(2\pi)^{3/2}\sqrt{2\omega_{p}^{\phi}}}[\hat{c}_{p}e^{-ip\cdot x} + \hat{c}_{p}^{\dagger}e^{ip\cdot x}]$$

여기서 $\omega_{p}^{\psi} = (\vec{p}^{2} + m_{\psi}^{2})^{1/2}$, $\omega_{p}^{\phi} = (\vec{p}^{2} + m_{\phi}^{2})^{1/2}$이며, $\hat{a}$ 연산자, $\hat{b}$ 연산자, $\hat{c}$ 연산자 등은 각각 φ입자, φ반입자, ϕ입자의 생성과 소멸에 관여한다.

이제 이러한 상황에서 우리의 관심사는 이 대상의 상태가 어떻게 변해나갈지 알아내는 일이다. 그리고 이 물음에 접근하는 가장 전형적인 방식은 주어진 상호작용에 의해 대상 입자들이 어떠한 산란scattering을 일으킬 것인가 살피는 일이다. 이를 서술하기 위해 대상의 해밀토니안 $\hat{H}$를 상호작용이 없는 부분 $\hat{H}_0$와 상호작용 부분 $\hat{H}_I$로 나누고 상호작용이 없을 때의 입자의 상태가 상호작용에 의해 어떻게 달라지는지 조사해보면 된다. 즉 해밀토니안을

$$\hat{H} = \hat{H}_0 + \hat{H}_I \tag{7-48}$$

로 나누어 적을 때, 상호작용이 없는 부분에 대해서는 앞에서 이미 보았듯이

$$N[\hat{H}_0] = \int d^3 p[\omega_p^{\psi}(\hat{a}_p^{\dagger}\hat{a}_p + \hat{b}_p^{\dagger}\hat{b}_p) + \omega_p^{\phi}(\hat{c}_p^{\dagger}\hat{c}_p)] \tag{7-49}$$

의 관계가 성립하도록 표현할 수 있다. 한편 위에 주어진 라그랑지안 밀도에서 해밀토니안 밀도를 읽어내고 그 가운데 상호작용에 해당하는 부분 $\hat{\mathcal{H}}_I$만 적어보면 다음과 같다.

$$\hat{\mathcal{H}}_I(x) = g\hat{\psi}^{\dagger}(x)\hat{\psi}(x)\hat{\phi}(x) \tag{7-50}$$

이제 해밀토니안 $\hat{H}_0$에 의해서 규정된 어떤 상태 $|p_2p_1>$이 상호작용 $\hat{H}_I$에 의해 상태 $|q_2q_1>$으로 전환될 확률을 $|A|^2$이라 한다면, "진폭" A는

$$A =< q_1q_2|\hat{S}|p_2p_1 >=< 0|\hat{a}_{q_1}\hat{a}_{q_2}\hat{S}\hat{a}_{p_2}^{\dagger}\hat{a}_{p_1}^{\dagger}|0 > \tag{7-51}$$

로 쓸 수 있는데, 여기서 $\hat{S}$는 이른바 S-행렬로 다음과 같이 표현된다.[61]

$$\hat{S} = T[e^{-i\int d^4x\hat{\mathcal{H}}_I(x)}] \tag{7-52}$$

여기서 T표시는 이후의 연산자를 시간 순위에 맞게 배열함을 의미한다. 이를 산출하기 위해 상호작용 $\hat{\mathcal{H}}_I$가 그리 크지 않은 것으로 보아 다음과 같은 근사를 수행할 수 있다.

$$\hat{S} = T\left[1 - i\int d^4x\hat{\mathcal{H}}_I(x) + \frac{(-i)^2}{2!}\int d^4xd^4y\hat{\mathcal{H}}_I(x)\hat{\mathcal{H}}_I(y) + \cdots\right] \tag{7-53}$$

이제 위에 주어진 $\hat{\mathcal{H}}_I$의 표현을 여기에 넣고 진폭 A에 대한 계산을 수행하면 되는데, 이 과정은 일반적으로 매우 번거로워 파인만 도식Feynman diagram 등 잘 알려진 기교를 사용하게 되나 여기서는 논의를 생략한다.[62]

이렇게 함으로써 마당이라는 무대에 많은 입자와 그들 사이의 상호작용으로 인해 나타나는 여러 현상을 서술하는 이론적 바탕이 갖추어진 셈이다. 그러나 여기서 생각해야 할 중요한 점은 이들은 모두 현실 세계에서 일어나는 '사건'에 대한 발생 가능성을 서술하는 것일 뿐, '사건 자체'를 서술하는 것은 아니라는 점이다. 그렇기에 그 어떤 동역학적 서술도 그 안에 '사건' 곧 현상을 직접 담아낼 수는 없다. 그러함에도 불구하고, 그 안에 수많은 사건이 수시로 발생하고 있는 '우주'를 하나의 상태 안에 담는 동역학을 만든다든가 혹은 기존의 동역학을 그러한 방식으로 이해하려 한다면, 이는 동역학 자체의 기본 성격을 망각한 그릇된 시도라 할 수 있다.

제8장 양자역학 해석을 둘러싼 논란들

How to
Understand
Quantum Mechanics

Ontological Revolution
brought by
Quantum Mechanics

8.1 양자역학 창시자들의 관점

※ 보어와 상보성원리

1925년과 1926년에 걸쳐 하이젠베르크와 슈뢰딩거에 의해 양자역학의 주된 정식화 작업이 이루어졌다. 하이젠베르크의 이른바 행렬역학과 슈뢰딩거 방정식을 중심에 둔 파동역학이 그것인데, 후에 이들의 작업은 서로 다른 수학적 표현을 썼을 뿐 내용상으로는 동일한 것임이 밝혀졌다. 이렇게 탄생한 양자역학은 현상 설명과 예측에는 매우 성공적이었으나 기존의 존재론적 관념으로는 도저히 납득하기 어려운 성격을 지니고 있었다.

이런 상황에서 가장 이른 시기에 가장 열성적으로 그 내용을 해석해내려고 한 사람이 바로 닐스 보어였다. 하이젠베르크와 슈뢰딩거의 학문적 선배격인 그는 "코펜하겐 해석"의 골격이 된 이른바 '상보성원리'를 대략 1926년 가을에서 1927년 봄 사이에 구상했던 것으로 알려지고 있다.[63] 이 기간 동안 그는 자기의 소신을 확인하기 위해 방금 양자역학에 대한 기념비적인 업적들을 이루어낸 슈뢰딩거와 하이젠베르크를 코펜하겐에 있는 자신의 연구소로 불러들여 열띤 토론을 벌렸다.

보어가 상보성원리를 생각하게 된 최초의 계기는 빛과 전자 등에 나타난 이른바 입자-파동 이중성 문제였다. 종래에 파동이라 보았던 빛에서 입자적 성격이 보이는가 하면 입자라고 보았던 전자 등의 물질 입자들에서 파동적 성격이 나타났기 때문이다. 여기에 대한 해결책으로는 두 가지 관점, 즉 파동도 입자도 아닌 제삼의 어떤 것으로 보아야 한다는 관점과 실제로 이 두 가지 면모를 다 가지고 있는데 상황에 따라 어느 한 면모만 나타나고 다른 한 면모는 배제된다고 하는 관점으로 나누어질 수 있는데, 보어가 생각한 것은 바로 이 두 번째 관점이다.

이를 위해 그는 이러한 성격이 어떤 특정한 한 두 현상에만 나타나는 것이 아니라 자연 전반에 걸친 매우 보편적 성격의 일부라고 보아 이를 하나의 보편적 원리로 격상시키고자 했다. 그는 슈뢰딩거와 하이젠베르크를 앞에 놓고 이 관점을 설득시키기 위해 노력했지만 결과적으로는 슈뢰딩거를 설득시키는 데에는 완전히 실패했고, 하이젠베르크와는 어렵사리 타협점을 찾아내었다. 그가 이 논쟁에서 보여준 집요함은 후에 하이젠베르크가 쓴 다음과 같은 회고에 잘 나타나 있다.[64]

> 평소에 보어는 사람들을 접하는 데서 매우 사려 깊고 온순한 사람이다. 그런데 이번 토론에서는 상대에게 한 치도 양보함이 없고 한 점의 모호함도 허용하지 않으려는 광적 집착을 지닌 것으로 내게 비춰졌다.

1927년 2월 이러한 토론으로 하이젠베르크와 보어가 모두 지쳐가고 있을 무렵, 보어는 손님인 하이젠베르크를 연구소에 남겨둔 채 노르웨이로 스키여행을 떠났다. 이렇게 보어와의 고된 논쟁에서 한 숨을 돌리게 된 하이젠베르크는 그 동안 새로운 착상을 하나 하게 되었는데, 이것이 유명한 그의 불확정성원리이다. 위치를 정확히 규정하려면 운동량을 정확히 규정할 수 없고, 운동량을 정확히 규정하려면 위치를 정확히 규정할 수 없다는 것이다. 스키 여행에서 돌아온 보어 또한 그 기간 동안 나름으로 정리한 자기 생각을 펼쳐보였다. 그는 자기가 추구해 온 관점에 대해 상보성원리라고 하는 명칭을 부여했던 것이다. 그리하여 갑자기 '상보성 complementarity'과 '불확정성 uncertainty'이라고 하는 두 개의 '원리'를 앞에 놓고 서로의 주장을 겨누게 되었다. 결국 하이젠베르크의 불확정성원리가 보어의 상보성원리의 중요한 한 사례가 된다는 데에 합의가 되었고, 이후 이들의 견해가 양자역학의 이른바 코펜하겐 해석의 핵심적 내용을 구성하기에 이르렀다.

하지만 '상보성원리'라는 것은 그 내용을 정확히 규정하기가 쉽지 않다. 아마도 그가 상보성의 의미에 대해 최초로 명시적으로 언급한 것은 그해 1927년 9월 이태리의 코모Como에서 있었던 볼타Volta 추모학술강연에서라고 보이는데, 이에 대해 그는 1929년에 간행된 자신의 글에서 다음과 같이 서술하고 있다.[65]

> 작용 양자의 불가분성indivisibility of the quantum of action에 관한 근본적 가설은… 다음과 같은 의미에서 우리에게 상보성이라고 하는 새로운 서술 모드를 택하도록 강요한다. 즉 한 가지 고전적 개념의 적용은, 현상의 설명을 위해 타 맥락에서는 동등하게 요구될, 또 다른 고전적 개념의 동시적 적용을 배제한다는 것이다.

보어의 이러한 서술만으로는 그 의미 파악에 어려움이 있기에, 이후 코펜하겐 학파의 대변인 격인 역할을 한 로젠펠트L. Rosenfeld가 1961년에 제시한 상보성 개념 규정을 소개하면 다음과 같다.[66]

> 상보성이라는 것은 서로 배제되는 개념들 간의 아주 새로운 형태의 논리적 관계를 지칭한다. 이것은 동시에 고려될 수 없는 - 만일 그렇게 하면 논리적 과오를 일으키게 되는 - 하지만 상황의 완전한 서술을 위해서는 함께 사용하지 않을 수 없는 개념들 간의 관계이다.

양자역학의 난제를 해결하기 위해 상보성 개념이 불가피하다고 주장한 그의 코모 강연이 있은 지 한 달 후, 보어는 다시 당시 저명한 물리학자들이 거의 망라되어 양자역학에 대한 내용을 집중적으로 논의했던 솔베이Solvay 학술모임에 참석했다. 여기서 아인슈타인은 보어의 상보성원리 뿐 아니라 양자역학 전반에 대한 불만을 토로했으며, 보어는 주로 자신의 상보성원리를 통해 당시의 양자역학에 대한 방어에 나섰다. 특히 아인슈타인과 보어 사이의 이 논쟁은 이후 수 십 년간 이어졌으며, 결국 보어의 견해를 중심으로 한 코펜하겐 해석이 이후 물리학계의 주류를 이어가게 되었다. 많은 사람들에 의해 보어의 판정승으로 평가된 이 토론에서 보어는 하이젠베르크와 다른 몇몇 사람들의 수긍을 얻는데 성공했으나 여전히 아인슈타인과 슈뢰딩거 등 일부 사람들은 설득해내지 못했다. 특히 이 모임에서는 양자역학에 대한 아인슈타인의 완강한 자세가 두드러졌는데, 이에 대해 하이젠베르크는 후에 이렇게 기록하고 있다.[67]

그 무렵, 원자 규모에서는 시공간상의 객관적 세계가 존재조차 하지 않으며 이론물리학의 수학적 표현들은 사실에 대한 것이 아니라 가능성을 제시하는 것뿐이라는 주장들이 제기되었다. 아인슈타인에게는 이것이 마치도 그가 딛고 서있는 바닥을 드러내버리려는 시도로 비쳤다. 양자이론이 현대물리학의 주된 부분으로 자리 잡은 지 한참이나 지난 그의 생애 후반에 이르러서도 그는 자신의 태도를 전혀 바꾸지 않았다. 기껏 그는 양자이론의 존재를 잠정적 편의 정도로 받아들였다. "신은 주사위를 던지지 않는다."는 것이 누구도 흔들 수 없는 그의 불굴의 신조였다. 이 말에 대해 보어는 단지 이렇게 응수했다: "신더러 어떻게 세상을 운영하라고 우리가 나서서 지시할 일이 아니자나요."

이 모임이 있고 나서 몇 달이 지난 1928년 5월에 아인슈타인이 슈뢰딩거에게 보낸 편지 안에는 이런 구절이 있다.[68]

> 하이젠베르크-보어의 진정제鎭靜劑 철학 - 종교라 해야 하나? - 은 너무도 교묘하게 만들어져서 당분간 진실한 신도가 이것을 안락한 베개로 삼고 드러누워 쉽게 깨어나지를 못하는군요. 그러니 그렇게 좀 누워있으라고 내버려두세요.

이에 대해 슈뢰딩거는 그 의견에 동의하면서 "보어는 모든 난점들을 '상보시켜버려요'."라는 말을 덧붙였다고 한다.[69]

여기서 '상보시켜버린다complement away'라는 말을 지어낸 것은 재치 있는 풍자지만, 그 안에는 신랄한 비판의 칼날이 숨어 있다. 양자역학이 새롭게 제기해 주는 다양한 그리고 중대한 지적 과제를 '상보성'이라고 하는 한 마디 말로 뭉개버리려 한다는 날카로운 지적이 들어있기 때문이다. 이 점을 밝히기 위해 보어가 상보성이라는 이름으로 어떠한 과제들을 회피해 나가는지를 좀 더 구체적으로 살펴보자.

보어는 솔베이 학술모임이 있은 이듬해인 1928년 또 다른 강연에서 발표한 글을 "양자가설과 원자이론의 최근 발전"이라는 제목으로 발표했는데,[70] 그 안에 상보성의 사례들을 여러 개 소개하고 있다. 여기서 우리가 주목해야 할 점은 그는 물리학적 서술이 고전(역학)적 개념을 통해서만 가능하다는 점을 고수하고 있다는 사실이다. 만일 사물의 본질에 관한 이해가 고전적 개념만으로는 불가능하거나 모순에 부딪친다면 그는 이것을 우리가 접근할 수 없는 영역이라고 본다. 그러나 만일 현실적으로 접근할 수 있는 영역 안의 것이 일종의 딜레마로 나타난다면, 이것은 모순이라기보다 상보적인 개념을 통한 상보적 서술이 요청됨을 말한다는 것이 그의 견해이다. 일견 모순으로 보이는 것은 상보적인 두 관점으로 보아야 할 것을 한 가지 관점만으로 전체를 망라하려는 데서 온다고 그는 설명한다. 대표적 사례로 입자-파동 이중성의 경우, 입자도 아니고 파동도 아닌 그 무엇이 아니라 입자이기도 하고 파동이기도 한데, 이 두 측면은 상보적 관계로 함께 한다는 것이다. 즉 입자로 볼 상황에서는 입자로만 보아야 하며 파동으로 보아야 할 상황에서는 파동으로만 보아야 하는데, 이 둘을 함께 보려고 하는 데서 "모순"으로 보이지만 사실은 모순이 아니라 상보적인 것일 뿐이라는 것이다. 그는 이렇게 말한다.[71]

빛의 경우와 똑같이 물질의 성격에 관한 물음에 있어서도 고전적 개념들을 고수하는 한 우리는 실험적 증거의 명백한 표현으로 간주되는 불가피한 딜레마에 직면한다. 사실, 여기서도 우리는 모순이 아니라 현상에 대한 상보적 그림에 접하게 된다. 이 두 그림이 오직 함께함으로써 고전적 서술 모드의 자연스런 일반화가 이루어진다.

그리고 그는 다시 상보성원리의 다른 중요한 사례로서 하이젠베르크의 불확정성원리를 언급한다.[72]

이러한 방법의 일관된 적응문제에 대한 한 중요한 기여가 최근 하이젠베르크에 의해 마련되었다. 특히 그는 원자적 물리량의 모든 측정에 관여되는 독특한 상호 불확정성을 강조하고 있다.

사실 입자-파동 이중성이라든가 하이젠베르크의 불확정성원리에서 위치 변수와 운동량 변수가 가지는 특별한 관계를 상보성의 사례로 보는 것은 일견 타당한 면이 있으며, 또 많이 수용되어 왔다. 그러나 보어가 강조하는 또 한 가지 중요한 측면은 상대적으로 덜 알려졌고 그 중요성 또한 깊이 의식되지 못했다. 이것이 바로 양자역학의 상태 서술과 측정 장치와의 관계인데, 보어는 오히려 이 관계를 상보성의 원초적 사례로 제시하고 있다. 이제 그의 글을 직접 살펴보자.[73]

한편으로 물리계의 상태는 그 정의상 모든 외부 관여로부터 차단된다는

> 것으로 여겨진다. 하지만 그러할 경우, 양자가설에 따르면 어떠한 관측도 불가능해진다. 그리고 더구나 공간과 시간 개념이 직접적 의미를 상실한다. 다른 한편으로, 만일 관측을 가능케 하려면 이 체계에 속하지 않는 적정한 측정 당사자와의 상호작용이 허용되어야 하고 그러려면 계의 상태에 대한 모호하지 않은 정의가 불가능해지고 정상적 의미의 인과성을 논할 수 없게 된다. 따라서 양자이론의 그 본성 자체가 시공간의 적절성과 인과성의 요구 - 이 둘의 결합이 고전적 이론을 특징지어주는 것인데 - 즉 각각 이상화된 관측과 정의의 상징에 해당하는 이 둘로 하여금 상보적이면서도 서로 배제되는 성격의 서술이 되도록 우리를 강요한다.

이제 보어가 양자역학의 바른 이해를 위해 내 세우는 상보성원리 특히 위에 언급한 세 가지 사례에 해당하는 상황들이 우리가 이 책에서 취하는 입장에서는 어떻게 해석될 수 있는지 간단히 살펴보자.

제일 먼저 제기된 빛과 물질입자의 이중성 문제는 사실상 에너지 E 와 운동량 p가 시간진동수 ω와 공간진동수 k 에 해당한다는 $E = \hbar\omega$와 $p = \hbar k$의 관계식 해석에 연유한다. 이미 보았지만 이것은 운동량-에너지 공간이 별도의 독립된 공간이 아니라 위치-시각 공간의 푸리에 상반공간이라고 하는 존재론적 발견 그 자체에 해당한다. 그러므로 이를 이해하기 위해 별도의 상보성원리를 제시할 필요가 없다. 마찬가지로 하이젠베르크의 불확정성원리 또한 이 두 상반공간의 기본변수들 사이에 성립하는 수학적 관계일 뿐 전혀 새로운 원리로 부상할 이유가 없다. 그러므로 이를 다시 상보성원리의 또 하나의 사례로 보는 것은 이러한 존재론적 성격에 대한 의식결여의 결과라 할 수 있다. 이미 강조했지만 보어는 고전적 개념의 무비판적 준수자이며 이에 대한 그 어떤 존재론적 검토에 나서지 않았다.

이와 함께 보어는 양자역학의 상태 서술과 측정 장치와의 관계를 상보성원리의 중요한 사례로 보고 있는데, 이것 또한 우리 입장에서는 서로 배제되는 두 관점에서 보아야 할 성격이 전혀 아니다. 우리는 상태함수의 조작적 정의를 통해 상태 자체를 사건야기 성향으로 규정하고 있으므로 그 의미 속에 이미 측정 장치와의 관계가 함축되어 있는 것이다. 단지 측정의 과정 자체가 상태함수를 통해 서술되는 것이 아니라는 점을 지적한 것은 매우 중요한 통찰이며 이 점은 우리의 관점과도 잘 부합되고 있다. 예컨대 상태는 사건 발생의 확률을 제시하는 것이지 이 안에 '사건' 자체를 담아내지는 않는다. 하지만 상태와 사건과의 관계를 규정하는 것은 매우 중요한 일이며, 이것은 일종의 메타 서술보어는 이를 고전적 서술이라고 봄을 통해서만 가능해진다. 보어 이후 양자역학 해석에 관여해 온 많은 사람들이 이른바 "측정문제"라고 하는 불필요한 논쟁에 빠져들고 있는데, 이는 보어의 이 중요한 통찰을 망각한 탓일 수도 있다.

※ 하이젠베르크의 양자 철학

양자역학 창시자의 한 사람으로서 양자역학의 철학 특히 그 상태함수와 관련해 많은 철학적 해설을 남김으로써 "코펜하겐 해석"의 바탕을 다진 사람이 바로 하이젠베르크이다. 그렇기에 그의 생각을 좀 더 깊이 있게 추적해보고 오늘 우리의 관점에서도 적절한지를 살피는 것은 중요한 의미를 가진다. 하이젠베르크는 1955년 겨울학기 세인트 안드류스 대학에서 수행된 기포드 강연Gifford Lectures의 주요부분을 "코펜하겐 해석"에 할애하면서 그의 입장을 밝혔고, 그 내용은 이후 『물리학과 철학Physics and Philosophy』이라는 제호의 책으로 출간되었다. 또한 그는 거의 같은 시기에 『자연에 대한 물리학자의 개념Physicist's Conception of Nature』이란 책을 내면서 역시 깊은 철학적 통찰을 제시하고 있다.

결론적으로 그는 과학에 대한 다음과 같은 파격적 주장을 하고 있는데,[74] 이것이 과연 적절한 이야기인지, 적절하다면 어떤 의미에서 적절한지를 살펴나가기로 한다.

> 과학은 더 이상 객관적 관찰자로서 자연을 접하지 않는다. 과학은 사람과 자연 사이의 이러한 상호행위 안에서 하나의 행위자로 자리매김한다. 분석하고 설명하고 분류하는 과학적 방법은 이제 한계를 의식하게 되었는데, 이는 바로 그 자신의 관여로 인해 과학이 탐구의 대상 자체를 변경시키고 개편시킨다는 사실에 기인하는 것이다. 다시 말해 방법과 대상은 더 이상 분리되지 않는다. **과학적 세계상**scientific world-view**은 그 말의 진정한 뜻에서 과학적 상**scientific view**이기를 그쳤다.**

어느 의미에서 이 말은 별로 새로운 것이 아닐 수 있다. 근대과학이 실험적 탐구방법을 채택한 이래 탐구자는 결코 객관적 관찰자만이 아니었다. 자연을 강박하여 그 대답을 짜내는 일종의 고문관拷問官 역할을 해왔으며, 이 과정에서 당연히 자연은 손상되거나 변형되어 왔다. 그러나 하이젠베르크가 여기서 말하는 것은 이것을 지적하는 것이 아니다. 양자역학이 대두된 이래 새로 밝혀진 관찰의 성격을 두고 하는 이야기이다. 관찰 그 자체가 대상의 상태를 변형시킨다는 이야기이다. 이것은 고전역학에서는 생각하지 않았던 새로운 사실이고 하이젠베르크는 이 사실을 크게 강조하고 있는 것이다. 그는 과연 양자역학의 상태함수(그는 이것을 확률함수라고 한다)에 대해 어떤 생각을 가지고 있는지, 그의 말을 직접 들어보자.[75]

> 확률함수는 그 자체로 시간에 따른 사건들의 경과를 표현해주는 것이 아님을 강조해야 한다. 이것은 사건들을 일으킬 경향과 사건들에 대한 우리의 지식을 표현한다. 이 확률함수는 오직 한 가지 본질적 조건이 충족될 때에 한해 실재와 연결될 수 있다. 즉 대상계의 특정한 성질을 결정할 새로운 측정이 이루어진다는 조건이다. 그럴 때에 한해 확률함수는 새로운 측정의 가능한 결과를 계산할 수 있게 해준다. 그 측정의 결과 또한 고전물리학의 용어로 서술된다.

이 말이 오늘 우리가 쓰는 용어와 약간의 차이가 있음을 감안하더라도 이 안에는 우리의 이해와 일부 뉘앙스 차이를 느끼게 하는 부분이 있다. 우선 확률함수(우리의 상태함수)가 "우리의 지식을 표현한다"는 말의 의미이다. 당연히 의미를 지닌 대상의 상태를 표현했다면 이는 동시에 거기에 해당하는 "우리의 지식"을 담을 것일 텐데, 이를 다시 명시적으로 말한다는 것은 대상 자체의 속성으로서가 아니라 우리가 그것에 대해 "아는 정도" 즉 정보적 성격을 말하는 것으로 들릴 수 있다. 실제로 보른이 그러한 의미를 지니고 이를 확률함수로 명명했는데, 하이젠베르크 또한 이를 일부

수용한 것이 아닌가 하는 느낌을 준다. 그리고 다른 하나는 확률함수가 실재와 연결되는 것은 "오직 새로운 측정이 이루어질 때"만이라는 주장이다. 이는 스스로 반실재론anti-realism 이라는 입장을 강하게 함축한다. 즉 대상의 상태함수는 대상이 지닌 실재의 일부가 아니라는, 따라서 우리가 대상에 대해 추측하는 그 무엇일 뿐이라는 관념을 내포한다. 그런데 이 주장의 약점은 상태함수가 우리가 관여하지 않더라도, 심지어 측정도구를 떠나서도 스스로 동역학 방정식에 따라 변해나가며 또 상태함수의 갈라졌던 다른 반쪽을 만나면 서로 합성되어 간섭현상을 보인다는 사실을 설명하기가 매우 어렵다. 결국 그는 기왕에 익숙한 존재론 이외에 다른 형태의 실재가 있을 수 있음을 거부하는 입장이라 할 수 있다. 이 점과 관련하여 그의 다른 주장을 살펴보자.[76]

> 그러므로 관찰의 행위를 통해 "가능성"에서 "현실성"으로의 전환이 일어난다. 우리가 만일 원자적 사건 안에 무엇이 일어나는지를 서술하려 한다면, 우리는 "일어난다happens"는 말이 두 관측들 사이의 그 무엇에 대해서가 아니라 오직 관측 그것에만 적용할 수 있음을 알아야 한다. 이것은 관측의 심리적 행위에 적용되는 것이 아니라 물리적 행위에 적용되는 것이며, 그 대상이 측정 장치, 그러니까 (대상을 제외한) 세계의 나머지 부분과의 상호작용이 발동하는 즉시로 "가능성"에서 "현실성"으로의 전환이 일어난다고 말할 수 있다. 이것은 물론 관측자의 마음에 의한 결과등록행위와 연관된 것은 아니다. 그렇지만 확률함수내의 불연속적인 변화는 이 등록행위와 함께 일어난다. 왜냐하면 확률함수의 불연속적 변화 가운데

서 이러한 이미지를 가지는 것은 등록 순간에 나타나는 우리 앎의 불연속적 변화이기 때문이다.

하이젠베르크의 이 문장은 대상이 변별체와 조우하여 사건이 발생하는 상황을 매우 정교하게 서술한 것이라 할 수 있다. 우리의 경우에는 대상과 변별체 사이에는 만일 대상이 그 자리에 있다면 사건을 일으키기에 충분한 상호작용이 발동될 것이라는 전제하에 사건 또는 빈-사건을 기대하는 것이기에 여기에 굳이 '관찰 행위'가 개입될 이유가 없다. 물론 관찰을 하기 위해서는 의식의 주체가 사후 또는 동시에 변별체상에 나타난 흔적을 확인해야겠으나 이것이 사건 발생 과정에 무슨 역할을 하는 것은 아니다. 하지만 하이젠베르크를 비롯한 거의 모든 사람들은 이 과정을 관측 행위와 직결시킴으로써 마치도 인간의 관측 행위가 이러한 사건발생 과정에 필수적으로 관여하는 것으로 과잉 해석하고 있다.

그리고 여기서 하이젠베르크가 강조하고 있는 "가능성"에서 "현실성"으로의 전환이란 말 또한 이해를 오도할 여지가 있다. 굳이 구분하자면 상태함수는 '사건'의 가능성을 나타내는 것이고 '사건' 자체는 현실로 확인할 수 있는 것이기에 그러한 용어를 활용할 수도 있겠지만, 이 과정은 '상태'가 '사건'으로 전환됨을 말하는 것이 아니다. 상태가 사건을 야기했을 뿐 여전히 조금 달라진 모습의 상태로 남아있는 것이고 그 과정에서 사건 혹은 빈-사건이 하나 발생했을 뿐이다. 그리고 이러한 사건들은 누가 보든 안 보든 자연계에서 수없이 나타나는 일이다.

오직 고전역학에서와 다른 점은 사건 혹은 빈-사건 발생과정에서 상태함수의 일부가 그 분포양상에 불연속적 전환을 가져온다는 것인데, 이것 한 가지만 새로운 존재론을 통해 수용할 수 있다면, 거창한 "인간과 자연 사이의 새로운 관계" 등의 구호를 내걸어야 할 이유가 없다. 특히 하이젠베르크가 이러한 주장의 기수가 된 데에는 그가 생각해낸 "불확정성원리"가 한 몫을 했을 수 있다. 그러나 우리가 이해하는 바에 따르면 이것이 말하는 불확정성 관계는 자연을 관측하는 어떤 인식론적 "한계"를 말해주는 것이 아니다. 이것은 위치 공간과 운동량 공간 사이의 본원적 관계에 따른 존재론적 양상을 말해주는 것이어서 위치 변수와 운동량 변수는 그러한 방식으로 서로 엮여있다는 것이지 측정해내고 아니고의 문제가 아니다. 그럼에도 초기에 인간의 앎과 자연의 실재 사이에 어떤 한계를 발견한 것으로 해석하여 행위자로서의 인간과의 관계를 지나치게 부각시킨 측면이 없지 않다.

※ 디랙의 『양자역학 원리』

양자역학이 20세기 물리학 안에서 비교적 이른 시기에 중심적인 학문 분야로 자리 잡게 된 데에는 디랙 등의 교과서적 저서들이 커다란 역할을 했다. 초기의 종잡을 수 없는 혼란을 딛고 일어나 특히 그 바탕이 되는 수학적 정식화에 크게 성공한 결과이다. 현명하게도 이들은 양자역학 해석에 따르는 잡다한 논란에 휩쓸리지 않고 단순한 수학적 논리만을 바탕으로 활용 가능한 형태의 이론을 제시하여 현장의 연구자들에게 안심하고 따를 수 있는 길을 만들어내었다.

그러나 돌이켜보면 고전역학으로부터 양자역학으로 나아가기 위해 바꾸어야 할 관념의 틀을 명확히 제시하지 못함에 따라 개념적 이해에 어려움을 주었으며 그 사이를 틈타 각가지 혼란스런 해석이 난무하는 상황에 이르렀다. 그렇기에 여기서 특히 디랙의 책에 나타난 서술이 우리의 입장과 어떤 차이를 가지는가 하는 점에 대해서만 간략히 살펴보기로 한다.

디랙은 그의 책 『양자역학 원리The Principles of Quantum Mechanics』에서 처음부터 "상태" 개념을 도입하고 있으나, 이를 다분히 현상론적으로 정의하고 있으며, 특히 고전역학적 상태와 양자역학적 상태의 구분을 명백히 제시하지 않음으로써 상황을 파악하는 데까지 상당한 어려움을 주고 있다. 그는 매우 중요한 "상태" 개념을 분명히 하는 것이 필요하다면서, 이렇게 설명하고 있다.[77]

> 힘의 법칙들에 부합되는 입자 혹은 물체들의 가능한 여러 운동들이 있는데, 이런 운동 하나하나를 계의 상태라 부른다. 고전적 관념에 따르면 어느 한 시점에 그 계의 여러 구성 부분들의 위치와 속도에 대한 수치를 부여함으로써 규정할 수 있다. 하지만 우리는 한 작은 계에 대해 고전 이론이 상정하는 정도로 상세한 관측을 할 수가 없다. 관찰력의 이러한 한계는 한 상태에 부여할 수 있는 데이터에 제한을 준다. 따라서 원자계의 상태는 다소간 불특정한indefinite 데이터에 의해 제시되지 않을 수 없다… 계의 상태는, 서로의 간섭이나 모순 없이 이론적으로 가능한 많은 조건과 데이터에 의해 제한되고 있는, 교란되지 않은 운동으로 정의될 수 있다.

이 글에서 보면 디랙은 아직까지 고전역학과 양자역학 사이의 본질적 차이를 개념적으로 파악하고 있지 않은 듯하다. 그는 오히려 양자역학이 원자 규모의 물체를 대상으로 하기에 관측상에 한계가 있고 이 한계로 인해 부득이 분명하지 못한 서술을 해야 되는 것으로 보고 있다. 그는 특히 양자역학에서의 "상태" 개념이 고전역학에서의 상태와 어떤 차이를 가지는지에 대해 명백한 구분을 하지 못하고 있다. 그는 말하자면 양자역학의 핵심 개념을 명료하게 파악하지 못한 채 양자역학을 서술해 가고 있는 것이다. 이러한 혼란은 그가 말하는 중첩의 원리에서 더욱 두드러진다. 그는 이렇게 말한다.[78]

> 한 동역학 계의 상태들에 대해 양자역학의 일반 중첩 원리 general principle of superposition 가 적용된다. 이것은 상태들 사이에 다음과 같은 기묘한 관계가 존재할 것을 요구한다. 즉 대상 계가 확실히 한 상태에 있을 때마다 우리는 이것이 다른 둘 또는 그 이상의 상태들에 부분적으로 속한다고 볼 수 있다는 것이다. 그 본 상태는 둘 또는 그 이상의 상태들로 된 중첩의 결과로 보아야 한다는 것인데, 이는 고전적 관념으로는 상정할 수 없는 일이다… 하나의 상태를 몇몇 다른 상태들이 중첩된 결과로 표현하는 과정은 마치 하나의 파동을 그 푸리에 성분들로 분해하는 것처럼 언제나 허용되는 하나의 수학적 과정이며, 물리적 조건들과는 무관한 것이다.

여기서 그는 하나의 거창한 원리나 되듯이 "일반 중첩 원리"라는 것을 제시하고 있다. 그리고 이것은 고전적 관념으로는 생각할 수 없는 기묘한

peculiar 관계임을 인정한다. 그러나 이것은 이해를 돕기보다는 오히려 혼란을 가중시키는 효과가 있다. 상태가 무엇인지도 아직 모르는 상황에서 이것들이 중첩된다니 이것이 무슨 소리인가? 사실 그가 위 인용문 아랫부분에서 설명했듯이 수학적으로 보면 하나의 표현 방법에 지나지 않는다. 그렇다면 이것은 "상태" 개념 자체가 가진 존재론적 성격이지 이미 설정된 "상태"들 사이에 성립하는 물리적 원리가 아니다. 이를 위해 우리가 이 책에서 설정한 양자역학적 "상태" 개념을 보면 대상이 위치 자체를 점유하는 것이 아니라 각 위치마다 그 위치에서의 사건야기 성향을 나타낼 "위치의 함수"가 된다. 그렇기에 이것은 다른 더 단순한 함수들의 결합으로 얼마든지 나타낼 수 있는데, 이를 들어 디랙은 "일반 중첩 원리"라고 한 것이다.

이처럼 상황의 설명을 위해 새로운 '원리'들을 내세우는 사례를 우리는 이미 초기 양자역학 창시자들 사이에서 적지 않게 보아왔다. 앞서 논의한 보어의 "상보성원리", 하이젠베르크의 "불확정성원리"가 모두 그런 것이다. 즉 존재론적 이해를 결여하고 이를 현상론적으로 설명하기 위해 새로운 원리들을 설정하고 있으나 이것들은 모두 우리가 앞에서 설정한 양자 존재론 안에 이미 내재되어 있는 것들이다. 그러나 이론 탐색의 초기에는 그 존재론적 바탕이 보이지 않기에 우선 현상론적 특이성들을 새로운 "원리"라는 이름으로 파악하고 이를 통해 현상들을 이해하고 설명하려 시도한 정황은 충분히 납득할 수 있는 일이다. 그러나 이것들이 "교과서"에 남아 다음 학문 세대들로 하여금 이것이 상황 이해의 유일한 혹은 최선의 길이라는 통념을 가지게 하는 점에 대해 경계해야 한다.

특히 교과서 저자로서의 디랙이 지닌 이러한 혼란에도 불구하고 그의 책이 이후 물리학자들을 키워내고 그들로 하여금 엄청난 학문적 성과들을 이루어내게 해 준 이유는 무엇인가? 이를 이해하기 위해 그의 책에 나오는 다음과 같은 언급에 주목할 필요가 있다.[79]

> (양자역학은) 동역학 계의 상태들과 동역학 변수들이 고전적 관점으로는 납득되지 않는 아주 이상한 방식으로 연결될 것을 요구한다. 상태들과 동역학 변수들은 물리학에서 흔히 사용되는 것과는 다른 성격의 수학적 양들로 표현된다. 이러한 새 구도는 이런 수학적 양들을 다룰 모든 공리들과 활용규칙이 주어질 때 정확한 물리학 이론이 된다.

여기서 보는 것처럼 디랙의 양자역학 책에서는 상태들과 동역학적 변수들을 나타내는 수학적 양들 사이의 관계들을 정교한 수학적 관계식들로 연결하고 몇 가지 공리와 활용규칙들을 마련하여 현상과 연결시킬 수 있게 해줌으로써 설혹 새 개념들과 개념 틀이 지닌 존재론적 의미를 깊이 파악하지 않더라도 이를 현상과 연결해 활용하는 데에는 큰 지장을 주지 않고 있다. 그렇기에 겔만이 지적했듯이 "양자역학은 이해는 할 수 없지만 활용하는 데에는 별 지장이 없는" 이론이 되어버린 것이다.

8.2 양자역학을 둘러싼 실재성 논란

※ EPR 논쟁과 벨의 부등식

양자역학이 던진 초기의 철학적 논란들, 예컨대 물질의 입자-파동 이중성 같은 문제들은 양자역학의 이론 구조가 밝혀진 1930년대에 이르러서는 많이 수그러들었다. 그러나 이러한 이해와 함께 양자역학의 철학적 성격이 지닌 더 본질적인 문제가 제1장에서 언급했듯이 1935년 아인슈타인-포돌스키-로젠EPR 논문과 함께 물리학계에 등장했다. 이 논문에 대한 보어의 즉각적인 반론을 비롯하여 많은 지지 및 비판의 논문들이 발표되었으며 이에 대한 찬반 논쟁은 부단히 지속되었다. 그러나 이러한 논의들은 대부분 자신들이 기존에 지니고 있던 철학적 관점을 주장하는 것으로 그치며 그 어떤 합의에 도달하거나 의미 있는 결실을 맺을 성격의 것이 아니었다.

이러한 상황에 비추어 1964년에 발표된 벨J. S. Bell의 논문은 하나의 전기를 마련한 것이라 할 수 있다.[80] 이른바 '벨의 부등식'이라는 하나의 정량적 관계를 통해 양자역학을 담아낼 관념적 장치들에 대한 실험적 검증을 해볼 수 있게 된 것이다. 흔히 '벨의 부등식'이라 하면 이는 초기 벨의 논문에서 도출된 것 이외에도 그 이후에 알려진 여러 형태의 것들을 총칭하는 것인데, 이들은 그 형태 뿐 아니라 그 도출하는 방식도 다양하다. 여기서는 이른바 벨-뷔그너Bell-Wigner 부등식이라는 형태를 소개하기로 하며,[81] 이해의 편의를 위해 우리의 경험 속에서 쉽게 상정할 수 있는 하나의 일상적인 대상계를 그 예로 삼기로 한다.

지금 속이 꽉 차있는 한 단단한 고체 구球가 있다고 하고, 그 내부에 어떤 폭발 장치가 있어서 이것이 두 쪽으로 갈라져 서로 반대 방향으로 튀어 나간다고 하자. 편의상 왼쪽으로 튀어나간 조각을 물체1이라 부르고 오른쪽으로 튀어 나간 조각을 물체2라 부르기로 한다. 이 때 이들 각각에 대해 그 질량 (a)과 표면적 (b), 그리고 형태 (c)를 관측한다고 하고, 그 질량이 만일 전체 질량의 반 이상의 값을 가지면 이를 +라 하고 그렇지 않으면 −라 부르기로 하자. 마찬가지로 그 표면적이 전체 표면적의 반 이상인 경우를 +로, 그렇지 않은 경우를 − 로 부르고, 또 그 형태가 볼록한 경우를 +로, 그렇지 않은 경우(오목한 경우)를 −로 부르자. 그러면 이들 조각 중 어느 하나의 질량이 가령 +이면 나머지 하나의 질량은 반드시 −가 되며, 그 표면적이나 형태에 대해서도 마찬가지 말을 할 수 있다.

이제 이러한 폭발이 있은 후 왼쪽 조각의 질량, 표면적, 형태의 값들이 각각 $1a$, $1b$, $1c$이며, 오른쪽 조각의 질량, 표면적, 형태의 값들이 각각 $2a$, $2b$, $2c$일 확률을

$$p(1a, 1b, 1c, 2a, 2b, 2c)$$

로 표기한다면, $1a, 1b, 1c, 2a, 2b, 2c$의 값에 따라 다음과 같은 서로 다른 8가지 경우의 확률들을 생각할 수 있다.

$$p(1) = p(+,+,+,-,-,-),\ p(2) = p(+,+,-,-,-,+)$$
$$p(3) = p(+,-,+,-,+,-),\ p(4) = p(+,-,-,-,+,+)$$
$$p(5) = p(-,+,+,+,-,-),\ p(6) = p(-,+,-,+,-,+)$$
$$p(7) = p(-,-,+,+,+,-),\ p(8) = p(-,-,-,+,+,+)$$

이제 왼쪽과 오른쪽에 각각 관측 장치들을 설치해 놓고 이러한 양들을 관측한다고 하자. 이 경우 왼쪽 조각의 질량($1a$)을 관측하여 그 값 +를 얻고, 오른쪽 조각의 표면적($2b$)을 관측하여 그 값 +를 얻게 될 확률 $p(1a+,2b+)$는 위의 확률들로 미루어 보아

$$p(1a+,2b+)=p(3)+p(4)$$

의 관계를 만족할 것이다. 마찬가지로 왼쪽 조각의 표면적($1a$)을 관측하여 그 값 +를 얻고, 오른쪽 조각의 형태($2c$)를 관측하여 그 값 +를 얻게 될 확률 $p(1b+,2c+)$와 왼쪽 조각의 질량($1a$)을 관측하여 그 값 +를 얻고, 오른쪽 조각의 형태($2c$)를 관측하여 그 값 +를 얻게 될 확률 $p(1a+,2c+)$는 각각

$$p(1b+,2c+)=p(2)+p(6)$$
$$p(1a+,2c+)=p(2)+p(4)$$

이 된다. 이제 앞의 두 표현을 합하고 여기에서 뒤의 표현을 빼면

$$p(1a+,2b+)+p(1b+,2c+)-p(1a+,2c+)=p(3)+p(6)$$

의 관계를 얻게 되는 데, 우변의 $p(3)$와 $p(6)$는 각각 확률의 값이어서 그 합이 0보다 작을 수 없으므로

$$p(1a+,2c+)\leq p(1a+,2b+)+p(1b+,2c+)$$

의 부등식이 성립하게 된다.(벨-뷔그너 부등식)

여기서 유의할 점은 변수 $a,b,c,$ 사이에 그 어떤 상관관계가 존재할

수 있으나 이러한 상관관계에 무관하게 이 부등식이 성립한다는 점이다. 예를 들어 밀도가 균일한 고체 구일 경우, 한 조각이 $a+, b-, c-$인 경우는 있을 수 없다. 따라서 위의 확률들 가운데

$$p(4)=p(+,-,-,-,+,+)=0$$
$$p(5)=p(-,+,+,+,-,-)=0$$

이 되기는 하나 이러한 사실들이 위의 부등식에는 아무런 영향도 주지 않는다. 여기서 중요한 점은 이러한 관계는 폭발 전후에 있어서 전체의 질량과 두 조각을 가져다 맞춘 전체의 형태가 변하지 않는다는 전제 아래 이들에게 적용할 구체적 동력학이 무엇인가에 관계없이 항상 만족시켜야 할 보편적 성질인 듯이 보인다는 점이다.

사실상 윗 식의 도출 과정을 자세히 살펴보면 지정된 변수 $a, b, c,$가 몇 가지 기본적 조건을 만족한다는 것 이외에 이들이 구체적으로 무엇을 말하는가에 무관하게 이 부등식이 성립해야 함을 알 수 있다. 즉 변수 $a, b, c,$가 각각의 물체들에 대해 의미 있게 관측되는 양들이고 또 폭발 전후에 그 값들 사이에 일정한 보존관계가 성립하기만 한다면 이러한 관계는 여기에 적용할 동역학이 무엇이든지 혹은 이들 물리량이 구체적으로 무엇을 지칭하든지 관계없이 성립해야 한다는 것이다.

그러므로 만일 위에 언급한 기본적 조건을 만족하는 변수들로서 위의 부등식에 위배되는 사례가 발견된다면 이는 이러한 도출 과정에 활용된 우리의 사물인식 방식에 중대한 과오가 함축되었음을 의미하는 것이다. 흥미로운 점은 이것이 양자역학 자체의 그 어떤 해석과도 무관하게 검토해

보아야 할 인식론적 그리고 존재론적 문제라는 사실이다. 양자역학이 여기에 개입하는 것은 오직 양자역학을 통해 이 부등식을 위배할 구체적 상황들이 예측되었으며 이에 자극받아 이들을 실험적으로 검증하는 노력이 이루어졌다는 것뿐이다. 이제 그 구체적인 사례를 살펴보자.

양자역학의 적용이 가능한 계로서 위의 고체 구 대신에 하나로 묶여있는 전자-양전자 쌍을 생각하고 이것이 그 어떤 이유로 분열된 다음 왼쪽으로는 전자, 오른쪽으로는 양전자가 되어 튀어 나간다고 생각하자. 변수 $a,b,c,$를 이들의 각각 서로 다른 세 가지 방향으로의 스핀 변수라고 놓으면, a방향과 b방향 사이의 각을 ab 등으로 표기할 때 위의 확률 $p(1a+,2b+)$는 양자역학의 연산에 의해[82]

$$p(1a+, 2b+) = \frac{1}{2}\sin^2(\frac{ab}{2})$$

의 값을 지니게 됨을 쉽게 보일 수 있다. 또한 $p(1b+,2c+)$과 $p(1a+,2c+)$에 대해서도 마찬가지 관계를 적용하면 윗 부등식은

$$\frac{1}{2}\sin^2(\frac{ac}{2}) \leq \frac{1}{2}\sin^2(\frac{ab}{2}) + \frac{1}{2}\sin^2(\frac{bc}{2})$$

이 된다. 이제 만일 a와 c 사이의 각을 120^o로 잡고 b의 방향을 a와 c 사이의 각을 양분하는 방향으로 잡으면 ($ac=120^o$, $ab=60^o$, $bc=60^o$), 윗 식은

$$\frac{1}{2}\sin^2(60^o) \leq \frac{1}{2}\sin^2(30^o) + \frac{1}{2}\sin^2(30^o)$$

가 되어 좌변인 3/8이 우변인 2/8보다 작거나 같아야 한다는 결과를 준다.

즉 양자역학에서는 벨의 부등식을 위배하는 구체적인 사례를 제시해 주고 있는데, 이것이 의미하는 바는 만일 이러한 양자역학의 예측이 옳은 것으로 판명된다면 보편적 관계로서의 벨의 부등식을 도출한 우리의 사물 인식 방식에 결함이 있음을 의미하는 것이다.

사실상 벨의 부등식 등장 이래 이를 위배하는 것으로 예측된 물리적 상황들에 대해 특히 1980년대에 이르러 일련의 실험적 확인 노력이 이루어졌다.[83] 비상한 관심아래 행해진 이 실험들의 결과는 거의 예외 없이 양자역학의 예측이 맞는 것으로, 즉 벨의 부등식을 위배하는 사례가 현존하는 것으로 판명되었다. 그러므로 이제 공은 물리학 진영에서 철학 진영으로 넘어간 셈이다. 벨의 부등식 도출과정을 의심 없이 받아들인 우리의 사물인식 방식에 그 어떤 결정적인 반성이 수행되어야 하는 것이다.

그렇다면 벨의 부등식 도출과정 속에서 우리가 무의식적으로 범하게 된 인식론적 과오는 무엇인가? 우리는 위에 고찰한 질량, 표면적, 형태 등의 물리적 관측치들에 대해 이러한 값들이 관측에 무관하게 대상에 지정될 수 있다는 가정을 암암리에 하고 있었던 것이다. 예컨대 우리는 물체1에 대한 관측치 $1a, 1b, 1c$의 값들과 물체2에 대한 관측치 $2a, 2b, 2c$의 값들이 각각 의미 있게 존재하며, 또한 대상계가 이러한 값들을 동시에 지니게 될 확률 $p(1a, 1b, 1c, 2a, 2b, 2c)$를 의미 있게 규정할 수 있는 것으로 보았다.

물론 우리에게 주어진 사실적 전제는 이러한 물리량 하나하나가 의미 있게 관측된다는 점이며 이 점에 대해서는 더 이상 논의할 필요가 없다. 그러므로 우리는 "하나의 대상계에 대하여 하나하나 의미 있게 관측되는 물리량들이 있다고 할 때, 이 대상계에 이들 물리량들이 내재한다고 주장을 할 수 있는가?" 하는 문제를 살펴보아야 한다. 즉 관측 가능한 물리량에 대한 '실재성reality'이 문제되는 것이다.

물론 흄 등의 지각이론 이래 사물의 실재성에 대한 철학적 반성은 끊임없이 수행되어 왔다. 그러나 여기서는 이른바 실재론과 관념론 사이의 형이상학적 논쟁을 되풀이 하자는 것은 아니다. 굳이 표현하자면 실용적 혹은 과학적 실재론의 입장에서 구체적으로 정의 가능한 하나의 '실재성' 개념을 설정하고 이러한 개념의 일관적 사용이 아무런 논리적 문제를 야기하지 않는다면 이를 의미 있는 개념으로 인정하자는 입장이다.

그렇다면 실용적 의미를 지닌 이러한 '실재성'의 내용을 어떻게 설정할 것인가? 이를 위해 EPR 논문의 서두에 제시된 'EPR 실재성' 개념을 살펴보기로 하자. EPR 논문의 저자들은 다음과 같은 주장을 편다.

> 우리가 만일, 물리계에 대한 그 어떤 방식의 교란이 없이, 한 물리량의 값을 확정적으로 (즉 확률 1로) 예측할 수 있다면, 이 물리량에 대응하는 물리적 실재의 한 요소가 존재한다.

위의 표현 속에는 예측의 확인에 관한 직접적 언급은 없으나 "확정적으로 예측할 수 있다"는 말 속에 확인 가능성이 함축되어 있다. 여기서 유의해야 할 점은 이러한 예측이나 확인이 실제로 얼마나 엄격히 이루어질 수 있느냐 하는 것은 중요한 일이 아니라는 사실이다. 오직 이것이 원리적으로 가능하면 충분한 것이다. 만일 이것이 원리적으로 가능함에도 불구하고 현실적으로 그 실현이 어렵다고 한다면 이는 오직 인식주체인 우리 측의 제약에 의한 것이므로 이 물리량의 실재성과는 무관한 일이다.

그렇다면 이 저자들이 염두에 두고 있는 실재reality란 무엇일까? EPR 저자들이 말하듯이 "어떤 방식의 교란이 없이, 한 물리량의 값을 확정적으로 (즉 확률 1로) 예측할 수 있다"는 것은 분명히 고전역학의 상태 규정이 전제하는 내용이며 이는 곧 고전 존재론의 핵심 내용에 해당한다. 또한 벨이 그의 부등식을 도출하는 과정에서 활용하고 있는 사고의 과정 또한 동역학 이전에 전제되고 있는 고전 존재론에 해당하는 것이다. 이것들은 동역학에 무관하게 우리가 사물을 보는 바탕 관념이었고, 우리의 의식적 수정이 없이는 벗어날 수 없는 사고의 틀이다.

그런데 여기서 주목할 점은 이러한 사고의 소산이 양자역학적 예측, 그리고 현실적 실험 결과와 어긋난다고 하는 사실이다. 이것은 그 사고 전개 자체에 결함이 있다는 것이며, 이는 곧 양자역학의 유효성과는 무관하게 고전 존재론이 수정되어야 할 것임을 강력하게 암시해주는 일이다. 한편 이러한 실험결과가 양자역학적 예측에 부합된다는 것은 이러한 존재론적 수정이 양자역학을 수용할 수 있는 방향으로 이루어져야 함을 말해준다.

그럼에도 불구하고 우리가 여기서 문제 삼아야 할 점은 우리가 여전히 이러한 성격의 내용에 대해 "실재" 또는 "실재성"이라는 용어를 사용한다는 사실이다. 이 점이 중요한 이유는 실재라는 말은 허구라든가 환상이라는 개념에 대비해서 사용되는 말이기 때문이다. 다시 말해 일단 고전 존재론의 내용을 실재라 인정하는 순간 그것에 어긋나는 모든 것은 허구나 환상이라는 생각을 지니게 될 것이고, 따라서 그러한 관념에 젖어있는 한 이 존재론에 대해 창조적 수정은 그만큼 더 어려워질 것이라는 점이다.

그렇기에 우리는 실재성이라는 용어를 매우 조심스럽게 사용해야 할 뿐 아니라 실재성 개념의 정의 자체를 재검토해야 할 상황에 놓인 셈이다.

※ 실재론인가, 반실재론인가?

스몰린Lee Smolin은 그의 최신 저서 『아인슈타인의 미완성 혁명Einstein's Unfinished Revolutin』에서 "실재"를 "환상fantasy"과 대비시키면서 실재론자의 기준을 위해 다음과 같은 두 개의 물음을 제시한다.[84]

1. 자연의 세계는 우리 마음에 무관하게 존재하는가? 더 구체적으로는, 물질은, 우리의 지각이나 지식에 무관하게, 그 안에 그리고 그 자체로 한 조의 안정된 성질들을 가지고 있는가?
2. 이러한 성질들이 인간에 의해 이해되고 서술될 수 있는가? 우리는 우주의 역사를 설명하고 미래를 예측할 자연의 법칙들에 대해 충분히 이해할 수 있는가?

여기서 누군가가 이 두 질문에 모두 그렇다고 대답한다면 그는 실재론자realist라는 것이 스몰린의 주장이다. 스몰린의 이 주장을 받아들인다면 양자역학을 보는 우리의 자세는 다음과 같은 몇 가지로 분류된다.

먼저 내가 실재론자라는 가정 아래 양자역학이 이 조건을 만족한다고 보면 나는 양자역학 실재론자가 된다. 그러나 내가 보기에 양자역학이 이 조건을 만족시키지 못한다면 나는 양자역학을 적어도 이런 의미에서 불완전한 것으로 보게 된다. 한편 내가 반실재론자anti-realist이고 양자역학이 이 조건을 만족하지 않는다면 나는 양자역학을 받아들이면서도 이것이 실재론에 부합되지 않는다고 보는 양자역학 반실재론자 즉 양자역학을 도구주의적으로 받아들이는 입장이 된다.

스몰린이 보기에는 양자역학은 위에 제시된 두 질문중 적어도 하나에 대해서는 아니오 라고 답해야 할 성격을 가졌다는 것이다. 그리하여 실재론자인 그 자신은 양자역학을 수용하기 어려우며 그 점에 대해서는 아인슈타인도 마찬가지라는 것이 그의 주장이다. 반면에 양자역학을 수용하는 사람들은 모두 반실재론자이거나 아니면 적어도 도구주의적 입장에서 양자역학을 수용한다는 것이다.

그러나 스몰린의 이 생각은 양자역학을 제대로 이해하지 못한 데서 오는 소치로 보인다. 적어도 우리가 앞에서 서술한 내용이 양자역학의 바른 모습이라면 그런 이야기를 할 수가 없다. 물론 양자역학의 코펜하겐 해석에 따르면 양자역학이 위의 두 질문 특히 첫째 질문에 긍정적 대답을 하기 어려운 면이 있다. 그러나 이것은 양자역학의 문제라기보다는 코펜하겐 해석 특히 하이젠베르크의 주장을 무비판적으로 받아들이는 데서 오는 것이라 할 수 있다.

우리가 만일 우리 책에서 제시한 방법으로 양자역학을 수용한다면, 적어도 스몰린이 말한 기준에 따라 반실재론자이어야 할 필요가 없다. 우선 첫 번째 물음 즉 양자역학에 따르면 대상의 상태는 우리의 지식이나 지각에 무관하게 존재하는가 하는 물음을 생각해보자. 우리는 대상의 상태를 대상에 대한 우리 지식이 아닌 대상 자체에 속하는 존재적ontic 성격을 지닌 것으로 보았다. 물론 변별체와 조우함에 따라 일정한 상태 전환을 하게 되지만, 이것은 어디까지나 대상과 변별체 사이의 관계이지 이것에 대한 우리의 지각이나 지식이 어떤 관여를 하고 있는 것이 아니다. 대상의 상태는 우리에게 알려질 수 있는 연결점을 가지는 것이 사실이나 이것은 "앎의 대상"이 가져야 하는 필수적 성격이지 양자역학에서만 해당하는 사항이 아니다.

그리고 그가 제시한 둘째 물음 즉 "우리는 우주의 역사를 설명하고 미래를 예측할 자연의 법칙들에 대해 충분히 이해할 수 있는가?" 하는 물음에 대해 양자역학이 특별히 부정해야 할 이유는 없다. 오히려 이것을 위해 기여할 최선의 동역학을 제시하라면 양자역학을 들어야 할 것이며 양자마당이론까지 포함한다면 실제로 이 점에 대해 엄청나게 놀라운 기여를 하고 있다. 하지만 양자역학만으로는 충분하지 않다. 우주를 이해하는 데에는 일반상대성이론이 바탕을 이루고 있으며, 또한 통계역학의 기여도 매우 중요하다. 이들은 물론 양자역학과 함께 가야하며 양자역학을 받아들이는 자세와는 무관하다. 혹시 스몰린이 양자역학의 "우주 상태"를 염두에 두고 그 가능성에 대해 의심하는 것이라면 이것 또한 양자역학에 대한 잘못된 이해에 바탕을 둔 것이라고 본다. 우주 안에는 수많은 '사건'들이 발생하는데, 양자역학은 '사건'들의 확률을 말해주고 있는 것이지, 양자역학적 상태 안에 이를 담아 서술해야 할 성격을 지닌 것이 아니다. 결론적으로 양자역학을 수용한다고 하여 우주의 역사를 설명하고 미래를 예측할 자연의 법칙들을 "이해할 수 없을 것"이라고 믿는다면, 이는 그 사람의 지성을 먼저 의심해야 할 일이다.

그렇기에 누가 양자역학을 제대로 이해한다면 그는 "반실재론자"가 되어야 할 것이 아니라 오히려 양자역학적 존재론 안에서 진정한 실재의 모습을 찾으려 나서는 것이 순리일 것이다.

▌맺는 말

이제 마지막으로 1936년 아인슈타인이 「물리학과 실재」라는 논문에서 양자역학에 대해 평가한 다음의 글을 한번 되짚어보자.[85]

> 양자역학이 진리의 많은 부분들을 담고 있다는 점에 대해서는 의심의 여지가 없다. 그리고 이것은 미래 이론의 바탕을 구축할 하나의 시금석이 될 것이다. 만약 이 바탕이 마련된다면, 마치 정전기학이 전자기마당에 관한 맥스웰의 방정식에서 도출되거나 혹은 열역학이 고전역학에서 도출되는 것 같이, 양자역학 또한 이 바탕 이론으로부터 하나의 극한 사례로 도출되어야 하리라고 본다. 그러나 마치 열역학에서 고전역학의 바탕을 발견할 수 없듯이, 나는 양자역학이 이러한 바탕을 찾는 출발점이 될 수는 없다고 믿는다.

여기서 아인슈타인은 열역학과 고전역학의 사례를 들어 양자역학을 담아낼 더 큰 그릇을 기대하고 있다. 그러면서 그는 같은 논문에서 앎의 더 본질적 성격을 탐색해야 하리라는 전제 아래 몇 가지 핵심이 되는 제안들을 제시했다.

어느 면에서 나 자신은 아인슈타인의 이 제안을 문자 그대로 수용하고 결국은 양자역학을 담아낼 새 그릇 곧 새로운 존재론을 구성해내었다. 이제 그 개요를 간단히 정리함으로써 이 책에서 내가 시도했던 내용의 전체 얼개를 되짚어보고 어째서 이것이 양자역학을 담아낼 새 그릇 노릇을 하는지 살펴보기로 한다.

우리는 "이 사과는 달다"고 하는 가장 일상적 앎에서 출발해 "양자마당의 들뜸 단위가 기본입자이다."라고 하는 기본적이고 심층적인 앎에 이르기까지 그 전 과정에 걸친 앎 자체의 성격을 특히 예측적 앎의 구조에 맞추어 살펴보았다. 이렇게 하는 가운데 "보편지식으로의 예측적 앎"에 해당하는 이른바 "동역학"을 살피면서 이것이 적어도 고전역학의 단계에서는 별로 의식하지 않았던 "사고의 기반" 즉 존재론에 바탕을 두고 있음을 알았다. 더구나 놀라운 사실은 이 존재론이 나름의 구조를 지니고 있으며 학문의 진전에 따라 이 구조가 일정한 확충과 통합을 지속해 나간다는 점이다.

따라서 각 단계별 동역학을 이 구조의 진전에 맞추어 파악할 수 있으며 그렇게 할 경우 양자역학은 그 어떤 이질적 성격의 구조물이 아니라 이런 발전의 한 자연스런 단계인 동시에 한 결정적 매듭을 대표하는 지적 위상을 지니게 됨을 알게 된다. 바로 이 점에서 (위에 인용한 아인슈타인의 말대로) "양자역학 또한 이 바탕 이론으로부터 한 극한의 사례로 도출되어야" 하며 실제로 도출되고 있다.

먼저 이것을 공간개념의 확장 및 구조화라는 입장에서 조망해보면, 위치공간의 '2+1'차원 관념수평 공간과 수직 공간을 분리하는 사고에서 3차원 관념으로 발전하면서 고전역학이 성립되었고, 다시 이것을 시각 공간과 결합된

4차원 공간으로 파악함으로써 상대성이론이 이루어졌다. 그리고 기존에 독립적인 것으로 보았던 4차원 위치-시각 공간과 4차원 운동량-에너지 공간이 푸리에 상반관계로 통합된다는 구조가 파악됨으로써 양자역학이 이해되고 있다. 그리고 한 걸음 더 나가 기존 공간의 각 위치에 상위 공간이 설정되고 있으며 이 또한 해당 운동량 공간과 푸리에 상반관계를 이룬다고 봄으로써 최종적으로 양자마당이론이 자리 잡아 가고 있다.

이러한 동역학을 이루는 또 하나의 구조적 요소가 대상의 "특성"과 "상태"를 규정하는 일인데, 고전역학에서 양자역학으로의 전환을 이루게 된 것은 이 가운데 "상태"의 개념을 종래의 (위치와 운동량에 대한) "점유" 개념으로부터 (사건을 야기할) "성향" 개념으로 전환함으로써 획기적인 진전을 가져오게 했으며, 다시 대상의 "특성" 개념을 종래의 "입자 중심" 대상에서 "마당 중심" 대상으로 한 단계 격상함으로써 양자역학에서 양자마당이론으로의 진전을 가져오게 되었다. 이렇게 하여 종래에 특성의 범주에 들어가던 "입자"의 위상이 마당의 한 들뜸 단위에 해당하는 것으로 밝혀짐으로써 존재 세계 안의 구조적 위계가 한층 선명해지는 결과를 가져왔다.

양자역학을 포함해 인간이 성취한 모든 앎을 하나의 존재론적 구조 안에 담아내는 이 새 그릇이 아인슈타인이 희망했던 "미래 이론"의 모습이 아닐 수도 있다. 그러나 이 그릇이 사실 그의 제안에 따른 사유가 빚어낸 하나의 결실이란 점에서 아인슈타인 또한 이를 보고 실망만 할 이유는 없으리라 생각한다.

부록: δ-함수와 푸리에 변환

≪ δ-함수의 정의와 δ-함수의 사례 ≫

어떤 함수 $\delta(y-x)$가 있어서, 이것이 만일 임의의 함수 $\Psi(y)$에 대해

$$\int \Psi(y)\delta(y-x)dy = \Psi(x) \tag{A-1}$$

의 관계를 만족하면 함수 $\delta(y-x)$를 δ-함수라 한다.

- 정리

다음 관계식으로 정의되는 함수 $\Delta(y-x)$는 $\delta(y-x)$함수이다.

$$\Delta(y-x) \equiv \frac{1}{2\pi}\int dk e^{ik(x-y)} \tag{A-2}$$

- 증명

함수 $\Delta(x)$의 정의로부터

$$\Delta(x) = \lim_{K\to\infty}\frac{1}{2\pi}\int_{-K}^{K} dk e^{-ikx} = \lim_{K\to\infty}\frac{1}{\pi}\frac{\sin Kx}{x}$$

$$\int \Psi(x)\Delta(x)dx = \lim_{K\to\infty}\frac{1}{\pi}\int \Psi(x)\frac{\sin Kx}{x}dx$$

여기서 Kx를 새 변수 q로 치환하면

$$\int \Psi(x)\Delta(x)dx = \lim_{K\to\infty}\frac{1}{\pi}\int \Psi(\frac{q}{K})\frac{\sin q}{q}dq = \Psi(0)\frac{1}{\pi}\int dq\frac{\sin q}{q}$$

이 된다. 이제 적분 $\int dq\frac{\sin q}{q}$의 값을 산출하기 위해 다음과 같은 함 수 $F(t)$를 도입하자.

$$F(t) = \int_0^\infty dq e^{-tq}\frac{\sin q}{q} (t > 0)$$

이 경우 $F(\infty)$의 값은 0 이며, 이를 변수 t로 미분하면

$$\frac{d}{dt}F(t) = \int_0^\infty dq e^{-tq}\sin q = -\frac{1}{(1+t^2)}$$

이 된다. 조건 $F(\infty) = 0$과 함께 이를 변수 t로 적분하면

$$F(t) = \int_0^\infty dq e^{-tq}\frac{\sin q}{q} = \frac{\pi}{2} - \tan^{-1}t$$

을 얻는다. 여기에 $t = 0$를 넣으면

$$F(0) = \int_0^\infty dq \frac{\sin q}{q} = \frac{\pi}{2}$$

가 된다. 한편, 피적분 함수는 q의 우함수이므로

$$\int_{-\infty}^\infty dq \frac{\sin q}{q} = 2\int_0^\infty dq \frac{\sin q}{q} = \pi \tag{A-3}$$

임을 얻으며, 이는 곧

$$\int \Psi(x)\Delta(x)dx = \Psi(0) \tag{A-4}$$

임을 의미한다. 한편 (A-1)식 좌변에 $\delta(y-x)$대신에 $\Delta(y-x)$를 넣고 새 변수 $z = y - x$로 치환하여 이를 다시 써보면

$$\int \Psi(z+x)\Delta(z)dz$$

가 되는데, 이 표현은 (A-4)에 의해 $\Psi(x)$에 해당하므로 함수 $\Delta(y-x)$는 정의 (A-1)식을 만족하는 δ-함수임이 입증된다.

≪ 푸리에 변환 ≫

다음과 같은 관계를 만족하는 함수 $\Phi(k)$는 함수 $\Psi(x)$의 푸리에 변환이라 한다. 함수 $\Phi(k)$를 규정하는 공간 $k(-\infty \le k \le \infty)$는 함수 $\Psi(x)$를 규정하는 공간 $x(-\infty \le x \le \infty)$의 상반공간(reciprocal space)이다.

$$\Psi(x) = \frac{1}{\sqrt{2\pi}} \int \Phi(k) e^{ikx} dk \qquad \text{(A-5)}$$

$$\Phi(k) = \frac{1}{\sqrt{2\pi}} \int \Psi(x) e^{-ikx} dx \qquad \text{(A-6)}$$

• 정리

임의의 함수 $\Psi(x)$에 대해 푸리에 변환을 만족하는 함수 $\Phi(k)$가 존재한다.

• 증명

이를 증명하기 위해 (A-6)식으로 주어진 $\Phi(k)$를 (A-5)식의 우변에 대입하면

$$\frac{1}{2\pi} \int e^{ikx} dk \int \Psi(y) e^{-iky} dy = \int \Psi(y) [\frac{1}{2\pi} \int e^{ik(x-y)} dk] dy$$

가 된다. 여기서 적분 $\frac{1}{2\pi} \int e^{ik(x-y)} dk$는 (A-2)식에 의해 $\delta(y-x)$가 되므로 (A-5)식의 우변은

$$\frac{1}{\sqrt{2\pi}} \int \Phi(k) e^{ikx} dk = \int \Psi(y) \delta(y-x) dy = \Psi(x)$$

이 되어 (A-6)식으로 주어진 함수 $\Phi(k)$가 푸리에 변환을 만족함이 입증된다. 즉, 함수 $\Psi(x)$를 알면 함수 $\Phi(k)$가 정해지고, 함수 $\Phi(k)$를 알면 함수 $\Psi(x)$가 정해지므로 이들 두 함수는 서로 동일한 정보를 지니고 있다.

≪ 기대치의 표현 ≫

• 정리

(k,ω) 공간에서

$$\int \Phi^*(k,\omega)k\Phi(k,\omega)dkd\omega$$

로 주어지는 물리량 k의 기대치는 (x,t) 공간에서

$$\int \Psi^*(x,t)\left(-i\frac{\partial}{\partial x}\right)\Psi(x,t)dxdt$$

로 주어진다.

• 증명

$\Psi(x,t)$의 푸리에 변환식

$$\Psi(x,t)=\frac{1}{2\pi}\int \Phi(k,\omega)e^{i(kx-\omega t)}dkd\omega$$

양변에 연산자 $-i\frac{\partial}{\partial x}$를 취하면

$$-i\frac{\partial}{\partial x}\Psi(x,t)=\frac{1}{2\pi}\int \Phi(k,\omega)ke^{i(kx-\omega t)}dkd\omega$$

을 얻으며, 이는 곧

$$\int \Psi^*(x,t)\left(-i\frac{\partial}{\partial x}\right)\Psi(x,t)dxdt=\frac{1}{(2\pi)^2}\int \Phi^*(k',\omega')\Phi(k,\omega)e^{[i(k-k')x-i(\omega-\omega')t]}dk'd\omega'dkd\omega dxdt$$

이 된다. 여기에 이중 δ-함수의 표현

$$\frac{1}{(2\pi)^2}\int e^{i(kx-\omega t)}dxdt=\delta(k)\delta(t)$$

을 활용하면 곧

$$\int \Psi^*(x,t)\left(-i\frac{\partial}{\partial x}\right)\Psi(x,t)dxdt=\int \Phi^*(k',\omega')k\Phi(k,\omega)dkd\omega \tag{A-7}$$

을 얻는다.

≪ 불확정성 관계 ≫

일반적으로 기대치 $< A >$로 표시되는 물리량 A의 불확정성 ΔA는 다음 관계식으로 정의된다.

$$(\Delta A)^2 = < \Psi|(A-< A >)^2|\Psi > \equiv \int |(A-< A >)\Psi|^2 dx \quad \text{(A-8)}$$

이제 물리량 x와 k의 불확정성

$$(\Delta x)^2 = < \Psi|(x-< x >)^2|\Psi >$$

$$(\Delta k)^2 = < \Psi|(k-< k >)^2|\Psi > \quad (\text{여기서 } k \equiv i\frac{\partial}{\partial x})$$

의 관계를 생각하기 위해, 임의의 실수 α에 대한 다음과 같은 함수 $I(\alpha)$를 고찰하자.

$$\begin{aligned} I(\alpha) &= \int |\alpha(x-< x >)\Psi + i(k-< k >)\Psi|^2 dx \\ &= \alpha^2(\Delta x)^2 + (\Delta k)^2 + \alpha \int (x-< x >)\frac{\partial}{\partial x}[\Psi^* \Psi]dx \\ &= \alpha^2(\Delta x)^2 + (\Delta k)^2 + \alpha \int [\Psi^* \Psi]dx \\ &= \alpha^2(\Delta x)^2 + (\Delta k)^2 + \alpha \end{aligned}$$

함수 $I(\alpha)$는 정의상 임의의 실수 α에 대해 $I(\alpha) \geq 0$이어야 한다. 따라서 α에 대한 이차함수인 $I(\alpha)$는 두 개의 실근을 가질 수 없으므로 근의 공식 $\alpha = \frac{-b \pm \sqrt{b^2 - 4ac}}{2a}$에 의해 $1 - 4(\Delta x)^2(\Delta k)^2 \leq 0$의 조건, 즉

$$(\Delta x)(\Delta k) \geq \frac{1}{2} \quad \text{(A-9)}$$

을 만족해야 한다. 유사한 관계가 변수 t와 ω에 대해서도 다음과 같이 성립한다.

$$(\Delta t)(\Delta \omega) \geq \frac{1}{2} \quad \text{(A-10)}$$

주석

1 A. Ney, *The World in the Wave Function* (Oxford, 2021), pp. 130~131.

2 A. Einstein, "The eternal mystery of the world is its comprehensibility", *Ideas and Opinions* (New York: Crown, 1954), p. 292.; A. Einstein, "Physics and Reality", *The Journal of the Franklin Institute*, Vol. 221, No. 3(1936.3); A. Einstein, *Ideas and Opinions*, pp.290~323.

3 장회익, 『장회익의 자연철학 강의』(추수밭, 2019).

4 Hwe Ik Zhang and M. Y. Choi, "Ontological Revision and Quantum Mechanics", *Results in Physics*, 23(2022), pp. 105~159.

5 A. Calaprice, "Letter to David Bohm", A. Einstein, 1954, *Quotable Einstein* (Priceton, 1996), p. 157.

6 이러한 실험은 대체로 원자 규모 혹은 그 이하의 입자에 대해 수행되지만, 최근에는 C_{60} 곧 탄소원자 60개가 뭉친 비교적 무겁고 단단한 입자에 대해서도 행해졌다.

7 A. Einstein, B. Podolsky and N. Rosen, "Can quantum-mechanical description of physical reality be considered complete?", *Phys. Rev.*, 47(1935), pp.777~780.

8 A. Einstein, "Physics and Reality", *The Journal of the Franklin Institute*, Vol. 221, No. 3; A. Einstein, *Ideas and Opinions*, pp .290~323.

9 A. Einstein, *Ideas and Opinions*, p.290.

10 A. Einstein, *Ideas and Opinions*, p.291.

11 A. Einstein, *Ideas and Opinions*, p.292.

12 A. Einstein, *Ideas and Opinions*, p.292.

13 A. Einstein, *Ideas and Opinions*, pp. 315~316.

14 높은 변이성, 이른바 '복잡성(complexity)'을 지녀서 다양한 거동을 보이는 이러한 구성체를 흔히 복잡계(complex system)라고 부른다.

15 물론 이 물체의 상태를 위치와 운동량으로 규정하는 대신 위치와 속도로 규정해도 미래의 상태를 예측하는 데에는 지장이 없다. 그러나 이 물체가 다른 대상에 미치는 영향, 예컨대 지구와 충돌할 경우 지구에 미칠 충격은 물체의 속도보다는 그것의 운동량(속도×질량)에 의해 산출된다.

16 이를 흔히 "가설연역적 논리(hypothetico-deductive logic)"라 부른다.

17 大學日致知在格物 若不從有物而格之 其何因而知可致乎 仰觀有天故據是蒼蒼者 而可窮其爲天之理 俯觀有地故據是膴膴者 而可窮其爲地之理 至於日月星辰水火土石寒暑晝夜風雲雷雨山嶽川瀆飛走草木 莫不因吾目力之所及而窮盡其理 其於目所未及者 則有耳無所不聞 故卽可因其所聞而事無不可窮者矣 以此而推諸旣往則前萬古可以今而知之 以此而推諸將來則後萬世亦以今而知之

18 J. Gleick, *Isaac Newton* (Vintage, 2003), p. 55.

19 여기서 g는 중력가속도로 대략 9.8 m/s²의 값을 가진다: m/s²에서의 기울임체가 아닌 m은 질량이 아니라 거리의 단위인 미터를 나타내며 s는 시간의 단위인 초를 나타낸다.

20 이 책은 흔히 줄여서 '프린키피아'라 부른다.

21 P. S. Laplace, *Essai philosophique sur les probabilités*, 2nd ed.(1814), p. 4.

22 엄격히 말하면 자연계의 모든 힘들은 두 물체들 사이의 '상호작용'이므로 퍼텐셜 에너지 또한 두 물체들 사이의 거리의 함수이다. 그러나 만일 그 두 물체 가운데 어느 하나의 질량이 월등히 더 클 경우, 이 큰 물체의 위치는 이 상호작용으로 인해 거의 영향을 받지 않게 되고 따라서 고정된 것으로 보아도 좋다. 이러할 경우, 거리를 나타내는 변수 x는 실질적으로 질량이 작은 쪽 물체 곧 우리가 관심을 가지는 대상 물체의 위치로 볼 수 있다.

23 J. Gleick, Ibid, p. 125.

24 S. Y. Auyang, *How is Quantum Field Theory Possible?* (Oxford: Oxford University Press, 1995), p. 48.

25 이것은 물론 수학적으로 가능한 해이지만, 실제로 물리적 진동을 서술할 경우에는 이 함수의 실수부, 즉 $\phi(x,t) = a_k \cos(kx - \omega_k t)$를 취하면 된다.

26 이들을 또한 각파동수(angular wave number)와 각진동수(angular frequency)로 부르기도 한다.

27 이 날 일에 대한 다음의 서술은 『안녕, 아인슈타인』(pp. 205~206)의 내용을 요약한 것이다.

28 구체적으로 c = 299,792,458 m/s로서 대략 초속 30만 km에 해당한다.

29 실제로 음수의 제곱근의 중요성을 깨닫고 이를 처음으로 '허수'라 규정한 사람은 16세기 이탈리아 수학자 라파엘 봄벨리(Raffaele Bombelli)라고 알려졌으며, 이를 i로 표기한 사람은 가우스와 거의 동시대 인물인 오일러(Leonhard Euler, 1707~1783)이다.

30 이는 우리가 인식하는 시간 간격 자체가 허수로 나타나는 것이 아니라 뒤에 보이다시피 시간 간격에 허수 단위 i를 곱한 양이 허수축에 속한다는 뜻이다.

31 여기서는 삼각함수의 탄젠트 뺄셈정리를 활용했다.

32 예를 들어 핵자(양성자, 중성자)들이 뭉쳐 원자핵을 만들 경우 이들의 정지질량은 줄어들고 이들이 흩어져 멀리 떨어지면 정지질량은 다시 늘어난다. 즉 정지질량은 상대적 위치의 함수로 볼 수 있다.

33 여기서의 진동수 f는 단위시간에 진동하는 파(波)의 수를 말하며, 이는 광속도를 그 파장으로 나눈 값과 같다. 이것은 앞서 소개한 시간-진동수 ω와 $\omega = 2\pi f$의 관계를 가진다. 그리고 여기서 말하는 상수 h는 후에 플랑크 상수라 불리게 된 값이며, 양자역학에 더 자주 사용되는 디랙-플랑크 상수 $\hbar$는 $\hbar = h/2\pi$로 정의된다. 따라서 $hf = \hbar\omega$의 관계가 성립한다.

34 이후 이 문제는 드바이(Peter Debye, 1884~1966)에 의해 좀 더 정교하게 설명되었다.

35 '각운동량'이라 함은 어떤 중심축을 기준으로 물체의 위치 벡터와 운동량 벡터 사이의 벡터 곱을 취한 물리량을 말한다.

36 후에 고체물리학 이론에 크게 기여한 인물인 블로흐(Felix Bloch)의 회고.

37 엄격히 말하면 슈뢰딩거와 거의 같은 시기 어쩌면 조금 더 이른 시점에 하이젠베르크(E. Heisenberg) 또한 전혀 다른 접근 방식에 의해 양자역학에 이르렀다. '행렬 역학'이라고도 불렸던 이 이론은 후에 슈뢰딩거의 '파동역학'과 같은 내용이라는 사실이 밝혀졌고, 이후 이들을 함께 '양자역학'이라는 이름으로 부르게 되었다.

38 이를 에렌페스트(Ehrenfest)의 정리라고 한다.

39 Murray Gell-Mann, "Questions for the Future" in J. H. Mulvey(ed.), *The Nature of Matter* (Oxford: Oxford University Press, 1981), p.169.: Quantum mechanics [is] that mysterious, confusing discipline, which none of us really understands but which we know how to use it. (emphasis in original).

40 이 점에 대해서는 8.1절에서 상세히 다루고 있다.

41 이러한 이유 때문에 막스 보른(Max Born)을 비롯한 일부 학자들은 양자역학적 상태함수를 "우리의 앎"만을 나타내는 고전 존재론의 인식 함수로 해석하는 경향을 보이기도 했다.

42 A. Einstein, "On the method of theoretical physics(Herbert Spencer lecture, delivered at Oxford, 1933)", *Ideas and Opinions*, p. 274.: Our experience hitherto justifies us in believing that nature is the realization of the simplest conceivable mathematical ideas.

43 Gilbert K. Chesterton, *The Innocence of Father Brown* (New York: Dodd, 1911).

44 예컨대 $< k >$값에 대해 이를 증명하기 위해서는 (5-5)식으로 주어진 $\Psi(x,t)$의 표현을 (5-7)식에 넣고 미분 연산을 한 후, 등식 $\frac{1}{(2\pi)^2}\int e^{i(kx-\omega t)}\,dkd\omega = \delta(x)\delta(t)$을 활용하면 (5-5)식을 얻는다.(부록. δ-함수와 푸리에 변환 참조)

45 J. von Neumann, *Mathematical Foundations of Quantum Mechanics* (Princeton University Press, 1955), pp. 197~198.

46 물리적으로 이것이 특정 대상의 상태가 되기 위해서는 이 계수들 사이에 일정한 규격화 조건을 만족해야 하나, 여기서는 편의상 그 논의를 생략한다.

47 엄격히 말하면 파동의 속도에는 두 종류가 있다. 그 하나는 단일 파동의 파형이 움직여 나가는 속도로 이것을 위상속도(phase velocity)라 하며, 다른 하나는 이러한 파동의 묶음 즉 파속(wave packet)이 움직여나가는 속도인데, 이를 그룹속도(group velocity)라 부른다. 다음 5.3절에서 보이다시피 일반적으로 그룹속도 v_g는 $v_g = \frac{\partial \omega_n}{\partial k_n}$로 표시되는데, 빛을 포함해 질량이 없는 입자의 경우에는 $\omega_n = ck_n$이 성립하므로 이것 역시 $v_g = \frac{\partial \omega_n}{\partial k_n} = c$가 되어 파동묶음 또한 광속도로 움직인다. 실제로 우리가 측정하는 빛의 속도는 바로 이 그룹속도에 해당한다.

48 초기의 '양자' 개념은 빛의 에너지가 특정한 값 hf의 정수배만을 가지게 된다는 가설을 지칭하는 데서 나온 듯하다.

49 송희성, 『양자역학』(교학연구사, 2009), p. 202.

50 이 경우는 보통 생성연산자와 소멸연산자의 바탕 상태로 활용되는 $|n_1, n_2, .. >$형태의 상태표현과 그 의미가 다르다.

51 그 상세한 풀이에 대해서는 예컨대 『양자역학』(송희성, 교학연구사, 2014)을 참조할 수 있음.

52 여기서 eV는 에너지 단위로서, 전자 하나를 1볼트의 전위차에 거슬러 옮길 때 필요한 일의 양에 해당함.

53 이를 무차별의 원리(principle of indifference) 또는 동등한 선험확률 가설(postulate of equal apriori probabilities)이라고 부른다.

54 Eibenberger, Sandra, et al. 2013. "Matter-wave Interference with Particles Selected from a Molecular Library with Masses Exceeding 10,000 amu", *Physical Chemistry Chemical Physics*, 15, 14696-14700.

55 이야기를 단순화하기 위해 우리 논의에서는 제외했지만, 물질을 구성하는 기본입자들은 이것 외에도 스핀(spin)

등 몇몇 고유 특성들을 지니며 이에 따라 그 정체성과 상태개념을 확대해야 한다. 그러나 이것은 입자냐 파동이냐 하는 고전적 정체성 논의와는 무관하다.

56 A. C. Elitzur and L. Vaidman, "Quantum mechanical interaction-free measurements", *Foundations of Physics*, 23(1993), pp. 987~997.

57 Y. H. Kim, R. Yu, S. P. Kulik, Y. H. Shih and M. Scully, "A delayed choice quantum eraser", *Physical Review Letters*, 84(2000), 1-5.

58 이 사건이 광자 자체의 고유시간을 기준으로 일어난다고 보면 광자의 이동시간은 0이 되므로, '관측 지점'에서의 사건이나 '보이는 지점'에서의 사건은 서로 동일한 것이 된다.

59 이를 주기적 경계조건(periodic boundary condition)이라 부른다.

60 입자사슬 모형의 양자마당이론은 보손 양자마당에 해당하므로 고전마당이론에서 출발해서 구성할 수 있으나 페르미온 양자마당의 경우에는 대응하는 고전적 마당이 없으므로 고전마당이론에서 출발할 수 없다. 여기서는 다루지 않겠으나 이 경우 마당 변수는 5.4절에서 논의한 반대교환(anti-commutation) 관계를 만족한다.

61 T. Lancaster and S. J. Blundel, *Quantum Field Theory* (Oxford, 2014), p. 170.

62 T. Lancaster and S. J. Blundel, Ibid, p. 188.

63 G. Greenstein and A. G. Zajonc, *The Quantum Challenge* (Jones and Bartlett, 1997) p. 82.

64 W. Heisenberg, *Physics and Beyond* (New York: Harper and Row, 1971), p. 73.: And although Bohr was normally most considerate and friendly in his dealings with people, he now struck me as an almost remorseless fanatic, one who was not prepared to make the least concession or grant that he could ever be mistaken.

65 N. Bohr, *Atomic Theory and Description of Nature* (Cambridge University Press, 1961), p. 10.: …the fundamental postulate of indivisibility of the quantum of action…forces us to adopt a new mode of description designated as complementarity in the sense that any given application of classical concepts precludes the simultaneous uses of other classical concepts which in a different connection are equally necessary for the elucidation of the phenomena.

66 L. Rosenfeld, *Nature*, 190(1961), p. 385.: Complementarity denotes the logical relation, of quite a new type, between concepts which are mutually exclusive, and which therefore cannot be considered at the same time, because that would lead to logical mistakes, but which nevertheless must both be used in order to give a complete description of the situation.

67 W. Heisenberg, *Physics and Beyond*, pp. 80~81.: And now it was being asserted that, on the atomic scale, this objective world of time and space did not even exist and that the mathematical symbols of theoretical physics referred to possibilities rather than to facts. Einstein was not prepared to let us do what, to him, amounted to pulling the ground from under his feet. Later in life, also, when quantum theory had long since become an integral part of modern physics, Einstein was unable to change his attitude-at best, he was prepared to accept the existence of quantum theory as a temporary expedient. "God does not throw dice" was his unshakable principle, one that he would not allow anybody to challenge. To which Bohr could only counter with: "Nor is it our business to prescribe to God how He should run the world."

68 M. Klein, "letter to E. Schrődinger", A. Einstein, 31 May 1928, *Letters on Wave Mechanics*, (New York: Philosophical Library), p. 31.; Jeremy Bernstein, *Einstein*, p. 219.; 번스틴, 『아인슈타인 II』(장회익 옮김) p. 141.

69 C. Moller, *Fysisk Tidsskr.* vol 60(1962), p. 54.

70 N. Bohr, "The Quantum Postulate and the Recent Development of Atomic Theory", *Nature* 121(1928), pp. 580~590., Reprinted in N. Bohr, *Atomic Theory and the Description Nature* (Cambridge University Press, 1934), pp. 52~91.

71 N. Bohr, *Atomic Theory and Description of Nature* (Cambridge University Press, 1961), p. 56.: Just as in the case of light, we have consequently in the question of the nature of matter, so far as we adhere to classical concepts, to face an inevitable dilemma which has to be regarded as the very expression of experimental evidence. In fact, here again we are not dealing with contradictory but with complementary pictures of the phenomena, which only together offer a natural generalization of the classical mode of description.

72 N. Bohr, *Atomic Theory and Description of Nature* (Cambridge University Press, 1961), p. 57.: An important contribution to the problem of a consistent application of these methods has been made lately by Heisenberg. In particular, he has stressed the peculiar reciprocal uncertainty which affects all measurements of atomic quantities.

73 N. Bohr, *Atomic Theory and Description of Nature* (Cambridge University Press, 1961), pp. 54~55.: On one hand, the definition of the state of a physical system, as ordinarily understood, claims the elimination of all external disturbances. But in that case, according to the quantum postulate, any observation will be impossible, and above all, the concepts of space and time lose their immediate sense. On the other hand, if in order to make observation possible we permit certain interactions with suitable agencies of measurement, not belonging to the system, an unambiguous definition of the state of the system is no longer possible, and there can be no question of causality in the ordinary sense of the word. The very nature of quantum theory thus forces us to regard the space-time co-ordinatization and the claim of causality, the union of which characterizes the classical theories, as complementary but exclusive features of the description, symbolizing the idealization of observation and definition respectively.

74 W. Heisenberg, *Physicist's Conception of Nature* (Hutchinson, 1958), p. 29.: Science no longer confronts nature as an objective observer, but sees itself as an actor in this interplay between man and nature. The scientific method of analysing, explaining and classifying has become conscious of its limitations, which arise out of the fact that by its intervention science alters and refashions the object of investigation. In other words, method and object can no longer be separated. The scientific world-view has ceased to be a scientific view in the true sense of the word.

75 W. Heisenberg, *Physics and Philosophy* (Harper, 1958), p. 46.: It should be emphasized, however, that the probability function does not in itself represent a course of events in the course of time. It represents a tendency for events and our knowledge of events. The probability function can be connected with reality only if one essential condition is fulfilled: if a new measurement is made to determine a certain property of the system. Only then does the probability function allow us to calculate the probable result of the new measurement. The result of the measurement again will be stated in terms of classical physics.

76 W. Heisenberg, *Physics and Philosophy*, p. 54~55.: Therefore, the transition from the "possible" to the "actual" takes place during the act of observation. If we want to describe what happens in an atomic event, we have to realize that the word "happens" can apply only to the observation, not to the state of affairs between two observations. It applies to the physical, not the psychical act of observation, and we may say that the transition from the "possible" to the "actual" takes place as soon as the interaction of the object with the measuring device, and thereby with the rest of the world, has come into play; it is not connected with the act of registration of the result by the mind of the observer. The discontinuous change in the probability function, however, takes place with the act of registration, because it is the discontinuous change

of our knowledge in the instant of registration that has its image in the discontinuous change of the probability function.

77 P. A. M. Dirac, *The Principles of Quantum Mechanics* (Oxford University Press, 1930), p. 11.: There will be various possible motions of particles or bodies consistent with the laws of forces. Each of such is called a state of the system. According to classical ideas one could specify a state by giving numerical values to all the coordinates and velocities of the various component parts of the system at some instant of time,…we cannot observe a small system with that amount of detail which classical theory supposes. The limitation in the power of observation puts a limitation on the number of data that can be assigned to a state. Thus a state of an atomic system must be specified by fewer or more indefinite data than a complete set of numerical values for all the coordinates and velocities at some instant of time… A state of a system may be defined as an undisturbed motion that is restricted by as many conditions or data as are theoretically possible without mutual interference or contradiction.

78 P. A. M. Dirac, Ibid, p. 12.: The general principle of superposition of quantum mechanics applies to the states,…, of any one dynamical system. It requires us to assume that between these states there exists peculiar relationships such that whenever the system is definitely in one state we can consider it as belong partly in each of two or more other states. The original state must be regarded as the result of a superposition of two or more other states, in a way that cannot be conceived on classical ideas….

79 P. A. M. Dirac, Ibid, p. 15.: [Quantum mechanics] requires the states of a dynamical system and dynamical variables to be interconnected in quite strange ways that are unintelligible from classical standpoint. The states and dynamical variables have to be represented by mathematical quantities of different nature from those ordinarily used in physics. The new scheme becomes a precise physical theory when all the axioms and rules of manipulation governing the mathematical quantities are specified and when in addition certain laws are laid down connecting physical facts with the mathematical formalism, so that from any given physical conditions equations between the mathematical quantities may be inferred and vice versa….

80 J. S. Bell, "On the Einstein-Podolsky-Rosen paradox", *Physics*, 1(1964), pp. 195~200., Reprinted in Bell(1987), pp. 14~21.

81 R. I. G. Hughes, *The Structure and Interpretation of Quantum Theory* (Harvard University Press, 1989).

82 R. I. G. Hughes, Ibid, p.171.

83 A. Aspect, P. Grangier, and G. Roger, "Experimental Realization of Einstein-Podolsky-Rosen-Bohm, *Gedankenexperiment:* a New Violation of Bell's Inequalities", *Phys. Rev. Lett.*, 49(1982), pp. 91~94.

84 L. Smolin, *Einstein's Unfinished Revolution* (Penguin, 2019), p. xix.

85 A. Einstein, *Ideas and Opinions*, p. 319.

찾아보기

[ㄱ]

[ㄴ]

[ㄷ]

[ㄹ]

[ㅁ]

[ㅇ]

[ㅈ]

[ㅊ]

[ㅋ]

[ㅌ]

[ㅍ]

[ㅎ]

[기타]

지은이

장회익

서울대학교 물리학과를 졸업하고 미국 루이지애나주립대학교에서 물리학 박사학위를 받았다. 30여 년간 서울대학교 물리학 교수로 재직하면서 대학원 '과학사 및 과학철학 협동과정'에서 겸임교수로 활동했고, 현재는 서울대학교 명예교수로 있다. 물리학 교육과 연구 이외에 과학이론의 구조와 성격, 생명의 이해, 동서학문의 비교연구, 통합학문의 가능성 등에 관심을 가져왔다. 저서로는 『과학과 메타과학』, 『삶과 온생명』, 『물질, 생명, 인간』, 『생명을 어떻게 이해할까?』, 『공부 이야기』, 『장회익의 자연철학 강의』 등이 있고, 지금은 충남 아산에 거주하며 자유로운 사색을 통해 통합적 학문의 모습을 그려보고 있다.

한울아카데미 2401

양자역학을 어떻게 이해할까?

양자역학이 불러온 존재론적 혁명

지은이 장회익
펴낸이 김종수
펴낸곳 한울엠플러스(주)

초판1쇄 발행 2022년 10월 25일
초판2쇄 발행 2023년 11월 25일

주소 10881 경기도 파주시 광인사길 153 한울시소빌딩 3층
전화 031-955-0655
팩스 031-955-0656
홈페이지 www.hanulmplus.kr
등록번호 제406-2015-000143호

Printed in Korea.
ISBN 978-89-460-7401-9 93420 (양장)
978-89-460-8216-8 93420 (학생판)